Brennpunkt Partn

Eva-Maria Zurhorst
Liebe dich selbst
und es ist egal, wen du heiratest
33722 / € 18,90 [D] / 19,50 [A] / CHF 33,90*
[Klappenbroschur, 400 Seiten]
21903 / € 9,95 [D] / 10,30 [A] / CHF 18,90*
[Taschenbuch, 400 Seiten]

„Die meisten Scheidungen sind überflüssig, glaubt Eva-Maria Zurhorst, und könnten durch ein bisschen Arbeit am eigenen Ego verhindert werden. Das Beste ist jedoch, dass man sich nach der Lektüre nie wieder auf die Suche nach ‚dem Richtigen' machen muss." *STERN*

Eva-Maria und Wolfram Zurhorst
Liebe dich selbst
und freu dich auf die nächste Krise
33754 / € 18,95 [D] / € 19,50 [A] / CHF 33,90*
[Klappenbroschur, 384 Seiten]

Eine Flut von Leserbriefen hat das Thema klar formuliert: „Ja, Trennung ist nicht die Lösung. Aber wie geht der Weg im Alltag konkret?" Wie gewohnt offen, persönlich und berührend zeigt Eva-Maria Zurhorst zusammen mit ihrem Mann Wolfram die Schritte aus der Beziehungskrise hinein in das Abenteuer Ehe-Alltag.

Liebe dich selbst und es ist egal, wen du heiratest
33934 / 6 CDs
€ 22,95 [D] / € 22,95 [A] / CHF 42,90*

Liebe dich selbst und freu dich auf die nächste Krise
33935 / 6 CDs
€ 22,95 [D] / € 22,95 [A] / CHF 42,90*

Arkana Classics Klassische Weisheitstexte in modernen Ausgaben

Laotse
Tao Te King
Eine zeitgemäße Version
für westliche Leser
21628 / € 6,- [D] /
€ 6,20 [A] / CHF 11,90*

Jack Hawley (Hg.)
Bhagavadgita
Der Gesang Gottes
Eine zeitgemäße Version
für westliche Leser
21607 / € 8,90 [D] /
€ 9,20 [A] / CHF 16,90*

Die Upanischaden
Eingeleitet und übersetzt
von Eknath Easwaran
21826 / € 12,- [D] /
€ 12,40 [A] / CHF 22,90*

Das Tibetische Totenbuch
Erste vollständige Ausgabe
33774 / € 29,95 [D] / € 30,80 [A] / CHF 51,90*
[Leinen, mit 16 Farbtafeln, 736 Seiten]

Wie kommen wir mit uns selbst und unserem Leben ins Reine? Wie können Angehörige einem Menschen den Sterbeprozess erleichtern? Wie sieht es jenseits der Schwelle aus und gibt es eine Wiedergeburt? In der Kulturgeschichte der Menschheit sind so viele Antworten auf diese Frage gegeben worden, aber nie so ausführlich, kompetent und tröstlich wie im Tibetischen Totenbuch. Mit einem einleitenden Vorwort des Dalai Lama.

Pierre Franckh –
Wege zur Leichtigkeit des Seins

Pierre Franckh
Einfach glücklich sein!
7 Schlüssel zur Leichtigkeit des Seins
33793 / € 16,95 [D] / € 17,50 [A] / CHF 30,90*
[gebunden, Halbleinen, 228 Seiten]

Sind Freude, Liebe und Glück uns in die Wiege gelegt, oder ist Glück machbar? Der beliebte Schauspieler Pierre Franckh besaß alle Insignien äußeren Erfolgs und wurde dennoch mit einer tiefen Sinnkrise konfrontiert. Erst durch sie fand er den Schlüssel zu wahrem Glück. Hier zeigt er Wege, wie wir aus dem immerwährenden Kreislauf negativer Gedanken und Einstellungen aussteigen können. Seine Tipps und Hinweise helfen, jeden Tag aufs Neue Glück zu erfahren.

Pierre Franckh
Einfach glücklich sein!
7 Schlüssel zur Leichtigkeit des Seins
5 CDs
33940 / € 22,95 [D] / € 22,95 [A] / CHF 42,90*

Pierre Franckh
Heute ist ein guter Tag
78 Impulse für ein erfülltes Leben
33839 / ca. € 12,95 [D] / € 12,95 [A] / CHF 23,90*
Kartenset

Durch die Routine des Alltags gerät unser Leben allzu leicht zum eintönigen Trott, obwohl es doch eigentlich so bunt, vielfältig und wunderbar ist! Auf spielerische Weise bieten diese Karten Anregung dafür, jeden Tag Glück, Lebensfreude und kreative Impulse zu erfahren.

Eckhart Tolle

Die Macht des „Jetzt“ erfahren

Eckhart Tolle
Eine neue Erde
Bewusstseinssprung anstelle von Selbstzerstörung
33706 / € 19,- [D] / € 19,60 [A] / CHF 33,90*
[gebunden, 320 Seiten]

Eckhart Tolle
Leben im Jetzt
Lehren, Übungen und Meditationen aus „The Power of Now“
33680 / € 14,90 [D] / € 15,40 [A] / CHF 27,50*
[gebunden, 160 Seiten]

„Die Möglichkeit einer großen Transformation war und ist das zentrale Thema aller großen Weisheitslehren. Deren Botschafter – Jesus, Buddha und andere – waren die ersten Blumen der Menschheit ... Sind die Menschen jetzt eher bereit dafür als zur Zeit der alten Lehrer? Wenn ja, warum? Was können wir tun, um den inneren Wandel einzuleiten und zu beschleunigen?“
ECKHART TOLLE

Eckhart Tolle
Findhorn Seminar
Stille inmitten der Welt
Mit Fotos von Eckhart Tolle
4 Stunden Retreat auf 2 DVDs
33789 / € 18,95 [D] / € 19,50 [A] / CHF 33,90*
[64 Seiten, durchgehend 4-farbig, mit 2 DVDs]

Eckhart Tolle
Eine neue Erde
Bewusstseinssprung anstelle von Selbstzerstörung
Hörbuch 9 CDs
33938 / € 24,95 [D] / € 24,95 [A] / CHF 44,90*

Meditation ganz einfach

Jack Kornfield
Meditation für Anfänger
Plus CD mit 6 geführten Meditationen für Einsicht, innere Klarheit und Mitempfinden
33733 / € 16,- [D] / € 16,50 [A] / CHF 28,90*
[gebunden, Halbleinen, 128 Seiten]

Thich Nhat Hanh,
Nguyen Anh-Huong
Geh-Meditation
Mit Unterweisungs-DVD und 5 geführten Meditationen auf CD
33820 / € 16,- [D] / € 16,50 [A] / CHF 28,90*
[Halbleinen, 96 Seiten]

Jack Kornfield
Das weise Herz
Die universellen Prinzipien buddhistischer Psychologie
33812 / € 21,95 [D] / € 22,60 [A] / CHF 38,90*
[gebunden, 576 Seiten]

„Das weise Herz" ist ein umfassendes Kompendium aller Themen, die einen modernen westlichen Leser am Buddhismus anziehen und faszinieren. Jack Kornfields Vision des Buddhismus offenbart ein erfrischend positives und ermutigendes Menschenbild, ohne dabei die Realität des Leidens zu verleugnen. Jack Kornfield führt uns durch einen Basiskurs Buddhismus, der zugleich das Potenzial hat, uns zum Gipfel der für einen Menschen erreichbaren Vollkommenheit zu begleiten: zum erwachten Herzen.

Jack Kornfield
Das weise Herz
Die universellen Prinzipien buddhistischer Psychologie
Gekürzte Hörbuchfassung
7 CDs / 33937 / € 24,95 [D] / € 24,95 [A] / CHF 44,90*

Schamanisches Heilwissen

Clemens Kuby
Unterwegs in die nächste Dimension
Meine Reise zu Heilern und Schamanen
21836 / € 8,50 [D] / € 8,80 [A] / CHF 15,90*

Kubys Auseinandersetzung mit dem Thema Heilung begann bereits vor zwanzig Jahren, als ihn eine Querschnittslähmung zwang, sein Leben völlig neu zu betrachten. Für ein Filmprojekt reiste der Dokumentarfilmer Clemens Kuby zwei Jahre lang rund um die Welt zu den unterschiedlichsten Ländern und Kulturen, begegnete zahlreichen Heilern und Schamanen und recherchierte Phänomene des Heilens, die uns normalerweise verborgen bleiben.

Alberto Villoldo
Die Macht der vier Winde
Eine Reise ins Reich der Schamanen
21900 / ca. € 8,95 [D] / € 9,20 [A] / CHF 16,90*
Erscheint im Dezember 2009

Alberto Villoldo
Mutiges Träumen
Wie Schamanen Realitäten erträumen
21857 / € 7,95 [D] / € 8,20 [A] / CHF 14,90*

Das Schicksal selbst in die Hand nehmen

Ella Kensington
Mary
Die unbändige göttliche Lebenslust
21824 / € 8,50 [D] / € 8,80 [A] / CHF 15,90*

Die Geschichte von zwei Menschen, die trotz aller Zweifel und Ängste den Weg zu wahrer Liebe finden und von „Aschenputteln“ zu Lieblingskindern des Glücks werden. Ist es möglich, dass Glück und Unglück kein Zufall sind? Kann ich mein Glück wirklich beeinflussen? Was kann ich dafür tun, dass ich eine vollkommen glückliche Beziehung erlebe? Die romantische und lustvolle Liebesgeschichte gibt auf solche Fragen verblüffend einfache und einleuchtende Antworten.

Mirsakarim Norbekov
Wie findet man ohne großen Aufwand eine Million Lösungen
21897 / ca. € 12,50 [D] / € 12,90 [A] / CHF 23,00*
Erscheint im Februar 2010

Mirsakarim Norbekov
Eselsweisheit
Der Schlüssel zum Durchblick oder wie Sie Ihre Brille loswerden
21776 / € 12,50 [D] / € 12,90 [A] / CHF 23,00*

der Anziehung

Charles F. Haanel
The Master Key System
Der Universalschlüssel zu einem erfolgreichen Leben
33821 / € 17,95 [D] / € 18,50 [A] / CHF 31,90*
[gebunden, 288 Seiten]

Charles F. Haanels großes Buch „The Master Key System" ist eine der Hauptquellen, auf die sich Rhonda Byrne beruft. Bereits 1912 erstmals veröffentlicht, brachte Haanel als einer der ersten die fundamentalen Prinzipien wie das Gesetz der Anziehung, die Macht unseres Unterbewusstseins und die Idee von der Einheit von menschlichem und göttlichem Geist ins Bewusstsein einer breiten Öffentlichkeit.

Charles F. Haanel
The Master Key System
Der Universalschlüssel zu einem erfolgreichen Leben
8 CDs / 33936
€ 22,95 [D] /
€ 22,95 [A] /
CHF 42,90*

Christian Reiland
LOA
Das Gesetz der Anziehung
Das Lebensspiel um Wohlstand, Gesundheit und Glück
33799 / € 16,95 [D] / € 17,50 [A] / CHF 30,90*
[gebunden, Halbleinen, 288 Seiten]

Mit „LOA" („Law of Attraction" bzw. „Gesetz der Anziehung") beginnt eine neue Epoche des Mentaltrainings. LOA besagt, dass wir stets genau die Dinge in unser Leben ziehen, mit denen wir uns auf derselben Energieschwingung befinden. Christian Reiland fordert nicht einfach nur zum positiven Denken auf, sondern weist vor allem auch praktische Wege, wie dies zu bewerkstelligen ist.

Die heilende Kraft der Achtsamkeit

Susanne Kersig
Entspannt und klar
Freiraum finden bei Stress und Belastung
33853 / € 16,95 [D] / € 17,50 [A] / CHF 30,90*
[gebunden, Halbleinen, 176 Seiten, mit Übungs-CD]

Unser seelisches Wohlbefinden hängt weder vom Zufall ab noch von fremden Schicksalsmächten. Wir können lernen, selbst die Verantwortung dafür zu übernehmen, wie es uns geht. Dazu bietet Susanne Kersig drei hilfreiche Techniken aus dem „Focusing": Finde deinen „guten Ort im Körper". Lerne Probleme zu „verpacken" und sie zeitweise loszulassen. Identifiziere dich nicht mit deinen Problemen. Durch diese Übungen wird es möglich, einen inneren Freiraum zu schaffen, gerade dann, wenn die Welt um uns zusammenzubrechen scheint.

Vidyamala Burch
Gut leben trotz Schmerz und Krankheit
Der achtsame Weg, sich vom Leid zu befreien
33849 / € 18,95 [D] / € 19,50 [A] / CHF 33,90*
[Klappenbroschur, 320 Seiten]

Inspiriert von der buddhistischen Achtsamkeitstechnik hat Vidyamala Burch, die seit Jahrzehnten unter starken Schmerzen leidet, ein sanftes Programm entwickelt, mit dem Schmerz leben zu lernen. Da chronische Schmerzen oft therapieresistent sind, zeigt sie, wie wir die psychisch-emotionale Dimension von Schmerz bewältigen können. Ihn zu akzeptieren ist der erste Schritt. Ein sanftes Übungsprogramm mit Yoga und Atemübungen zeigt, wie es konkret geht.

Dem Körper Gutes tun

Monika Helmke Hausen
Lebensquell Schüßlersalze
Die 12 bewährten Selbstheilungsmittel
21633 / € 7,90 [D] / € 8,20 [A] / CHF 14,90*

Auf der Grundlage von zwölf in homöopathischer Aufbereitung hergestellten Salzen entwickelte der Arzt Heinrich Schüßler sein biochemisches Heilverfahren. Monika Helmke Hausen stellt die Wirkungs- und Anwendungsweise der Salze dar, wobei sie über die gängigen Einsatzbereiche hinaus eine Palette völlig neuer Einsatzmöglichkeiten erkundet hat. Das Standardwerk!

Kurt Tepperwein
Jungbrunnen Entsäuerung
Wohlbefinden rundum durch ein harmonisches Säure-Basen-Verhältnis
14207 / € 8,– [D] / € 8,30 [A] / CHF 14,90*

Die meisten Menschen in der westlichen Welt leben mit einer ständigen Übersäuerung. Dabei ist die Liste der säurebedingten Krankheiten lang. Sie reicht von Aids über Krebs bis zu Zellulitis. Kurt Tepperwein zeigt, wie man wieder ein harmonisches Säure-Basen-Verhältnis herstellen kann.

Galina Schatalova
Wir fressen uns zu Tode
Das revolutionäre Konzept einer russischen Ärztin für ein langes Leben bei optimaler Gesundheit
14222 / € 7,95 [D] / € 8,20 [A] / CHF 14,90*

Galina Schatalova
Heilkräftige Ernährung
Eine energetische Lebensmittel- und Heilkräuterkunde für wahre Gesundheit
21745 / € 7,95 [D] / € 8,20 [A] / CHF 14,90*

wartet

Eva-Maria und Wolfram Zurhorst
Liebe dich selbst
auch wenn du den Job verlierst
33861 / ca. € 18,95 [D] / € 19,50 [A] / CHF 33,90*
[Klappenbroschur, ca. 300 Seiten]
Erscheint im November 2009

Von einem Tag auf den anderen kann alles zusammenbrechen, was bisher unsere berufliche Identität ausgemacht hat. Die Bestseller-Autoren Eva-Maria und Wolfram Zurhorst haben selbst jeweils eine Kündigung als Einschnitt in ihrer beruflichen Karriere erlebt. Diese Erfahrungen bilden heute ein wichtiges Fundament für ihre Arbeit, ihr Leben und ihren Erfolg. Einfühlsam und ermutigend berichten sie nun in diesem Buch, wie man Krisen nicht nur durchstehen, sondern als Sprungbrett zur Selbstverwirklichung nutzen kann.

Das Gesetz

› Der Sensationserfolg

Rhonda Byrne
The Secret – Das Geheimnis
33790 / € 16,95 [D] / € 17,50 [A] / CHF 30,90*
[gebunden, 240 Seiten, durchgehend 4-farbig]

Die Essenz der spirituellen Erkenntnis! Große Geister wie Platon, Leonardo da Vinci und Einstein wussten um das Geheimnis; moderne Autoren wie Neale Donald Walsch, Jack Canfield oder John Gray haben in jüngster Zeit eine Millionen-Leserschaft damit inspiriert. Doch kein Buch präsentiert alle Aspekte des Geheimnisses in so knapper Form wie dieses.

Rhonda Byrne
The Secret – Das Geheimnis
4 CDs / 33933
€ 24,95 [D] / € 24,95 [A] / CHF 44,90*

schaft

Das Lebe

Chuck Spezzano
Wenn es verletzt, ist es keine Liebe
Die Gesetzmäßigkeiten erfüllter Partnerschaft
21722 / € 12,- [D] / € 12,40 [A] / CHF 22,90*

Grundlage von Spezzanos Betrachtungsweise ist die Erkenntnis, dass nichts zufällig passiert – schon gar nicht in Beziehungen. Auf magische Weise ergänzt oder spiegelt unser Partner, im Beruf oder in der Ehe, immer die Stärken oder Schwachpunkte der eigenen Persönlichkeit.

Lynn Grabhorn
Aufwachen – Dein Leben wartet
Die erstaunliche Macht der Gefühle
21700 / € 8,50 [D] / € 8,80 [A] / CHF 15,90*

Lynn Grabhorn macht Sie vertraut mit dem Resonanzgesetz auf der Gefühlsebene – von dessen Realität in zunehmendem Maße auch Therapeuten, Ärzte und Wissenschaftler überzeugt sind. Mit einem 30-Tage-Programm machen Sie die Gefühle zu Ihren machtvollen Verbündeten und kommen damit in die „Glückszone".

Lynn Grabhorn
Aufwachen – Dein Leben wartet
Die erstaunliche Macht der Gefühle
33943 / 9 CDs
€ 24,95 [D] / € 24,95 [A] / CHF 44,90*

www.arkana-verlag.de

Alle Informationen auf einen Blick – Ihr Schnelleinstieg in die Welt von Goldmann Arkana.

Themen-Übersicht
Über die Auswahl einer Kategorie gelangen Sie zur jeweiligen Hauptseite des gewählten Themenbereichs.

Melden Sie sich für unseren Newsletter an
und Sie erhalten monatlich eine Übersicht zu den aktuellen Specials sowie Interessantes zu unseren Programmen.

So verpassen Sie kein Event
Hier finden Sie alle Veranstaltungstermine rund um unsere Bücher und Autoren.

Gratis-Hörproben
aus dem aktuellen Arkana Audio Programm

Gratis-Leseproben
aus dem aktuellen Arkana Buch Programm

Unser Kundenservice-Telefon: 01805/990505 (0,14 € pro Minute) Fax 089/4136-3333 kundenservice@randomhouse.de – Stand: August 2009. *Alle CHF-Preise sind empfohlene Verkaufspreise. Irrtümer und Preisänderungen vorbehalten. www.arkana-verlag.de |

GOLDMANN
ARKANA

CESAR MILLAN

MIT MELISSA JO PELTIER

Welcher Hund passt zu uns?

Ein Beziehungsratgeber für Familie und Hund

Aus dem Amerikanischen von Andrea Panster

GOLDMANN
ARKANA

Die amerikanische Originalausgabe erschien 2008 unter dem Titel
»A Member of the Family. Cesar Millan's Guide to a Lifetime
of Fulfillment with Your Dog« bei Harmony Books, New York.

FSC
Mix
Produktgruppe aus vorbildlich
bewirtschafteten Wäldern und
anderen kontrollierten Herkünften

Zert.-Nr. SGS-COC-1940
www.fsc.org
© 1996 Forest Stewardship Council

Verlagsgruppe Random House FSC-DEU-0100
Das für dieses Buch FSC-zertifizierte Papier *Munken Premium*
liefert Arctic Paper Munkedals AB, Schweden.

1. Auflage
Deutsche Erstausgabe

Lektorat: Ralf Lay
Satz: Uhl + Massopust, Aalen
Druck und Bindung: GGP Media GmbH, Pößneck
Printed in Germany
978-3-442-33868-9

www.arkana-verlag.de

Ich widme dieses Buch in erster Linie den Mitgliedern meiner menschlichen Familie – meinen Eltern, meinem Bruder und meinen Schwestern, meiner Frau und meinen beiden Söhnen. Darüber hinaus möchte ich damit all der wunderbaren Hunde in meinem Leben gedenken, die mir loyale Familienmitglieder waren und sind.

Ein ganz besonderes Tier will ich namentlich erwähnen: meinen Pitbull Daddy. Ich habe im Lauf meines Lebens viele Hunde geliebt, aber er übertrifft sie alle. Er half mir, meine Kinder großzuziehen. Er brachte mir bei, ein ruhiger und bestimmter Vater zu sein. Und er unterstützte mich bei der Rehabilitation Hunderter Problemhunde. Vor allem aber zeigte mir Daddy, was es wirklich heißt, zum Wohl des Rudels zu handeln, ohne eine Gegenleistung dafür zu erwarten – und in dem Wissen, dass die guten Dinge schon irgendwann kommen werden. Daddy ist – artübergreifend – eines der weisesten Wesen, die ich kenne. Ich fühle mich geehrt, dass ich in den letzten vierzehn erstaunlichen Jahren mit ihm arbeiten, leben und ihn lieben durfte.

INHALT

EINLEITUNG

Biologen, Historiker, Anthropologen und Archäologen streiten seit Jahren, wie das inzwischen viele tausend Jahre alte Band zwischen Mensch und Hund zustande kam. Aber Hunde leben im Augenblick, und da ich mich bemühe, ihrem Beispiel zu folgen, möchte ich eine eigene Theorie vorstellen, bei der ich von der aktuellen Situation dieser Tiere ausgehe. Hund und Mensch ähneln sich in einem so grundlegenden Punkt, dass keine der beiden Arten ohne dieses Element überleben kann: Beide werden auf ewig von der Vorstellung der *Familie* angezogen.

In freier Wildbahn schließen sich die meisten Hunde zu Rudeln zusammen, deren Grundlage die Familie ist. Das Band des gemeinsamen Lebens und Überlebens schweißt sogar nicht blutsverwandte Tiere zu einer reibungslos funktionierenden Einheit zusammen. In einer solchen Gruppe entstehen eine so tiefe Loyalität, so viel Vertrauen und Verständnis, dass wir Menschen sie nur ehrfürchtig betrachten können. Diese Elemente hätten wir auch gern in den Familien, in die wir hineingeboren wurden und die wir selbst bilden. Leider sind wir »auch nur Menschen«, deshalb gelingt dies häufig nicht. Doch wenn wir unser Leben mit Hunden teilen, erhalten wir Zugang zu der ihnen angeborenen Integrität. Indem wir sie zu vollwertigen Familienmitgliedern machen, können wir unsere menschlichen Familien stärken.

In unserer Gesellschaft ist der Familienbegriff ständig im Wandel und passt sich immer wieder neu an. In manchen Teilen der Welt bestehen Familien aus vielen Generationen von Angehörigen, die allesamt miteinander verwandt sind. Im Kampf ums Überleben sind sie noch immer zu Stammesverbänden oder Clans zusammengeschlossen. In den Vereinigten Staaten und anderen sogenannten westlichen Ländern verändert sich seit geraumer Zeit die Vorstellung, ein »durchschnittlicher« Haushalt bestünde aus Vater, Mutter und 2,5 Kindern. Inzwischen schließt sie auch Patchworkfamilien ein, die aufgrund diverser Eheschließungen und Scheidungen entstanden sind, sowie gleichgeschlechtliche Paare, die mit oder ohne Kinder zusammenleben. Wir haben Tanten, Onkel, Cousinen und Cousins, Paten und Patinnen, Schwiegereltern, Stief- und Pflegegeschwister. Meiner Ansicht bringen auch diese Bezeichnungen die wahre Bedeutung der Bezeichnung »Familie« nicht zum Ausdruck. Wenn ich von einem Hundebesitzer um Hilfe gebeten werde, verwandle ich eine Situation, die auf ihn wie ein Chaos wirkt, in ein geordnetes, funktionierendes Rudel. Ein solches Rudel kann aus einer alleinstehenden Frau bestehen, die mit ihrem Hund in einer kleinen Wohnung lebt, aus einem Kloster mit zwanzig Priesteramtskandidaten und ihrem Wachhund, aus dem Haus einer Studentengemeinschaft und ihrem tierischen Maskottchen oder sogar aus einem Seniorenheim und den Therapiehunden, die regelmäßig zu Besuch kommen. Für mich entspricht ein Rudel einer Familie. Es ist ein und dasselbe. Und jedes Mal, wenn ein Hund ein Zuhause sucht, kann ein fantastisches neues Rudel entstehen.

Wir sehnen uns danach, Hunde in der Familie zu haben. Andererseits bemühen sich oft nicht alle Angehörigen darum, sie in unserer menschlichen Welt willkommen zu heißen. Man braucht ein ganzes Dorf, um ein Kind großzuziehen. Und man braucht eine ganze Familie, um ein reibungslos funktionierendes Rudel zu bilden.

Mit diesem Buch möchte ich mich in Ihre Familie einladen. Ich möchte an Ihrer Seite stehen und Sie und Ihre Angehörigen durch alle Phasen im Leben Ihres Hundes begleiten – vom Tag, an dem Sie ihn nach Hause holen, bis zum Tag, an dem Sie sich von ihm verabschieden, sein Leben feiern und seinen Tod betrauern.

Ich hoffe, dieses Buch wird alle Mitglieder Ihrer Familie, vom jüngsten bis zum ältesten, ansprechen und einladen, sich auf eine Weise mit Hunden zu beschäftigen, die sowohl den Tieren als auch den Menschen zur Ausgeglichenheit verhilft. Eine solche Verbindung kostet eigentlich kein Geld. Im Grunde sind dazu weder ein bestimmtes Bildungsniveau noch ein hoher Intelligenzquotient vonnöten. Sie müssen nur auf Ihren gesunden Menschenverstand und Ihren Instinkt hören und verstehen, dass manchmal das, was das Beste für den Menschen zu sein scheint, nicht auch das Beste für den Hund ist.

Meiner Ansicht nach ist eine starke Familie die Grundlage jeden Erfolgs. Wenn eine solche Gemeinschaft hinter uns steht und uns anfeuert – ganz gleich, ob sie aus nur einem Hund oder Menschen, aus zehn Menschen oder fünfzig Hunden besteht –, ist diese Unterstützung unser Sprungbrett, um alle Träume zu verwirklichen, nach denen wir zu trachten wagen.

Meine menschliche Familie ist ein wichtiger Teil meiner Mission. Deshalb habe ich mir beim Schreiben dieses Buchs ihre Hilfe geholt. Meine Frau Ilusion spricht in Kapitel 9 zu den Frauen. Meine Söhne Calvin und Andre geben in Kapitel 10 anderen Kindern Tipps. Darüber hinaus baue ich auf die Weisheit der Hunde, die stets Teil unserer Familie sind. Damit meine ich vor allem Daddy und Junior, das älteste und das jüngste Mitglied meines Rudels. Ilusion, Calvin, Andre und ich lernen ständig durch die Weisheit unserer Hunde. Die Tiere lehren uns, im Hier und Jetzt zu leben. Sie bringen uns bei, dass das Drumherum unseres menschlichen Daseins langfristig betrachtet nicht so wichtig ist – solange wir den Augenblick genießen und nie vergessen, uns gegenseitig zu schätzen.

Wenn wir darauf achten, stets die *wirklichen* Bedürfnisse unserer Hunde zu erfüllen, können sie unsere menschlichen Familien enorm bereichern. Ein Hund wird Ihnen immer den Rücken stärken, ganz gleich, was geschieht. Mit ihm werden Sie niemals einsam sein. Wenn Sie sich allein fühlen, gehen Sie einfach in ein Tierheim. Dort wartet stets ein Hund, der sich einfach darauf freut, Mitglied einer Familie zu werden.

Cesar und Molly

1

Ein perfektes Paar

So finden Sie den richtigen Hund für sich und Ihre Familie

Als der elfjährige Jack Sabato den kleinen Pomeraner-Papillon-Rüden erblickte, leuchteten seine Augen. »Der hier sieht genauso aus wie Dixie!«, rief er aufgeregt seiner Mutter zu, der Schauspielerin Virginia Madsen, die im Jahr 2005 als beste Nebendarstellerin für den Oscar nominiert worden war. Der kleine Hund in dem Käfig hinten im Kleinbus erinnerte Jack offensichtlich an seinen geliebten, aber kürzlich verstorbenen Schäferhundmischling.

Virginia ist eine Klientin, die ich sehr schätze. Vor einigen Jahren bat sie mich um Hilfe, als Dixie Probleme machte und ständig aus dem Garten davonlief. Virginia war die ideale Kundin. Sie verstand das Konzept der Führung sofort, und Dixie entpuppte sich dreizehn glückliche Jahre lang als Traum von einem Familienhund. Nun war Dixie mit vierzehn Jahren gestorben, und Virginia bat mich erneut um Rat: Ich sollte ihr bei der Wahl eines Neuzugangs für ihr Rudel helfen, das aus ihr, ihrem Sohn und einer alternden Französischen Bulldogge namens Spike bestand. Für mich war dies ein interessanter und wichtiger Fall. Was, wenn die Wahl der Familie meinen Instinkten zuwiderlief? Ich konnte zwar eine Empfehlung aussprechen, aber am Ende lag die Entscheidung bei ihnen.

Virginia sagte, sie wünschte sich einen kleinen Hund. Die Tierschutzorganisation United Hope for Animals rettet Tiere, die eingeschläfert werden sollen, aus Mexiko und Südkalifornien. Dort war man so freundlich gewesen, mir entgegenzukommen und Virginia und ihrem Sohn einen Kleinbus mit möglichen Kandidaten zur Auswahl vorbeizubringen. Jack fühlte sich sofort zu dem zwei Jahre alten Rüden Foxy hingezogen, der ihn an Dixie erinnerte. Virginias Favoritin war Belle, ein weiblicher Chihuahua-Mischling. Ich zeigte Jack, wie er Spike den anderen Hunden – mit dem Hinterteil zuerst – präsentieren musste, während sie im Bus in ihren Transportkäfigen warteten. Das sollte dafür sorgen, dass die spätere Begegnung ohne Leine glatt verlief. Anschließend gingen Mutter und Sohn mit ihren jeweiligen Favoriten in den Garten, um zu prüfen, wie sich die Tiere ohne Leine verhielten und wie gut sie mit Spike zurechtkamen.

Im Garten machte sich Foxys Energie von der ersten Sekunde an bemerkbar. Mit seinen dunklen, leuchtenden Augen, seiner fuchsähnlichen Schnauze und seinem weichen, rötlichen Fell sah er bezaubernd aus. Aber sein Verhalten verriet, dass er ein unsicherer, dominanter Rüde war. Der erste Punkt auf Foxys Tagesordnung war es, umgehend eine ausführliche Runde im Garten zu drehen und sein Revier zu markieren, wo er stand und ging. Dieses Verhalten war mir sofort eine Warnung. Vor allem, weil der neue Hund sein Zuhause mit einem weiteren Rüden würde teilen müssen – eben mit Spike. Wenn die Wahl der Familie auf Foxy fiele, wären Dominanzprobleme programmiert. Der zehn Jahre alte Spike war ein entspannter Kerl und hatte mit Dixie ruhige, sanfte, goldene Jahre genossen. Für ihn wäre dies ohne Zweifel eine belastende Erfahrung. Chihuahua-Mischling Belle begegnete ihrer neuen Umgebung dagegen neugierig, aber respektvoll. Als Foxy Spikes Hundebett auf der Veranda erblickte, lief er hinüber, sprang hinein und wälzte sich mit dem Rücken darin, um seinen Geruch zu verbreiten. Spike kam näher und wollte ebenfalls mitmachen, aber Foxy schnappte nach ihm, um ihn zu vertreiben. Als Jack die Hand nach Foxy ausstreckte, schnappte er auch nach ihm. Trotzdem war Jack ganz offensichtlich von Foxy begeistert.

»Mir gefällt, wie liebevoll er mit mir umgeht«, sagte er.

»Sie ist auch liebevoll«, meinte seine Mutter über Belle. »Foxy dagegen hätte dich fast gebissen.«

»Ja, aber das ist cool!«, protestierte Jack.

Foxys körperliche Anziehungskraft und seine Ähnlichkeit mit Dixie beeinflussten Jacks Entscheidung stark. In diesem Punkt ähnelte er den meisten potenziellen Hundebesitzern. Hinter seiner spontanen Bindung an dieses Tier standen tiefe, weitgehend unbewusste persönliche Bedürfnisse. »Ich finde es toll, wie lebendig er ist«, sagte er zu seiner Mutter.

»Aber ist das auch richtig für Spike?«, fragte sie vorsichtig. »Suchen wir einen Hund für dich oder für die ganze Familie?«

Mit ihrer Frage hatte Virginia ins Schwarze getroffen. Bei der Anschaffung eines Familienhunds sollte die Entscheidung stets vom ganzen Rudel und nicht von einem Einzelnen getroffen werden.

Die Wahl des richtigen Hundes ist der erste und vielleicht wichtigste Schritt, der Familie die wunderbare Erfahrung zu bescheren, das Rudel in ihrem Haushalt um ein Tier zu erweitern. Natürlich haben viele von Ihnen bereits einen Hund und diesen Prozess schon hinter sich. Bei einigen war das Ergebnis großartig, bei anderen enttäuschend. Keine Angst. Ich behaupte, dass sich fast alle gängigen Hundeprobleme beseitigen oder zumindest erheblich bessern lassen, wenn die Besitzer ehrlich und engagiert sind und sich nicht vor der Arbeit scheuen, ihre Hunde zu rehabilitieren und sich selbst umzugewöhnen. Als Hundebesitzer sind Sie vielleicht sogar versucht, dieses Kapitel zu überspringen. Ich rate Ihnen allerdings, sich trotzdem dahinterzuklemmen und dafür zu sorgen, dass alle Familienmitglieder es lesen. Erstens enthält es einen Überblick über die grundlegenden Kenntnisse und Vorgehensweisen, mit denen ich mich in meinen ersten beiden Büchern beschäftige und die ich häufig in meiner Sendung erwähne. Zweitens wird es Ihnen helfen, den aktuellen Stand Ihrer Beziehung zu Ihrem Hund einzuschätzen. Sie können damit beginnen, dass Sie prüfen, welche Ihrer Methoden bei Ihrem Hund funktioniert und welche nicht. Darüber hinaus können Sie einen ehrlichen Blick auf Ihre Familie und Ihre Familiendynamik werfen und überlegen, inwiefern sie zu dem Problem mit Ihrem Hund beiträgt – gleichzeitig aber auch ein großer Teil der Lösung sein kann!

Nachdem er etwas Zeit mit Belle im Garten verbracht und gesehen hatte, wie mühelos sie den jungen Welpen in Spike weckte, stellte Jack seine Wünsche hintan und räumte ein, dass Belle insgesamt besser in die Familie passte als Foxy. Ich war beeindruckt. Ein elfjähriger Junge braucht große Reife und Weisheit, um das zu tun, was für alle Beteiligten und nicht nur für ihn selbst das Beste ist. Ich zog mich in der Gewissheit aus dem Adoptionsprozess zurück, dass das Madsen-Rudel schon klarkommen würde.

Hypotheken und Hunde

Ich habe in den Vereinigten Staaten unter anderem Folgendes gelernt: Wenn sich jemand auf den Kauf seines ersten Hauses vorbereitet, achtet er darauf, sich gründlich über Immobilien zu informieren. Obwohl die potenziellen Hausbesitzer im einen Augenblick noch völlig ahnungslos sind, lernen sie schon im nächsten alles über Hypotheken, Darlehen, Prozentsätze, effektiven Jahreszins, Steuern und darüber, wie viel sie im Laufe der nächsten zwanzig oder dreißig Jahre zahlen werden. Für gewöhnlich treffen die Erwachsenen oder Personen, die zufällig gerade die Rudelführer sind und die Hypothek abbezahlen werden, eine wohl überlegte Entscheidung. Sie basiert darauf, an welchem Ort sie leben müssen, was sie sich leisten können und was langfristig den größten Wert haben wird. Natürlich hat jeder Hauskauf auch eine emotionale Komponente, aber die praktischen Aspekte überwiegen. Wenn die frischgebackenen Hausbesitzer die falsche Entscheidung treffen und sich übernehmen, kann das schlimme Folgen für sie haben. Deshalb tun sie alles, was in ihrer Macht steht, um langfristig eine Katastrophe zu vermeiden. Beim Hauskauf verstehen die meisten Amerikaner sehr gut, was es heißt, sich zu binden.

Doch wenn es darum geht, einen Hund anzuschaffen, der neun bis sechzehn Jahre lang zur Familie gehören wird, liegen die Dinge ein wenig anders. In den meisten Fällen wählen die Menschen das Tier aus einem Impuls heraus – ohne Planung oder Logik. Wenn sie dann mit ihrer Entscheidung unglücklich werden, wissen sie, dass ihnen der Tierschutzbund jederzeit aus der Patsche helfen wird, selbst wenn der Hund dies am Ende mit dem Leben bezahlt.

Wenn jemand ein Haus kauft, engagiert er einen sachkundigen Makler, der ihm hilft, sich auf dem Immobilienmarkt zurechtzufinden. Ich wäre gern Ihr »Makler« in der Hundewelt und möchte Ihnen und Ihrer Familie helfen, eine solide, bewusste Entscheidung in Hinblick auf den Hund zu treffen, den Sie in Ihr Leben holen wollen.

Seien Sie ehrlich zu sich

Es kann entmutigend sein, von Anfang an die richtigen Entscheidungen treffen zu müssen. Der beste Start ist eine ehrliche Einschätzung des Lebensstils und des Energieniveaus Ihrer Familie… selbst wenn sie nur aus Ihnen und Ihrem Hund bestehen wird. Falls Sie sich selbst nicht kennen und nicht wissen, wie es um Ihre Energie steht, laufen Sie Gefahr, sich eine inkompatible Frequenz ins Haus zu holen.

Warum ist gnadenlose Ehrlichkeit so wichtig? Weil Sie viele Leute täuschen können, wenn es darum geht, was für ein Mensch Sie wirklich sind. Doch bei einem Hund wird Ihnen dies niemals gelingen. Denn ihm ist egal, welche Kleider oder Frisur Sie tragen, wie viel Sie verdienen oder welchen Wagen Sie fahren. Ihn interessiert nur, was für eine Energie Sie ausstrahlen. Ihre Energie – also Ihre Essenz, Ihr wahres Wesen – gibt den Ausschlag dafür, wie er sich in Ihrer Gegenwart verhält.

Ein Hund hat in jeder Situation nur zwei Positionen zur Auswahl: die des Rudelführers und die des Rudelmitglieds. Wenn Sie Ihrem Hund signalisieren, dass Sie über eine sogenannte schwache Energie verfügen, weil sie zum Beispiel ein angespannter, ängstlicher, übermäßig emotionaler oder unsicherer Mensch sind, wird er automatisch Ihre Schwäche in diesen Bereichen ausgleichen wollen. Er hat es in den Genen, das Rudel stabilisieren zu wollen. Zum Leidwesen des Hundes wie des Menschen schlägt der Versuch des Tieres für gewöhnlich fehl, in der menschlichen Welt die Kontrolle und das Ruder übernehmen zu wollen. Ich sehe immer wieder, wie Hunde durch ihre Reaktion auf die Energie ihrer Besitzer in Schwierigkeiten geraten – obwohl diese keine Ahnung haben, wie sich ihr Verhalten auf die Tiere auswirkt. Das Problem lässt sich von Grund auf vermeiden, wenn Sie in diesem Prozess von Anfang an gnadenlos ehrlich sind. Aber das ist nur möglich, wenn Sie gut unterrichtet sind, und viele meiner Klienten wissen entweder nicht, wie man einen Hund auswählt, oder sie verlassen sich auf falsche Informationen. Mitunter kann eine ungünstige Verbindung zwischen einem Hund und einem Menschen sogar verheerende Folgen haben.

Orientierungshilfe zur Selbsteinschätzung

Der erste Schritt zu einer perfekten Gemeinschaft besteht darin, einen »Familienrat« aller Rudelmitglieder einzuberufen. Wenn Sie alleinstehend sind, ziehen Sie einen Freund oder Familienangehörigen hinzu, der Sie gut kennt und keine Angst hat, ehrlich zu sein. Bitte stellen Sie sich unabhängig von Ihrer Situation folgende drei Grundfragen, ehe Sie die enorme Verpflichtung eingehen, einen Hund ins Haus zu holen:

1. Wie lauten die wahren Gründe für Ihren Wunsch, einen Hund in Ihr Leben zu holen?
Der Hund Ihrer Wahl wird diese Gründe auch dann durchschauen, wenn Sie selbst sich ihrer nicht bewusst sind. Will

ein Elternpaar zum Beispiel einen Hund anschaffen, damit er einem einsamen Kind Gesellschaft leistet, kann der Schutzinstinkt des Tiers gegenüber dem Kind so stark werden, dass es zu Problemen kommt. Wünscht sich eine Mutter einen Hund, weil die Kinder flügge werden, spürt der Hund möglicherweise sowohl ihre Bedürftigkeit als auch ihre Wut auf die übrigen Angehörigen und könnte diese deshalb angreifen. Wenn wir die volle Verantwortung für die Erfüllung unserer unausgesprochenen Wünsche auf unsere Tiere übertragen, bürden wir ihnen zu viel auf. Eine solche Situation lässt sich dadurch vermeiden, dass sich die ganze Familie zusammensetzt und alle diese Themen zur Sprache gebracht werden … ehe der Hund ins Haus kommt.

2. Liegt die ganze Familie hinsichtlich des Hundewunschs auf derselben Wellenlänge?
Angenommen, die Kinder bitten und betteln und überreden Papa zur Anschaffung eines Hundes. Aber Mama ist verärgert, weil sie weiß, dass sich letzten Endes sie um das Tier kümmern muss. In diesem Fall wird der Hund ihre Wut spüren und entsprechend reagieren. Wenn eine Wohngemeinschaft einen Hund ins Haus holt, aber einer der Bewohner nichts mit ihm zu tun haben möchte, sind möglicherweise gewisse Aggressionsprobleme gegenüber dem »unfreundlichen« Hausgenossen programmiert. Die Zusammensetzung Ihres »Familienrudels« spielt keine Rolle – ob es sich um das Haus einer Wohngemeinschaft auf der Suche nach einem »Maskottchen« oder um ein Rentnerpärchen handelt, das sich in vorgerücktem Alter noch ein »Kind« wünscht. Alle Rudelmitglieder müssen gleichermaßen fest entschlossen sein, wenn es darum geht, die Gruppe um einen tierischen Gefährten zu erweitern.

Auffrischung der Grundlagen: Cesars Formel für einen erfüllten Hund

Jeder Hund braucht:

- *Bewegung* (täglich mindestens zwei 30-minütige strukturierte Spaziergänge mit einem Rudelführer).
- *Disziplin* (klare und konsequent eingehaltene Regeln und Grenzen).
- *Zuneigung* (in Form von Streicheleinheiten, Leckerbissen, Spielen).

In *dieser* Reihenfolge! Möglicherweise schaffen Sie sich einen Hund an, um ihm Ihre Liebe zu schenken. In Wirklichkeit brauchen diese Tiere aber sehr viel mehr als nur Liebe, um im Gleichgewicht zu bleiben. Ein guter Rudelführer zeigt seine Zuneigung, indem er dem Hund in allen drei genannten Bereichen – und in der richtigen Reihenfolge – Erfüllung schenkt.

3. Ist sich die ganze Familie der ausgesprochen realen Pflichten und der finanziellen Belastungen bewusst, die ein Hund mit sich bringt? Sind alle bereit, zusammen zu helfen und dem Tier sowohl Führung als auch Zuneigung zu geben?

Alle Familienmitglieder müssen mit der Realität des Hundebesitzes vertraut sein. Das heißt, sie müssen meine dreiteilige Formel für einen ausgeglichenen und erfüllten Hund kennen.

Sind Ihre Kinder reif für einen Hund?

Meiner Ansicht nach ist ein Kind nie zu jung für einen Hund. Wenn ein Baby in einer Familie mit Hunden aufwächst, ist das eine fantastische Möglichkeit, ihm von Anfang an Liebe und Respekt für Mutter Natur zu vermitteln. Schließlich haben Säuglinge noch keine Probleme damit und eine sehr enge Bindung an die Natur. Bei älteren Kindern gibt es meiner Meinung nach kein »optimales« Alter, um einen Hund in die Familie einzuführen. Trotzdem sollten Sie Ihren Nachwuchs sehr gut kennen, denn der Hund wird schnell Bescheid wissen, auch wenn Sie möglicherweise ahnungslos sind.

Falls Ihre Familie aus einem Elternteil oder Vormund und Kindern besteht, werden Sie vermutlich eines Tages von Ihren Sprösslingen zu hören bekommen, dass sie *unbedingt* einen Hund brauchen. Nun müssen Sie als Erwachsener herausfinden, ob sie aus einer Laune heraus fragen oder es wirklich ernst meinen. Wenn ein Kind einen Welpen sieht und ihn dann einfach haben »muss«, müssen Sie ihm Führung und Orientierung geben. Dies ist ein klassischer »Lehrmoment«. Vielleicht wird aus der anfänglichen Laune tatsächlich irgendwann wahre Hingabe. Aber unzählige Eltern bezahlen dafür, dass sie den Bitten ihrer Kinder nachgegeben haben, ohne die Entscheidung – und ihre Konsequenzen – sorgfältig zu bedenken.

Kinder verlieben sich leicht in das Äußere eines Hundes. Ein Junge behauptet vielleicht, dass es ihm mit seinem Hundewunsch ernst sei. Als Argument führt er an, er wisse ganz genau, was für ein Fell und welche Größe das Tier haben sollte und welche Rasse ihn anspricht. Natürlich kann das körperliche Erscheinungsbild bei der Bindung eines Kindes an einen Hund eine wichtige Rolle spielen. Als Eltern müssen wir den Nachwuchs aber auch mit der nächsthöheren Stufe des Engagements vertraut machen. Wenn Sie einen Hund für Ihre Kinder anschaffen und sich ihm niemand im Haushalt auf einer tiefen, lebenslangen Ebene verpflichtet fühlt, wird das Tier dies bald wissen. Hunde sind die besten Lügendetektoren der Welt.

Das Energieniveau

Wir betrachten die Welt gern aus einer stark ichbezogenen Perspektive. Weil wir denken, wie wir denken, und kommunizieren, wie wir kommunizieren, gehen wir davon aus, alle anderen Geschöpfe auf Erden wären wie wir – oder uns Menschen auf irgendeine Art unterlegen. In Wirklichkeit ist die sprachliche Kommunikation trotz ihrer Vorteile für unsere Spezies im großen Plan des Lebens zweitrangig. Die universelle Verständigungsmethode der Natur ist die *Energie*, und mit ihrer Hilfe tun alle Tiere einander ihre Gefühle und Absichten kund.

Jedes Wesen auf Erden wird mit einem bestimmten Energieniveau geboren. Die Energie überschreitet die Grenzen von Rasse und Abstammung sowie Nationalität. In der Regel suchen wir bei der Wahl unserer Freunde, Liebhaber, Ehemänner und Frauen unbewusst nach Energieniveaus, die das unsere ergänzen. Bei der Wahl eines Hundes müssen Sie von Anfang an auf die Kompatibilität der Energieniveaus achten, um ein glückliches Miteinander zu gewährleisten.

Seit Generationen wählt der Mensch Hunde nach bestimmten Kriterien aus und schuf so die Rassen, die wir

Auffrischung der Grundlagen: Das Energieniveau

Achten Sie bei der Wahl des Hundes auf folgende Energieniveaus:

- *sehr hoch:* ist von Sonnenauf- bis Sonnenuntergang ständig in Bewegung, kann stundenlang laufen oder rennen und hat danach immer noch Kraft;
- *hoch:* sehr sportlich, liebt anstrengende Aktivitäten, aber ermüdet normal und will am Ende des Tages schlafen;
- *mittel:* nimmt an normalen körperlichen Aktivitäten teil, wird gelegentlich sogar recht dynamisch, gleicht dies jedoch mit entsprechenden Ruhephasen aus;
- *niedrig:* der klassische Stubenhockerhund, ist lieber ruhig als aktiv. Die regelmäßigen täglichen Spaziergänge verschaffen ihm ausreichend Bewegung.

heute kennen. Deshalb sind manche Hunderassen mehr oder weniger sportlich oder verfügen über andere Fähigkeiten, für die Kraft und Ausdauer vonnöten sind. Trotzdem haben nicht alle Hunde einer Rasse automatisch die gleiche Energie. Ich habe schon mit sanftmütigen Labrador Retrievern mit niedrigem Energieniveau und ängstlichen Bulldoggen mit sehr hohem Energieniveau gearbeitet. Selbst im gleichen Wurf kann die Energie stark abweichen. *Als erfolgreicher Hundebesitzer haben Sie das Ziel, ein Tier mit einem Energieniveau zu finden, das dem Ihren sowie dem Ihrer Familie (einschließlich aller aktuellen Haustiere) entspricht oder etwas niedriger ausfällt.* Deshalb müssen Sie vor allem sich selbst kennen, ehe Sie sich auf die Suche nach Ihren neuen Hund begeben. Wenn sich jemand für ein Tier entscheidet, das energiegeladener ist als er selbst, führt das oft sowohl beim Menschen als auch beim Hund zu Frustrationen.

Pete und Curly: Unüberbrückbare Differenzen

Der Fall von Pete Spano und seinem Hund Curly ist das perfekte Beispiel für den Kummer, den die Wahl eines Hundes mit falschem Energieniveau verursachen kann. Ich lernte Pete im September 2006 bei Dreharbeiten zu unserer Fernsehsendung »Dog Whisperer« in New York City kennen. Er ist ein waschechter New Yorker, stammt aus Brooklyn, und hinter seiner harten Schale verbirgt sich ein Herz aus Gold. Ich mochte ihn auf Anhieb. Pete erzählte mir, er sei vor einem Jahr ins Tierheim gegangen, um sich einen Hund zu holen. Dort angekommen, schmolz dieser coole New Yorker geradezu dahin, als ein aufgedrehter Kurzhaar-Labrador-Mischling auf ihn zulief, ihm die Hände leckte und ihn mit seelenvollen, braunen Augen flehend anblickte. »Da war's um mich geschehen«, sagte Pete. »Der und kein anderer!« Wegen seiner albernen, verspielten Art taufte Pete ihn auf den Namen »Curly« – nach einer aufgekratzten Figur aus der US-Komikertruppe »The Three Stooges«. Pete sagte, der dreißig Block lange Rückweg zu seiner Wohnung sei mit Curly »wie Thunfischangeln« gewesen: Der Hund zerrte ihn quer über den ganzen Bürgersteig, drehte völlig durch und jagte alle Eichhörnchen und Artgenossen, die zufällig ihren Weg kreuzten. Seine Aufregung auf dem Heimweg lag durchweg bei »Stufe zehn«. Als Pete unweit des American Museum of Natural History einen öffentlichen Hundepark passierte, witterte er seine Chance auf eine Pause. Er ließ Curly von der Leine, und – rums! – prompt geriet der Hund in seine erste Rauferei mit einem Artgenossen.

Im Lauf des nächsten Jahres, als Curly mit Pete in dessen kleiner Zweizimmerwohnung am Central Park wohnte, eskalierte sein aggressives, hyperaktives Verhalten weiter. In der Wohnanlage waren Hunde erlaubt, aber das eine oder andere Tier, das hier lebte, war ebenso instabil wie Curly. Daher kam es in den Fluren und im Aufzug ständig zu Raufereien.

Pete war Küster einer alten und äußerst rührigen Kirchengemeinde in Manhattan. Irgendwann behalf er sich damit, dass er mit Curly gleich bei Tagesanbruch oder spätabends in den Park ging, wenn kaum andere Tiere in der Nähe waren. Er engagierte diverse Hundetrainer und probierte alle erdenklichen Leinen und Halsbänder aus, aber nichts half. Curly geriet immer wieder in Raufereien, und bei Pete machten sich allmählich Erschöpfung, Stress und Mutlosigkeit breit. Seine Freunde rieten ihm, den Hund wieder abzugeben, aber er brachte es nicht übers Herz, ihn ins Tierheim zurückzubringen und dort seinem Schicksal zu überlassen. »Die Leute sagen immer: ›Fahr mit ihm aufs Land.‹ Aber was soll ich auf dem Land?«, fragte Pete verzweifelt. »Ich bin aus Manhattan. Ich kenne niemanden auf dem Land.«

Bei unserem Beratungsgespräch fiel mir sofort Petes Energieniveau auf. Es war niedrig. Er war ein gutmütiger Mensch, liebte seinen Beruf und arbeitete hart, aber er war sehr ruhig. Er sprach sogar langsam und bedächtig. Er rauchte und war völlig unsportlich. Andererseits stach mir bei Curly sofort das ausgesprochen hohe Energieniveau ins Auge. Als Petes Freunde den Hund ins Zimmer führten, drehte er sofort voll auf. Er rempelte alle Anwesenden an, sprang an ihnen hoch und versuchte, sie zu dominieren. Während Curly wie ein Elefant im Porzellanladen in der kleinen Wohnung umherschoss, streichelte ihn Pete und redete mit süßer Stimme auf ihn ein.

Ich fragte: »Ist Ihnen klar, was Sie da tun?«

Pete hatte keine Ahnung. Ihm war nicht bewusst, dass er Curlys Hyperaktivität – und Frustration – nährte, indem er ihm Zuneigung schenkte, wenn er völlig überdreht war.

Im Beratungsgespräch berichtete Pete von Curlys jüngsten Vergehen. »Er hasst andere Hunde«, erzählte er. Bislang hatte er mindestens zwei seiner Artgenossen verletzt und dafür gesorgt, dass einer seiner »Feinde« in einem Anfall von Aggressionsumlenkung den Hundesitter biss. Pete stellte die Situation so dar, als handle es sich bei Curly um den ernsten Fall eines Hundes im »roten Bereich«; das heißt, als sei er extrem aggressiv … Ich dagegen hatte einen völlig anderen Eindruck von diesem schnittigen, schlaksigen Kerl. Ich spürte Ängstlichkeit und sehr viel Frustration.

Ich zog mich mit Curly in den Wohnwagen zurück, den das »Dog-Whisperer«-Team auf Reisen benutzt, und ließ ihn eine Weile bei dem ausgeglichenen Rudel, das ich bei mir hatte – dem Chihuahua Coco, der Französischen Bulldogge Sid und dem Chinesischen Schopfhund Luigi. Schon bald entspannte er sich in Gegenwart der kleinen Hunde. Er »hasste« seine Artgenossen nicht. Er hatte nicht einmal ein schwerwiegendes Aggressionsproblem, was andere Hunde anging – zumindest nicht, wenn sie ausgeglichen waren. Aber Pete gab Curly offensichtlich nicht die starke Führung, die er brauchte. Er verschaffte ihm auch nicht genügend Bewegung.

Es war ein für die Jahreszeit ungewöhnlich warmer, klarer Septembertag. Ich schlüpfte in meine Inlineskates, brachte Curly in den Central Park, und wir fingen an, zu laufen. Anfangs fiel es ihm schwer, einen gleichmäßigen Rhythmus zu halten. Er war es gewohnt, Pete zu kontrollieren und ihn hin und her zu zerren. Bei jedem Eichhörnchen versuchte er, auszubrechen, aber irgendwann fand er seinen Rhythmus. Und dann rannte er los! Es war, als würde man zum ersten Mal mit einem nagelneuen Sportwagen auf offener Straße fahren! Curly wäre am liebsten hinter jedem kleinen Tierchen hergejagt, das er sah. Zusammen mit der Art und Weise, wie er sich bei hoher Geschwindigkeit öffnete, brachte mich das zu der Ansicht, dass es sich bei ihm um eine Mischung aus einem Labrador und einem Greyhound handelte. Er hatte zwar ein helles Fell und war ebenso muskulös wie ein Retriever, aber er hatte die lange Nase eines Sichtjägers, und sein Körper war hochbeinig und schlank. Außerdem lief er für sein Leben gern!

Dies war einer der Fälle, in denen ich am Ende sehr viel müder war als der Hund. Das Erlebnis hatte etwas Magisches. Ich bin kein Stadtmensch, aber ich glaube, jeder sollte mindestens einmal in seinem Leben die Erfahrung machen, mit einem wunderschönen Hund durch den Central Park zu skaten!

Nach dem Inlineskaten war Curly viel sanftmütiger, und ich konnte mit ihm und Pete im Park, auf der Straße und in der Wohnung arbeiten. Pete stellte sich der Verantwortung und machte engagiert mit. Es gelang uns sogar, Curly Seite an Seite mit seinem Erzfeind auszuführen, einem riesengroßen Akita Inu namens Razor. Am Ende eines langen, anstrengenden Tages setzte ich mich dann mit Pete zu einem offenen Gespräch zusammen.

Ich erklärte Pete, was Curly als Hund mit hohem Energieniveau brauchte und dass er ihm nicht nur ein besserer Rudelführer sein, sondern auch das Bewegungspensum erheblich erhöhen musste. Ohne dieses Ventil für seine überschäumende Energie würde sich Curly nie von der Frustration und der Ängstlichkeit befreien können, die ihn in die Konflikte mit Artgenossen trieben. Pete hörte aufmerksam

Cesar, Skates und Curly

zu und schien ein wenig überwältigt von alldem. Er sagte, ihm seien »die Augen aufgegangen«. Er versprach, sein Leben so weit wie nötig zu ändern, damit Curly ein glücklicher, erfüllter Hund würde. Pete fürchtete allerdings auch, dass ihm seine Arbeit, sein Lebensstil und sein Energieniveau dabei hinderlich sein könnten.

Als das »Dog-Whisperer«-Team wieder in Kalifornien war, hielten wir auch weiterhin engen Kontakt zu Pete und erkundigten uns nach seinen Fortschritten mit Curly. Ich war ganz aufgeregt, als ich hörte, dass er sich ein Fahrrad gekauft hatte, um mit seinem Hund flott durch den Park radeln zu können. Ich jubelte, als er anfing, Nikotinpflaster zu tragen, um sich das Rauchen abzugewöhnen. Eine Weile sah es so aus, als ginge es mit Curly tatsächlich bergauf. Doch dann erlitten die beiden einen schweren Rückschlag, als Pete wegen einiger Wochen mit kirchlichen Sonderveranstaltungen länger arbeiten und Curlys Sportpensum drastisch reduzieren musste. Aber er gab nicht auf. Darauf bin ich am meisten stolz. Er liebte Curly sehr. Er bemühte sich tatsächlich, sein eigenes Leben von Grund auf zu ändern, um das Leben seines Hundes zu verbessern. Ich denke, dass wir zuweilen nicht die Hunde bekommen, die wir uns wünschen, sondern die Hunde, die wir brauchen.

Pete klammerte sich an diese Vorstellung, aber Ende Januar war er sehr niedergeschlagen. Curlys Aggressionen waren wieder aufgetreten, und es hatte erneut einen Vorfall mit einem anderen Hund gegeben. Es war nur eine Frage der Zeit, bis ihn jemand verklagte. Die beiden waren ebenso unglücklich wie vor meinem Besuch. Pete erzählte unseren Produzenten, er glaube nicht, seinen Lebensstil so weit ändern zu können, dass aus Curly ein ausgeglichener Hund würde. Er wollte ihn nicht ins Tierheim zurückbringen, aber er wusste keinen anderen Ausweg.

Zum Glück hatte meine Frau Ilusion einen Geistesblitz. Curly war perfekt für das Leben in unserem Rudel im Dog Psychology Center. Er war enorm energiegeladen und würde bei unseren vielen Wanderungen, Schwimmstunden und Ausflügen auf Inlineskates richtig aufblühen. Außerdem würde das Rudelleben dazu beitragen, seine Aggressivität gegenüber Artgenossen zu beseitigen. Irgendwann würde Curly ein wunderbarer Hund für eine ausgesprochen sportliche Kalifornierin oder einen Kalifornier sein. Außerdem hatten wir in naher Zukunft einen weiteren Abstecher nach New York geplant.

An einem quälend kalten Januarmorgen traf ich Pete und Curly auf der Straße vor ihrem Wohnblock westlich des Central Parks. Curly erkannte mich sofort. Das war ein erheblicher Vorteil, denn mit mir fortzugehen sollte keine »große Sache«, sondern nur ein neues Abenteuer für ihn sein. Pete dankte mir und sagte, er wüsste, dies sei das Richtige für alle Beteiligten. Aber man konnte ihm seinen Schmerz anmerken, als er uns nachsah. Pete versuchte sein Glück mit einem weniger dynamischen Hund und nahm ein Tier aus dem Dog Psychology Center in Pflege. Am Ende musste er sich allerdings eingestehen, dass es ihm seine damalige Lebenssituation einfach nicht gestattete, sich auch noch um einen Hund zu kümmern.

Trotz des Herzschmerzes enden derartige Situationen oft weniger glücklich für den Hund. Wenn wir nicht in Petes Leben getreten wären, hätte ihn vermutlich ein Biss oder eine Klage dazu gezwungen, Curly wegzugeben oder ins Tierheim zurückzubringen. Das National Council on Pet Population Study and Policy (ein US-Gremium für Haustierstudien und -politik, eine Art US-Haustierstatistik) schätzt, dass 40 Prozent der Hunde wegen unüberbrückbarer Verhaltensdifferenzen ins Tierheim zurückgebracht werden.[1] Kommt ein Tier mehrmals zurück, steigt in den USA die Wahrscheinlichkeit, dass es eingeschläfert wird. Um derartige, aber auch weniger extreme missliche Situationen von Anfang an zu verhindern, muss man, wie gesagt, lernen, das Energieniveau eines Hundes zu erkennen – und die eigenen energetischen Bedürfnisse zu verstehen. Curly hatte Pete bei der ersten Begegnung im Tierheim zahlreiche Hinweise auf seine Energie gegeben. Doch der hatte das Herumspringen des Hundes im Käfig, das Handlecken und die »albernen« Mätzchen als »Freude« interpretiert. Später gestand Pete, dass er weder sein Energieniveau noch seinen Lebensstil bedacht hatte, als er Curly zu sich holte.

So schätzen Sie das Energieniveau Ihrer Familie ein

Manchmal ist das Energieniveau einer Familie nicht so leicht einzuschätzen, da sie sich aus Menschen mit unterschiedlicher Energie zusammensetzt. Im Allgemeinen aber entwickelt jedes »Rudel« eigene Rituale und Regeln, selbst wenn nie darüber gesprochen wird. Folgende Fragen sollen Ihnen helfen, den energetischen Stil Ihrer Familie zu finden:

1. Welchen Lebensstil haben Sie im Allgemeinen?
Pflegen die Mitglieder Ihres Rudels einen aktiven Lebensstil? Ist jeden Tag bereits um 6.00 Uhr ein Familienmitglied auf den Beinen, um seine Kreise auf der benachbarten Laufbahn zu ziehen? Schließen Ihre gemeinsamen Aktivitäten auch Aufenthalte in freier Natur ein, zum Beispiel Campen, Wandern, Strandbesuche oder Skilaufen? Eine aktive Familie wird mehr Glück mit einem energiegeladeneren Hund haben, der sich diesen Unternehmungen anschließen kann, als beispielsweise eine Familie, deren gemeinsame Beschäftigung stärker zu »faulen Sonntagen« mit Kreuzworträtseln oder Scrabble tendiert. Die Letztgenannte käme eindeutig besser mit einem Hund von niedrigem bis mittlerem Energieniveau zurecht, der sich gern bei körperlich weniger anspruchsvollen Unternehmungen entspannt. Ein Hund mit viel Energie würde dagegen frustriert jaulend im Zimmer auf und ab laufen.

2. Wie lösen Sie Konflikte?
Jeder kennt Familien, in denen laute Streitereien, dramatische Gefühlsausbrüche und knallende Türen an der Tagesordnung sind, wenn Meinungsverschiedenheiten geklärt oder Ansichten ausgedrückt werden müssen. Bei manchen Menschen funktioniert dieser Konfliktbewältigungsstil offenbar wunderbar. Man sollte allerdings schnellstens begreifen, dass es rein gar nichts bringt, einen Hund anzuschreien. Für ein solches menschliches Rudel sollte die erste Aufgabe darin bestehen zu lernen, wie man im gemeinsamen Umgang eine ruhige und bestimmte Energie erzeugt – auch wenn diese Energie nur in Anwesenheit des Hundes zum Tragen kommt. Andere Rudel verhalten sich bei Konflikten genau umgekehrt. Da gibt es keine offenen Meinungsverschiedenheiten, aber unter der Oberfläche brodeln Wut und Groll. Ein Hund spürt diese verborgenen Gefühle nur allzu deutlich, deshalb können sie seine Instabilität verstärken. Bei diesem Familientyp sollte es das Ziel sein zu lernen, direkter miteinander zu kommunizieren … vor allem was den Hund angeht.

3. Sind Sie eine Gruppe von Menschen, die gut zusammenarbeitet und am besten als Einheit funktioniert? Oder wirken Sie mehr wie eine Wohngemeinschaft, in der jeder sein eigenes Süppchen kocht?
Diese Frage sollten Sie sich unbedingt stellen, denn menschliche Gemeinschaften funktionieren oft ganz wunderbar, obwohl sich jeder in eine andere Richtung zu bewegen scheint. In Hundegesellschaften dreht sich dagegen immer alles um die Gruppe. In einem Rudel gibt es kein »geistig unabhängiges« Tier. Eine Familie, die nie und unter keinen Umständen zusammenarbeitet, kann für einen Hund sehr belastend sein,

der sich instinktiv danach sehnt, dass alle an einem Strang ziehen. Das soll nicht heißen, dass Ihre Familie ihren Lebensstil völlig verändern muss. Doch was den Umgang mit dem Hund sowie wichtige Entscheidungen *im Hinblick auf das Tier* angeht, müssen sich *alle* miteinander verbünden und *gemeinsam* das Richtige tun.

Ihr Hund und Ihr Umfeld

In westlichen Gesellschaften erscheint die Kernfamilie oft wie eine einsame Insel. In Wirklichkeit aber wirkt sich die Anschaffung eines Hundes auch auf Ihre Freunde, Ihre Nachbarn und Ihr unmittelbares Umfeld aus. Damit nicht genug. Die Lebensweise Ihrer näheren Umgebung wird umgekehrt auch Ihren Hund stark beeinflussen. Das wird sofort deutlich, wenn Sie den ersten gemeinsamen Spaziergang in der Nachbarschaft unternehmen und mit den diversen Hunden und Katzen der anderen Anwohner konfrontiert werden. Die meisten meiner Klienten haben außer Haus mehr Probleme mit ihren Tieren als unter dem eigenen Dach. Um sich Ärger zu ersparen, isolieren sie ihre Hunde oder enthalten ihnen die Bewegung vor. Sie und Ihr Rudel müssen, lange bevor es so weit kommt, die Bedürfnisse und Wünsche der eigenen Gruppe gegenüber dem Allgemeinwohl Ihres Lebensumfelds abwägen.

Ich möchte Ihnen dazu ein Beispiel aus meinem eigenen Leben geben. Als ich das Dog Psychology Center im Süden von Los Angeles eröffnete, mietete ich ein großes Grundstück mitten in einem Industriegebiet. Schon bald stellte ich fest, dass viele Lagerhausbesitzer in der Nähe auf ihrem eingezäunten Besitz Wachhunde hielten. So mancher ließ die Tiere sogar nicht angekettet draußen herumstreunen, damit sie durchs Gelände patrouillierten! Die ganze Situation wurde und wird noch dadurch verschärft, dass viele Gangs in Los Angeles am Rande meines Viertels ihr »Revier« haben. Ich treffe oft auf Hunde, die in ungesetzliche Aktivitäten verwickelt sind – vom Drogenhandel bis hin zu illegalen Hundekämpfen. Sie dienen entweder dem Schutz von Eigentum oder wandern umher, weil sie entkommen sind oder ausgesetzt wurden.

Schon bald wurde mir klar, dass ich all diese Faktoren im Hinterkopf behalten musste, wenn ich meinem Rudel hier ein Heim schaffen wollte. Deshalb ist das Center mit zwei Toren gesichert, damit meine Hunde nicht davonlaufen können und unerwünschter Besuch aus der Nachbarschaft draußen bleibt. Darüber hinaus berücksichtige ich das Temperament eines Hundes, wenn ich mit ihm in der Nachbarschaft zum Spazierengehen, Radfahren oder Inlineskaten gehe. Es versteht sich von selbst, dass man ängstliche, furchtsame oder nervöse Tiere, vor allem aber Fälle, deren Aggression im »roten Bereich« liegt, so lange von unberechenbaren, nicht angeleinten Hunden fernhält, bis ihre Rehabilitation weiter fortgeschritten ist.

Zurzeit baue ich ein neues Dog Psychology Center in einer weniger dicht bevölkerten Gegend im Santa Clarita Valley auf. Auch hier werde ich sowohl die Anlage selbst als auch meine Methoden an die geltenden Regeln und die Realität des neuen Umfelds anpassen müssen. Meine Hunde leben nicht im luftleeren Raum. Sobald ich sie in eine bestimmte Umgebung bringe, muss ich alle neuen Faktoren berücksichtigen – sowohl um der Hunde als auch um der anderen Menschen und Tiere in unserer Umgebung willen.

Das Umfeld kann einen mehr oder weniger starken Einfluss auf Ihren Hund haben. Angenommen, die Nachbarn haben die Einstellung: »Wie können Sie es wagen, dieses Monster in unsere Nähe zu bringen?« In diesem Fall wird Ihr Hund die Negativität dieser Leute jedes Mal zu spüren bekommen, wenn Sie ihnen draußen beim Spazierengehen begegnen. Ihre Einstellung wird zu einer sich selbst erfüllenden Prophezeiung. Hunde sind ein direkter Spiegel unserer Energie; wenn einer Ihrer Bekannten dem Tier mit Groll mörderische Blicke zuwirft, wird es ihn umgekehrt wahrscheinlich ebenfalls nicht leiden können.

Falls Sie in einer Mietwohnung leben, machen Sie sich vor der Anschaffung eines Hundes mit den in Ihrem Haus geltenden Vorschriften hinsichtlich der Haltung von Haustieren vertraut. Als Besitzer einer Eigentumswohnung prüfen Sie am besten die Gemeinschaftsordnung daraufhin. Sie sollten dies bereits weit im Vorfeld tun. Schließlich wollen Sie Ihr Herz nicht an ein Tier hängen, das Ihnen wieder weggenommen werden kann. Sie sollten alle Nachbarn auf Ihrem Stockwerk oder in Ihrer Nähe über Ihre Pläne informieren. Selbst Leute, die keine Hunde mögen, werden es zu schätzen wissen, dass Sie Rücksicht auf ihre Gefühle nehmen und sie vorab informieren, statt auf einmal völlig unvorbereitet mit dem Hund vor ihnen zu stehen. Unter Umständen halten Sie ein solches Vorgehen für selbstverständlich. Sicher wären Sie überrascht, wie oft ich um Hilfe gebeten werde, weil ein Hund für böses Blut zwischen seinen Besitzern und ihren Nachbarn sorgt.

Hootie und die Nachbarn

Der Fall von Pam Marks zeigt sehr deutlich, was passieren kann, wenn jemand umzieht, ohne zu berücksichtigen, wie seine Tiere die Dynamik in der Nachbarschaft beeinflussen. Pam hat vier umwerfende, preisgekrönte Australian Shepherds. Zwei Jahre zuvor hatte sie mich gebeten, ihr mit Hootie zu helfen. Ihr fünf Jahre alter Agility-»Star« hatte nach einem traumatisierenden Vorfall Angst vor Kindern. Pam sagt, bei den Wettkämpfen habe sich Hootie inzwischen um 85 Prozent gebessert. Aber schon bald nach unserem ersten Termin nahm sie erneut Kontakt mit mir auf – doch dieses Mal hatte sie ein anderes Problem. Seit Pam vor zwei Jahren nach Woodland Hills gezogen war, beschwerten sich die Nachbarn über ihre Hunde. Vor kurzem hatten sie Hootie sogar bei der Stadtverwaltung gemeldet. Was hatte sie zu einem solch drastischen Schritt bewogen?

»Pam war gerade erst eingezogen, und ich kam an den Zaun, um die Hunde zu begrüßen. Sie waren wohl ziemlich aufgeregt, denn er [Hootie] hat mich gebissen«, berichtete mir Pams Nachbar Tim Bryson.

»Von da an hatte ich große Bedenken. Schließlich habe ich drei kleine Kinder«, fügte seine Frau Carrie hinzu.

In der Woche vor meinem Besuch war Hootie dann zum zweiten Mal seit Pams Einzug über den Zaun gesprungen und hinter den Kindern hergejagt. Nach dem Vorfall lief Carrie Brysons mütterlicher Schutzinstinkt verständlicherweise auf Hochtouren. »Das brachte das Fass endgültig zum Überlaufen«, sagte sie. »Plötzlich kam dieser Hund – wieder einmal – über den Zaun gesegelt. Da bin ich einfach explodiert. Ich hatte solche Angst.«

Dieser Vorfall und die Reaktion der Brysons ließ die schwelende Feindseligkeit zwischen Pams fünfköpfigem Rudel (das aus ihr und ihren vier Hunden bestand) und dem fünfköpfigen Rudel der Brysons auflodern. »Es ist wirklich schwer, Tür an Tür mit jemandem zu wohnen, wenn es solche Spannungen gibt. Das ist wirklich schwer«, räumte Pam ein.

Als ich vor Ort ankam, erfuhr ich, dass Hootie an den Zaun lief und ängstlich bellte, sobald er die Kinder im Nachbarsgarten spielen hörte – selbst wenn er nicht hinübersprang. Sein instabiles Verhalten wühlte die drei anderen Hunde auf, die dann ebenfalls hyperaktiv wurden. Ich entdeckte den Grund für Hooties Verhalten, als ich Pam bat, mich an der Tür zu begrüßen. Sobald die Türglocke erklang, brach in Pams Rudel die reinste Hektik aus. Die Hunde bellten, rasten im ganzen Haus herum und sprangen übers Mobiliar. Pam zerrte die Tiere zwar halbherzig von der Tür weg, war aber offensichtlich nicht die Herrin in ihrem eigenen Haus! Da waren eine preisgekrönte Agility-Trainerin und vier bestens geschulte Hunde, aber dem Rudel fehlte jede Struktur. Im Garten war Hootie der Anstifter. Weil er keinerlei Vorgaben bekam, baute er seine Furchtsamkeit so ab, wie es die Gene eines Australian Shepherds (Schäferhunds) verlangten – indem er versuchte, die Nachbarskinder zu »hüten«!

Wir machten innerhalb eines einzigen Tages bereits dadurch erstaunliche Fortschritte, dass wir den Hunden ein paar grundlegende Grenzen aufzeigten. Diese Tiere waren bereits darauf konditioniert, auf Pam zu reagieren. Allerdings hatte sie ihre Führungsrolle im Agility-Parcours nicht auf ihr Zuhause übertragen.

Ich erklärte Familie Bryson meine Regel, dass sie die Tiere

nicht anfassen, nicht ansprechen und ihnen nicht in die Augen sehen sollten, und am Ende des Tages standen beide Rudel friedlich nebeneinander am Zaun. Die Brysons waren erleichtert und freuten sich, dass sie Pam bei der Arbeit an Hooties Verhalten helfen konnten. Sie wollten nur Frieden.

Als Pam erfahren hatte, dass sie neben einem Haus voller Kinder einziehen würde, hätte sie sich sofort eine Strategie ausdenken können, um ihre Hunde mit der Familie bekanntzumachen. Vielleicht hätte sie die Kinder sogar dazu überreden können, mit ihr und den Tieren einen »Rudelmarsch« zu unternehmen.

Ich rechne es Pam hoch an, dass sie sich erneut der Verantwortung gestellt und um Hilfe gebeten hat… denn neben erbosten Nachbarn zu wohnen war nicht nur ungünstig für

Andre arbeitet mit Hootie.

sie. Es war auch schädlich für ihre bereits ängstlichen und sehr energiegeladenen Hunde.

Ehe Sie sich einen Hund anschaffen, sollten Sie sich also Gedanken darüber machen, ob es in Ihrer Nachbarschaft Menschen gibt, die mit dem Tier Probleme haben könnten. Gibt es potenziell aggressive Hunde (und ihre verantwortungslosen Besitzer) oder Katzen? Droht vom Straßenverkehr Gefahr oder müssen Sie andere Umstände klären, bevor Sie das Tier zu sich holen?

Welchen Einfluss die Rasse hat

Inzwischen hat eine ehrliche Aussprache mit den Angehörigen Ihrer Gemeinschaft oder Familie stattgefunden, und Sie kennen ihre individuellen Bedürfnisse, Energieniveaus und Lebensstile. Nun ist es an der Zeit, in die Bibliothek, ins Internet oder zu einem Tierheim vor Ort zu gehen und sich eingehend über das Verhalten von Hunden im Allgemeinen und die Eigenschaften bestimmter Rassen im Besonderen zu informieren. Wenn Sie meine Fernsehsendung und meine Bücher kennen, wissen Sie vermutlich bereits, dass ich die Rasse eines Hundes keineswegs für sein Schicksal halte. In der Frage, ob ein Tier zu einem Besitzer oder einer Familie passt, messe ich dem angeborenen Energieniveau des Tiers eine wesentlich größere Bedeutung bei als der Rasse. Manche Arten neigen zwar tatsächlich dazu, mehr oder weniger Energie zu haben als andere. Trotzdem gilt, dass sich das Energieniveau oder das, was die meisten Menschen als »Persönlichkeit« bezeichnen, auch bei Hunden derselben Rasse – ja, sogar desselben Wurfs! – erheblich unterscheiden kann. Jeder Hundebesitzer sollte das Ziel haben, sich zumindest ein gewisses Grundwissen hinsichtlich der besonderen Bedürfnisse seiner Lieblingsrasse anzueignen. Ich stelle fest, dass sich viele Menschen in eine bestimmte Rasse geradezu verlieben. Sie sind ihr unter Umständen deshalb zugetan, weil sie diese Tiere aus ihrer Kindheit kennen oder eine bestimmte Sorte Hund einfach niedlich, elegant oder knallhart einschätzen. Oft wählen Menschen Hunderassen aus wie Kleider, als wäre das Tier ein Gegenstand und könne ihnen das Image verleihen, das sie gern vermitteln würden. Aber ein Hund ist kein Anzug. Er ist ein Teil von Mutter Natur, ein lebendiges, fühlendes Wesen mit ganz eigenen Bedürfnissen – und Rechten.

Wenn Sie einen Hund in erster Linie mit seinem Namen oder seiner Rasse identifizieren, können Sie Schwierigkeiten mit gewissen Verallgemeinerungen hinsichtlich rassetypischer Verhaltensweisen bekommen. Nehmen wir einmal an, jemand kennt aus seiner Jugend mehrere Labrador Retriever, die stets ruhig und wohlerzogen waren. Er wird vermutlich glauben, alle Labradore hätten diese Eigenschaften. Wenn der Betreffende sich dann später ein solches Tier anschafft und es aggressiv wird, erklärt er diesen Umstand automatisch mit der Individualität dieses Hundes. Stattdessen sollte er überlegen, wer früher in seiner Familie der Rudelführer der Labradore war, welche Rolle die Tiere im Haushalt spielten, welche Form von Bewegung und Disziplin ihnen die Familie angedeihen ließ und wie der Lebensstil im Allgemeinen aussah. Er hat bestimmt nicht den einzigen »fehlerhaften« Labrador erwischt! Unter Umständen ist er ein weniger starker Rudelführer als seine Mutter bzw. der Mensch, der in seiner Kindheit für die Tiere verantwortlich war. Möglicherweise kümmert er sich nicht darum, dass sein Hund die nötige Struktur oder Bewegung bekommt. Vielleicht hat sein

**Auffrischung der Grundlagen:
Die Identität Ihres Hundes**

Viele Hundebesitzer identifizieren ihren Hund in erster Linie mit seinem Namen und sagen: »Ach, Smokey mag keine Männer.« Oder: »Beim Spazierengehen benimmt sich Smokey immer daneben.« Wenn Sie einen Hund zuallererst mit dem Namen identifizieren, gehen Sie auch davon aus, dass er die Vorlieben und Abneigungen hinsichtlich seines Verhaltens ebenso bewusst und logisch kontrollieren kann wie ein Mensch. Ein solches Denken verhindert, dass Sie ihn so sehen, wie er wirklich ist, und sein gesamtes Wesen beeinflussen können.
Ich empfehle Ihnen folgende Reihenfolge im Umgang mit Ihrem Hund. Sie ist vor allem dann wichtig, wenn Sie Regeln und Grenzen aufzeigen und mögliche Verhaltensauffälligkeiten behandeln:

1. Tier,
2. Spezies: Hund (Canis lupus familiaris),
3. Rasse,
4. Name.

Erfüllen Sie zuerst die Bedürfnisse, die Ihr Hund als Tier, Hund und Rasse hat. Erst dann sollten Sie ihn »als Namen« bzw. »Individuum« betrachten, wie Sie das bei einem Mitmenschen täten.

Labrador aber auch nur ein sehr hohes Energieniveau und ist dynamischer, als die anderen Hunde es waren, und sein Lebensstil kann die Bedürfnisse des Hundes nicht erfüllen. Unter Umständen ist das Tier frustriert, was als Aggression zum Ausdruck kommt. An diesem Beispiel sieht man sehr deutlich, dass die Rasse eines Hundes nicht zwangsläufig darüber entscheidet, wie er sich als Haustier verhält.

Ich betrachte die Rasse gern als eine Art Verstärkung des angeborenen Energieniveaus. Je reinrassiger der Hund, desto eher wird er von rassetypischen Bedürfnissen und Impulsen getrieben. Vergessen wir nicht, dass der Mensch seine eigennützigen Gründe für die Zucht bestimmter Arten hatte! *Wir* haben Hunde »produziert«, die uns beim Viehhüten, Jagen oder dabei helfen sollten, ein Beutetier über weite Entfernungen hinweg zu verfolgen. *Wir* haben diesen Hunden ihre mächtigen Gene angezüchtet. Deshalb sollten auch *wir* die Verantwortung dafür übernehmen, ihre rassebezogenen Bedürfnisse zu erfüllen. Sehen Sie in einem reinrassigen Hund niemals nur das »hübsche Gesicht«, das eben zu einer bestimmten Abstammungslinie gehört. Bedenken Sie, zu welchem Zweck die Rasse ursprünglich geschaffen wurde.

Es gibt zahlreiche Möglichkeiten der Rasseneinteilung. Weltweit sind ungefähr 400 Rassen bei internationalen kynologischen Dachverbänden gemeldet, und nicht alle sind auch bei dem 1884 gegründeten American Kennel Club (AKC) registriert. Der AKC führt das größte Register für reinrassige Hunde auf der ganzen Welt. Derzeit sind 157 Rassen gemeldet.[2] Glücklicherweise gibt es eine hilfreiche Einteilung in Untergruppen, auf die wir nun hinsichtlich ihrer verhaltensspezifischen Bedürfnisse und allgemeinen Eigenschaften eingehen werden:

- *Vorsteh-, Apportier-, Stöber- und Wasserhunde:* Ursprünglich wurden diese Hunde zur Unterstützung von Jägern gezüchtet. Sie sollten Wild aufspüren, aufstöbern oder sowohl zu Land als auch im Wasser apportieren. Die ersten Menschen entdeckten, dass sie den Jagdtrieb der wölfischen Ahnen des Hundes nutzen und sie gleichzeitig daran hindern konnten, die Beute zu töten. Zu dieser Gruppe zählen Pointer, Retriever, Setter und Spaniel.

- *Schweiß-, Lauf- und Windhunde:* Diese Tiere sollten den ersten Menschen auf der Jagd beim Verfolgen der Beute helfen. Die Gruppe ist sehr groß, lässt sich aber im Allgemeinen in zwei größere Unterkategorien aufteilen. Sichtjäger wie Greyhound, Afghanischer Windhund, Basenji und Saluki verfolgen die Bewegungen eines Beutetiers mit dem Blick. Schweißhunde wie Beagle, Foxhound, Dackel und Bloodhound bedienen sich ihres erstaunlich sensiblen Riechorgans. Viele dieser Hunde wurden für die Arbeit im Rudel gezüchtet. Die einen waren für kurze, intensive Verfolgungssprints gedacht. Die anderen können stundenlang einer Fährte folgen, ohne zu ermüden.
- *Arbeitshunde:* Die Hunde dieser Gruppe entstanden, als der Mensch das Nomadenleben als Jäger und Sammler aufgab und allmählich in Dörfern sesshaft wurde. Diese neueren Rassen sollten stärker häuslich ausgerichtete Tätigkeiten wie Wach-, Zug- und Rettungsaufgaben übernehmen. Auch hier haben wir es mit einer sehr vielfältigen Gruppe zu tun. Viele dieser Tiere wurden ihrer Körpergröße, Kraft und manchmal sogar Aggressivität wegen ausgewählt. Zu der Gruppe gehören Dobermann, Sibirischer Husky, Deutsche Dogge, Mastiff und Rottweiler. Ich bezeichne sie oft als »körperlich stark«, und je reinrassiger sie sind, desto eher werden sie von rassespezifischen Bedürfnissen getrieben. »Anfängern« rate ich davon ab, sich an einen körperlich starken Hund in reinrassiger Form heranzuwagen. Es sei denn, der Betreffende ist bereit, sehr viel Zeit und Energie zu investieren, um seinem Arbeitshund Erfüllung zu schenken.
- *Hüte- und Treibhunde:* Früher zählte der AKC die Hüte- zu

den Arbeitshunden, da beide Gruppen dem Menschen bei den Aufgaben helfen sollten, die ein sesshaftes Leben (im Gegensatz zum Leben als Jäger) mit sich brachte. Den Schöpfern dieser Rassen gelang es, die Fähigkeit der Wölfe zu nutzen und anzupassen, die ihre Beute mit koordinierten Bewegungen in die Enge treiben. Zudem konnten die Züchter ihrem Jagdtrieb die Spitze nehmen, damit sie die Beute nicht töteten. Deshalb verfügen alle Hütehunde über die erstaunliche Fähigkeit, die Bewegungen anderer Tiere kontrollieren zu können. Für diese Aufgabe brauchen sie Energie, Geduld und Konzentration. Genau diese Eigenschaften machen sich oft auch bei den modernen Nachfahren der Hütehunde bemerkbar: bei Schäferhunden, Welsh Corgis, Bouviers des Flandres, Australian Shepherds und Collies. Einige Arbeitshunde zählen auch zur Gruppe der Hütehunde, zum Beispiel der Rottweiler, der früher dazu diente, große Viehherden zu hüten.

- *Terrier:* Die Vorfahren der Terrier sollten ursprünglich Ungeziefer jagen und töten. Zu dieser Gruppe gehören sehr kleine Tiere wie der Norfolk Terrier, der Cairn Terrier oder der weiße West Highland Terrier, aber auch sehr viel größere Rassen wie der Airedale Terrier. Sie können sich wohl vorstellen, dass die Aufgabe, Ratten in Löchern und Büschen aufzustöbern, von den Schöpfern dieser Rassen verlangte, die ersten Tiere nach Eigenschaften wie einem hohen Energieniveau, gutem Konzentrationsvermögen und Beharrlichkeit auszuwählen. Der eine oder andere Terrierbesitzer neigt allerdings dazu, diese Charakterzüge zu vermenschlichen und als »Lebhaftigkeit« oder »Sturheit« zu bezeichnen.
- *Gesellschafts- und Begleithunde:* Chihuahuas, Malteser, Zwergpudel, King Charles Spaniels, Yorkshireterrier, Peki-

nesen, Möpse… Es gibt keinen besseren historischen Beweis für die immerwährende Liebesaffäre zwischen Mensch und Hund als diese Gruppe. Denn viele dieser Tiere wurden ausschließlich zu dem Zweck gezüchtet, ihren Besitzern treue Gefährten zu sein. Einige von ihnen sollten zwar auch Federvieh und Ratten aufstöbern, aber alle wurden ihres kleinen Wuchses wegen ausgewählt. Viele Ersthundebesitzer entscheiden sich für Tiere aus dieser Gruppe. Sie halten sie für »pflegeleicht«. Aber ich werde ebenso häufig zu Fällen gerufen, bei denen ein kleiner Hund außer Kontrolle geraten ist, wie zu Problemen mit körperlich kräftigeren Rassen. Das liegt daran, dass der »Niedlichkeitsfaktor« die Besitzer daran hindert, diese Tiere in erster Linie als Hunde zu betrachten. Ich rate ihnen dann oft, sich ihren winzigen Begleiter einmal im Fell eines anderen Hundes, zum Beispiel dem eines Deutschen Schäferhunds, vorzustellen. Ob sie ihr Beißen und Knurren dann immer noch »bezaubernd« finden …?

- *Die Sammelgruppe:* Die Hunde dieser Gruppe wurden gezüchtet, um ähnliche Aufgaben wie die Tiere in den vorangegangenen Kategorien zu erfüllen, in die sie allerdings nicht hundertprozentig passen. Diese Gruppe ist zu uneinheitlich, um daraus sinnvolle Empfehlungen für die Auswahl eines Hundes ableiten zu können. Das ist bedauerlich, da ihr einige der beliebtesten Hunderassen angehören, etwa Pudel, Bulldogge, Boston Terrier, Bichon Frisé, Französische Bulldogge, Lhasa Apso, Shar Pei, Chow Chow, Shiba Inu und Dalmatiner. Wenn Sie mehr über einen der Hunde dieser Gruppe erfahren möchten, empfehle ich Ihnen, sich speziell über die Geschichte und die grundsätzlichen Eigenschaften dieser Rasse zu informieren.

Lassen Sie sich Zeit

Sobald eine Gruppe gemeinsam die Entscheidung getroffen hat, einen Hund zu adoptieren, kann leicht Ungeduld aufkommen. Alle haben das Bild des Tieres im Kopf und hätten es am liebsten *sofort*! Viele angehende Hundefamilien fahren einfach ins Tierheim, zu einem Züchter oder einer Tierschutzorganisation und nehmen den Hund mit nach Hause, den sie am »niedlichsten« finden. Sie treffen eine emotionale Wahl, ohne kurz innezuhalten und zu überlegen, welche Probleme später daraus entstehen können, dass keine Rücksicht auf die verschiedenen Energieniveaus genommen wurde. Wenn Sie einen Hund zu sich holen, verändert diese Entscheidung Ihr Leben, das des Hundes und das Ihrer ganzen Familie. Überstürztes Handeln kann zu Fehlern mit langfristigen Folgen führen. Falls Sie beim ersten Mal nicht gleich den Ihrer Ansicht nach »perfekten« Hund für Ihre Familie finden, warten Sie einfach noch eine Woche und versuchen Sie es dann erneut. Es ist wichtiger, den passenden Hund zu finden, als einfach ein Tier zu nehmen, das im Augenblick gerade verfügbar ist.

Wenn man nichts überstürzt und sich zur rechten Zeit für den richtigen Hund entscheidet, kann dies das Beste sein, was einem Menschen – oder einem Hund – je passiert. Erinnern Sie sich noch an Curly aus dem Central Park? Nun, unser Produktionsassistent Todd Henderson brachte ihn von New York nach Kalifornien, und auf der gemeinsamen Fahrt durchs Land freundeten sich die beiden wunderbar miteinander an. Todd ist Mitte zwanzig und sehr sportlich – er ist Langstreckenläufer. Er hat ein sehr hohes Energieniveau und war schon seit drei Sendestaffeln für uns tätig. Er wusste also genau, was er im Umgang mit einem Hund zu tun und zu lassen hatte. Auf ihrer langen Fahrt machten Curly und Todd Intervalltraining, unternahmen lange gemeinsame Läufe und Spaziergänge. Als Todd wieder in Los Angeles war, verhinderten seine damalige Wohnsituation sowie seine Arbeit im Rahmen der Sendung, derentwegen er häufig auf Reisen war, dass er den Umsiedler aus New York bei sich aufnahm. Das sollte sich für Curly als äußerst positiv erweisen, der so die Chance bekam, ein Jahr lang im Center zu leben und seine Umgangsformen zu verbessern. Er gewöhnte sich sofort an das Leben im Rudel. Wie ich vorhergesagt hatte, kam er mit den anderen Hunden nicht nur gut zurecht, sondern wurde bei ihnen auch noch äußerst beliebt! Curly war eines unserer aktivsten Tiere. Er liebte das Inlineskaten, die Bergläufe und die Tage am Strand. Darüber hinaus half er einigen Artgenossen, das Gleichgewicht wiederzufinden. Wann immer Todd konnte, nahm er Curly übers Wochenende in Pflege, und ihre Beziehung wurde immer enger.

Vor kurzem bezog Todd mit seiner Freundin ein eigenes Haus und konnte Curly endlich für immer zu sich nehmen. Manchmal bringt er ihn mit ins Produktionsbüro, wo er friedlich unter dem Tisch liegt, während Todd Filmmaterial archiviert und Anrufe erledigt. Niemand würde Curly mit dem Monster in Verbindung bringen, dem wir eineinhalb Jahre zuvor in Manhattan begegnet waren. Ein Leben ohne ihn kann sich Todd nicht mehr vorstellen.

»Ich wusste gleich, als wir zusammen unterwegs waren, dass er ein ganz besonderer Hund ist«, sinniert er. »Er bringt so viel Liebe, Freude und einfach nur Albernheit mit. Es war ein großartiger Tag, als ich ihn endlich offiziell zu mir nehmen konnte, und er genießt sein neues Leben mit mir, meiner Freundin und ihren beiden Hunden.«

Tierheimhunde aus Tijuana

2

Ein Dach überm Kopf

Vom Umgang mit Tierheimen, Tierschutzvereinen und Züchtern

Der Familienrat hat getagt, und Sie haben sich so ausführlich über Hunderassen und -verhaltensweisen informiert, dass Sie einen Vortrag darüber halten könnten. Woher bekommen Sie jetzt den Hund Ihrer Träume?

So adoptieren Sie einen Hund aus dem Tierheim

Ich habe sehr viel Respekt vor Menschen, die sich dafür entscheiden, Tiere aus örtlichen Tierheimen und Tierasylen bei sich aufzunehmen. Diese Welt hat keinen Mangel an Hunden, die ein Zuhause suchen. Jährlich landen Millionen Hunde und Katzen in Tierheimen. Tierheime haben zudem den Vorteil, dass die Vermittlungsgebühr sehr viel geringer ausfällt als bei Züchtern. Ein Tier aus einem Heim ist meist schon geimpft, entwurmt sowie sterilisiert oder kastriert.

Denken Sie aber bitte daran: Viele Hunde landen überhaupt erst in Tierheimen, weil sie aus einer Laune oder aus oberflächlichen Gründen angeschafft wurden. Unrealistische Erwartungen, was es wirklich heißt, sich um ein Haustier zu kümmern und sein Leben mit ihm zu teilen, veranlassen ihre Besitzer dazu, es auszusetzen oder ins Heim zurückzubringen. In den USA beispielsweise ist dies für das Tier letztlich oft die Todesstrafe.[1] Es ist eine großartige Geste, wenn Sie sich dafür entscheiden, einen Hund aus einem Tierheim aufzunehmen. Allerdings kann es für Sie, Ihren Hund und sogar die Gemeinschaft fürchterlich ins Auge gehen, wenn Sie gutgläubig und uninformiert an die Sache herangehen oder Ihre Wahl aus den falschen Gründen treffen.

Wie sehen diese falschen Gründe aus? Menschen haben wichtige Empfindungen, die Sympathie und Mitleid mit Lebewesen in Not wecken. Doch in der Tierwelt können uns diese positiven Regungen ins Verderben stoßen! Im Tierreich ist Mitleid stets eine *schwache Energie*. Wegen dieser schwachen menschlichen Energie wird der Hund mächtiger als der Mensch, der diese Energie ausstrahlt. Beginnt der Hund die Beziehung als dominanter Partner, erhöht das die Wahrscheinlichkeit von ungebärdigem Benehmen und Verhaltensauffälligkeiten. All das führt dazu, dass Hundebesitzer die Anschaffung bereuen und die Tiere nach »gescheiterten« Versuchen in die Heime zurückbringen. Je öfter ein Hund wieder abgegeben wird, desto schwieriger kann er werden. Falls Sie und Ihre Familie sich also dafür entschieden haben, einen Hund aus dem Tierheim zu holen, sollten Sie vorher ausgiebig darüber sprechen, wie viel Trauer und Frustration die Situation solcher Hunde in Ihnen auslöst. Sobald alle Beteiligten ihren Gefühlen vollständig Luft gemacht haben, bitten Sie sie, diese Empfindungen bewusst außen vor zu lassen, wenn sie das Tierheim betreten. Sehen Sie die Sache doch einmal so: Sie nehmen einen Hund zu sich, um ihm zu helfen. Doch wenn er Sie für schwach hält, ist das nicht möglich.

Ich empfehle Ihnen ein Tierheim in akzeptabler Entfernung zu Ihrem Wohnort. Wenn Sie sich mit Ihrer Entscheidung einen oder zwei Tage Zeit lassen und erst danach ins Tierheim zurückkehren möchten, ist keine lange Anreise nötig. Auch werden Spontanentscheidungen unwahrscheinlicher. Viele dieser Tierheime verfügen über Internetseiten mit Fotos und Beschreibungen der zu vermittelnden Tiere. Falls es bei Ihrem Besuch keinen Hund des gesuchten Typs gibt, setzen viele Tierheime Ihren Namen auf eine Warteliste und benachrichtigen Sie, wenn ein passender Kandidat eintrifft. Leider herrscht in den meisten Tierheimen kein Mangel an abgegebenen Tieren. Sie finden das örtliche Tierasyl im Internet oder in den Gelben Seiten unter den Stichwörtern »Tierheim«, »Tierschutzbund« oder »Tiervermittlung«.

Atmen Sie vor dem Betreten eines Tierheims tief durch und beschwören Sie Ihre beste ruhige und bestimmte Energie. Sie werden gleich Dutzenden von anbetungswürdigen Hunden von Angesicht zu Angesicht gegenüberstehen, die alle ein Zuhause suchen. Allerdings können Sie es sich jetzt nicht leisten, sich davon beeinflussen zu lassen. Sie müssen nüchtern an die Sache herangehen, um den richtigen Hund auswählen zu können.

Im Rahmen meiner Videoserie »Mastering Leadership« habe ich mit meinem Team auch eine ausführliche Folge mit dem Titel »Your New Dog, First Day and Beyond« zusammengestellt (»Ihr neuer Hund: Der erste Tag und darüber hinaus«). In diesem Film treffe ich mich mit der fröhlichen und aktiven alleinstehenden Silvia Ellis. Sie wollte einen Tierheimhund aufnehmen, der hinsichtlich ihres Lebensstils ein paar besondere Bedingungen zu erfüllen hatte. Er sollte erstens weniger als zwölf Pfund wiegen, um den in ihrer Wohnanlage geltenden Vorschriften zu genügen. Diese sahen auch vor, dass ein Hund wohlerzogen und ruhig zu sein hatte. Beschwerden über ein Haustier hätten dessen sofortigen Rauswurf zur Folge. Zu guter Letzt sollte das Energieniveau des Hundes hoch genug sein, sodass er Sylvia in ihrem sportlichen Leben begleiten konnte, die täglich sportliches Gehen trainierte und regelmäßig Wanderungen sowie Radausflüge unternahm.

Sylvia und ich fuhren zur Downey Animal Shelter in Los Angeles. Dort zeigte ich ihr, wie man sich einem Tierheimhund im Käfig korrekt nähert – nicht von Angesicht zu Angesicht und indem man Blickkontakt sucht oder spricht, sondern indem man die Regel »Nicht anfassen, nicht ansprechen, nicht ansehen« beherzigt und sich dem Tier *von der Seite* nähert. Wenn Sie den Hund direkt anschauen oder versuchen, mit ihm zu reden oder ihn zu streicheln, zwingen Sie ihn zu einer Verhaltensänderung, um auf Sie zu *reagieren*. Jede Begegnung mit einem Tier ähnelt einer Unterhaltung. Sie verständigen sich lediglich in der Sprache der Energie, die sehr viel feiner ist als Worte. Indem Sie den Hund ignorieren und sich neben ihn stellen, knien oder setzen, gestatten Sie ihm, zu Ihnen zu kommen, sich mit Ihrem Geruch und Ihrer Energie vertraut zu machen und Ihnen sein wahres Gesicht zu zeigen.

Wie der Mensch hat auch der Hund im Umgang mit anderen klare Vorstellungen von seinem persönlichen Raum. In den meisten sogenannten westlichen Zivilisationen ist es üblich, dass Menschen nach Belieben in diesen persönlichen Raum eindringen. So mancher Hundebesitzer reagiert sogar beleidigt, wenn man sich nicht sofort bei der ersten Begeg-

Cesar und Sylvia Ellis im Tierheim

nung mit einem Hund hinkniet und ihn streichelt! Doch wenn wir unseren Kindern ein solches Verhalten beibringen, sorgen wir möglicherweise dafür, dass sie gebissen werden. Sie laufen ja auch erst dann auf eine Bekannte zu und küssen sie auf die Wange, wenn Sie sich miteinander wohlfühlen. Auch ein Hund möchte zuerst ein Gefühl für Ihren Geruch und Ihre Energie bekommen, ehe er entscheidet, ob er etwas mit Ihnen zu tun haben möchte oder nicht.

Da ich im Tierheim immer an Sylvias Seite war, konnte ich sie auf gängige Verhaltensweisen aufmerksam machen, die darauf hindeuten, dass ein Hund nicht dem gesuchten Profil entsprach. Einige Tiere kamen zur Käfigtür gelaufen, sprangen auf Sylvia zu und versuchten, sie mit der Pfote zu berühren. Ich sagte ihr, dass viele Menschen ein solches

**Auffrischung der Grundlagen:
Die erste Begegnung mit einem Hund**

- Gehen Sie nicht auf den Hund zu. Der Rudelführer nähert sich niemals einem Rudelmitglied. Die Mitglieder laufen dem Rudelführer hinterher! Wenn Sie auf der Stelle den Respekt und das Vertrauen eines Hundes gewinnen möchten, gestatten Sie ihm, zu Ihnen zu kommen.
- Stehen Sie ruhig (aber entspannt) und befolgen Sie meine Regel »Nicht anfassen, nicht ansprechen, nicht ansehen«, bis der Hund zeigt, dass er Sie näher kennenlernen möchte. Er tut dies, indem er sich an Ihnen reibt, Sie ansieht oder abschleckt. Es gibt aber auch noch viele andere Möglichkeiten.
- Beobachten Sie Energie und Körpersprache des Hundes. Sind die Ohren aufgestellt und ragt die Rute hoch in die Luft, ist er möglicherweise in einem aufgeregten, dominanten Zustand. Belohnen Sie dies nicht mit Aufmerksamkeit oder Zuneigung, denn auch das kann Sie in den Augen des Hundes zum »Rudelmitglied« machen. Schenken Sie dem Tier dagegen Zuneigung, wenn es den Kopf leicht senkt, auf halber Höhe mit dem Schwanz wedelt und seine Ohren entspannt anliegen. Ein solches Verhalten offenbart eine ruhige und unterordnungsbereite Gemütshaltung.
- Läuft der Hund weg oder tut er sein Desinteresse an Ihnen anderweitig kund, laufen Sie ihm nicht hinterher! Indem Sie die Grenzen eines Hundes respektieren, tun Sie das Bestmögliche, um ihn dazu zu ermutigen, im Gegenzug auch Sie zu respektieren.

Verhalten so interpretierten, als wolle der Hund damit sagen: »Ich freue mich!« oder »Ich mag dich!« – denken Sie an Pete und Curly. In Wirklichkeit kann dies ein Anzeichen für Überreiztheit, Furchtsamkeit, Frustration oder Dominanz sein. Andere Hunde wiederum wichen ihr aus oder ignorierten sie und zeigten keinerlei Neugier. Solche Tiere haben möglicherweise Probleme mit Schüchternheit, die sich in einer kleinen Eigentumswohnanlage zu einer Angstaggression auswachsen könnten. Hätte es in Sylvias Leben oder ihrer Wohnsituation die Zeit, den Raum und die Freiheit gegeben, geringfügig negative Verhaltensweisen bei einem sonst gesunden Hund zu rehabilitieren, wären diese Reaktionen unter Umständen annehmbar gewesen. Aber Sylvia hatte wenig Spielraum. Ihr Hund musste sich von der ersten Sekunde an in ihr Wohnumfeld einfügen, sonst würde es nicht funktionieren. Sie konnte sich keine Experimente leisten. Sie musste einen Hund finden, dessen geistiges Gleichgewicht sie nicht erst rehabilitieren, sondern nur noch erhalten musste.

Nachdem wir uns die Hunde im Tierheim eineinhalb Stunden lang angesehen hatten, grenzten wir das Feld auf drei Tiere ein. Alle Kandidaten waren neugierig auf Sylvia und ein wenig aufgeregt, aber auch unterordnungsbereit und respektvoll gewesen, und sie waren nicht in ihren persönlichen Raum eingedrungen. Am besten gefiel ihr ein süßer, kleiner Chihuahua-Mischling, der ihr erwartungsvoll und direkt in die Augen sah. »Das ist er«, sagte sie nach der Begegnung und schien sich ihrer Wahl ziemlich sicher zu sein.

Anschließend durften wir alle Kandidaten in ein Außengehege des Tierheims bringen, damit wir uns die Hunde auch außerhalb der Käfige ansehen konnten. Wenn Sie ein Tierheimtier auswählen, sollten Sie diesen Schritt unbedingt einhalten, denn das Verhalten eines Tiers kann sich vollständig verändern, sobald es den Käfig verlässt. Als wir mit den Hunden nach draußen gingen, merkten wir, dass es drei Rüden waren – was beweist, dass Energie keine Frage des Ge-

Checkliste Tierheim

- Bereiten Sie sich emotional vor, ehe Sie eintreten. Beschäftigen Sie sich bereits im Vorfeld mit all Ihren Gefühlen von Mitleid und Mitgefühl. Bleiben Sie so ruhig, bestimmt und sachlich wie irgend möglich.
- Halten Sie sich immer an meine Regel »Nicht anfassen, nicht ansprechen, nicht ansehen«. Nähern Sie sich dem Käfig von der Seite und warten Sie, bis der Hund zu Ihnen kommt. Auf diese Weise kann er besser zeigen, wie er wirklich ist.
- Suchen Sie nach Anzeichen ruhiger Unterordnungsbereitschaft. Dazu gehören eine gesunde, aber respektvolle Neugier, die Rücksichtnahme auf Ihren persönlichen Raum sowie körperliche Signale wie eine nur leicht angehobene Rute, ein gesenkter Kopf und leicht angelegte Ohren. Beobachten Sie, wie aufgeregt, ängstlich, aggressiv oder furchtsam der Hund ist.
- Sehen Sie sich den Hund möglichst auch außerhalb des Käfigbereichs an. Achten Sie darauf, wie er sich Menschen oder Artgenossen gegenüber verhält. Prüfen Sie, ob Futter ihn motiviert.
- Fragen Sie die Tierheimmitarbeiter, ob Sie den Hund kurz an der Leine ausführen dürfen. Studieren Sie das Energieniveau des Tieres eingehend.
- Falls Sie bereits einen Hund haben, bringen Sie ihn mit und machen Sie die beiden miteinander bekannt. Stellen Sie sicher, dass sie energetisch kompatibel sind.
- Erkundigen Sie sich bei den Tierheimmitarbeitern nach dem Verhalten des Hundes und nach seinen Gewohnheiten, soweit bekannt. Wurde er schon einmal zurückgebracht? Aus welchem Grund? Sind gesundheitliche Probleme bekannt?
- Wenn Sie sich nicht sicher sind, fragen Sie, ob Sie am nächsten Tag wiederkommen dürfen. So können Sie eine etwas weniger emotional gefärbte Entscheidung treffen. Außer-

dem können Sie sich den Hund noch ein zweites Mal ansehen, der sich dann möglicherweise in einer anderen geistigen Verfassung befindet.

- Sobald Sie sich dafür entschieden haben, einen Hund aus dem Tierheim zu sich zu nehmen, vergewissern Sie sich, dass er oder sie kastriert oder sterilisiert ist. Bringen Sie ihn sobald wie möglich zum Tierarzt. Lassen Sie ihn auf Krankheiten und Infektionen untersuchen und holen Sie alle nötigen Impfungen nach, die möglicherweise im Tierheim oder vom Vorbesitzer vernachlässigt wurden.
- Unternehmen Sie unbedingt einen langen Spaziergang mit Ihrem Hund, nachdem Sie das Tierheim verlassen haben.

schlechts ist. Aber Sylvia sollte eine große Überraschung erleben. Wir erlaubten den Tieren, sich im Außengehege miteinander bekanntzumachen. Dabei stellte sich heraus, dass Sylvias Favorit, der Chihuahua-Mischling, zumindest in Bezug auf seine Artgenossen ein dominanter kleiner Kerl war. Fast unmittelbar nach der Begegnung entbrannten zwischen ihm und einem der anderen Kandidaten alles andere als unauffällige Revierstreitigkeiten. Unterdessen tat der dritte Kandidat, was ich bei jedem ausgeglichenen Hund sehen möchte, bevor er sich auf die Artgenossen in seiner Nähe konzentriert. Er begann, respektvoll seine Umgebung zu erforschen. Es liegt in der Natur des Hundes, sich folgende Fragen in dieser Reihenfolge zu stellen, sobald er an einen neuen Ort kommt:

- Wo bin ich?
- Wer ist sonst noch hier?

Dieser dritte Hund bewahrte sowohl im Käfig als auch draußen seine ruhige und unterordnungsbereite Haltung und zeigte stets ein gesundes Energieniveau und eine gesunde Neugier. Ich prüfte seinen Fresstrieb (ein starker Fresstrieb kann ausgesprochen hilfreich sein, wenn Sie das Tier später mit positiver Verstärkung erziehen möchten) und stellte fest, dass er das Futter enthusiastisch, aber höflich aus meiner Hand entgegennahm. Das Tier hatte alle Merkmale eines perfekten Hundefreundes, und in diesem Augenblick änderte Sylvia ihre Meinung und entschied sich endgültig für ihn. Sie hält mein Team auch weiterhin auf dem Laufenden, und aus ihren Berichten geht hervor, dass Sie immer noch überglücklich mit ihrer Wahl ist.

Die Tiernothilfe

Auch die Mitarbeiter der Tiernothilfen sind mit bewundernswerter Hingabe darum bemüht, herrenlosen Tieren ein gutes Zuhause zu vermitteln. Oft arbeiten sie mit einem winzigen Budget und einer Handvoll ehrenamtlicher Helfer. Meine Frau Ilusion und ich haben eine Stiftung gegründet – die »Cesar and Ilusion Millan Foundation« –, um diese Vereine bei ihren enormen Verpflichtungen und Ausgaben zu unterstützen. Aber nicht alle vermeintlichen Tiernothilfen sind seriös. Gelegentlich geben sich auch Massenzüchter und Internetbetrüger dafür aus. Sie sollten daher prüfen, ob eine Tiernothilfe als gemeinnütziger Verein eingetragen ist, ehe Sie dort einen Hund suchen.

Im Rahmen der Aufnahmen zu »Your New Dog: First Day and Beyond« (»Ihr neuer Hund: Der erste Tag und die Zeit danach«) half ich dem jungen Ehepaar Angelo und Diana

Die Tierhim-Erfolgsgeschichte: Allyson Tretheway
Eine unwahrscheinliche Adoption

Allyson Tretheways Hunde

Im Herbst 2006 sah ich die Sendung »Dog Whisperer« zum ersten Mal und dann regelmäßig. Ich hatte bereits einen ziemlich gut erzogenen Rüden, eine Mischung aus einem Border Collie und einem Espagneul Breton (Bretonischer Vorstehhund). Ich hatte schon früher darüber nachgedacht, einen zweiten Hund als Spielgefährten für ihn aufzunehmen, fürchtete aber, dass mir das zu viel würde. Meine Mutter erinnerte mich an einige unschöne Situationen, die sie im Laufe der Jahre mit zwei Hunden erlebt hatte – Raufereien, Revierstreitigkeiten, Überreiztheit. Sie warnte mich, gemeinsam gehaltene Hunde würden sich gegenseitig zu dem schlimmsten Verhalten reizen, zu dem sie fähig seien. Aber die Sendung »Dog Whisperer« machte mich zuversichtlich, dass ich auch mit zwei Hunden zurechtkommen würde.

Also fuhr ich im März 2007 ins Tierasyl, um mir einen Zweithund auszusuchen. Ich hielt mich an Cesars Empfehlungen und nahm auch meinen Hund Cory mit. Ich wollte sicher sein, dass er sich mit dem Tier meiner Wahl verstand. Auf mein eigenes Energieniveau nahm ich ebenfalls Rücksicht. Ich habe sehr viel Energie. Ich laufe und wandere viel und bin gern draußen in der Natur. Da ich ein aktiver Mensch bin, bereitete es mir keine allzu großen Sorgen, einen Hund mit hohem Energieniveau aufzunehmen.

Bislang hatte ich dem Medienrummel Glauben geschenkt, dass Pitbulls aggressive Monster seien, die Kinder zerfleischen! Wir hatten nicht vor, einen Pitbull zu holen, aber leider sind die Tierheime voll von ihnen. Cesars Sendung hatte mich davon überzeugt, dass jeder Pitbull ganz individuell beurteilt werden sollte und dass Pitbulls bei entsprechend guter Führung großartige Hunde sein können. An jenem Tag nahm ich Dixie auf, eine einjährige Pitbull-Hündin. Vor Cesars Sendung wäre sie für mich allein wegen ihrer Rasse nicht infrage gekommen.

Sofort nachdem ich sie aus dem Tierheim geholt hatte, setzte ich Cesars Tipps in die Tat um. Bevor wir ins Haus gingen, unternahmen mein Freund Randy, unser Hund Cory, Dixie und ich einen Spaziergang. Da Dixie gerade erst sterilisiert worden war, konnten wir nicht weit gehen. Aber wir machten ihr gleich von Anfang an klar, dass wir ein Rudel waren. Ich achtete stets darauf, dass Dixie vor dem Füttern ruhig und unterordnungsbereit war. Ich gab ihr einen Knochen und nahm ihn ihr wieder weg. Dieses Spielchen wiederholte ich ein paar Mal, damit sie wusste, dass ich Futter und Leckerlis kontrollierte. Ich kaufte auch gleich in den ersten Tagen einen Hunderucksack. Ich meldete sie bei einer Hundeschule an, in der das Erlernen der Grundkommandos zugleich eine Art Wanderkurs war. Außerdem besucht sie Agility-

und Flyball-Kurse. Sie kann weder das eine noch das andere besonders gut, aber wir arbeiten weiter daran.
Ich nehme Dixie auch mit, wenn ich meine Großmutter im Seniorenheim besuche, wo sie alle bezaubert. Jeder der Bewohner, der sie sieht, muss sie einfach streicheln. Und sie genießt jede Sekunde davon. Sie ist so ein liebevoller Hund. Sie kann gar nicht genug menschliche Zuneigung bekommen! Hätte ich Cesars Sendung nicht gesehen, hätte ich wohl nie das Selbstvertrauen gehabt, einen Pitbull aufzunehmen. Jetzt bin ich glücklich, dass ich es getan habe. Dixie ist ein solcher Schatz!

Barbera, ihr ausgeglichenes Rudel aus einer Katze, einem Sibirischen Husky und einem Mastiff-Dogge-Mischling um einen Basset zu erweitern. Ich fuhr mit ihnen zu der fantastischen Basset-Nothilfe »Daphneyland« in Acton, Kalifornien. Daphneyland ist ein wunderbares Beispiel für einen Verein, der sich einer bestimmten Rasse widmet. Auf der geräumigen Ranch mit Gebäuden und Außengehegen ist Platz für bis zu hundert Hunde, die meist von anderen Organisationen kommen, die weniger Tiere aufnehmen können. Daphneyland wurde von Dawn Smith gegründet. Sie hat praktische Erfahrung mit über tausend Bassets und teilt meine Philosophie von der »Macht des Rudels«. Weil sie für die gemeinsame Jagd gezüchtet wurden, ist das Rudel für viele Bassets enorm wichtig. Deshalb nutzt Dawn die Sozialisierung in der Gruppe, um bei den Hunden in ihrer Obhut für »Ausgeglichenheit« zu sorgen.

Nach unserer Ankunft sollten Diana und Angelo zunächst das individuelle Energieniveau verschiedener Rudelmitglieder beobachten. Es gibt zwar das Klischee, wonach der Basset eine lethargische Rasse mit wenig Energie sei. In

Wirklichkeit aber können diese Tiere manchmal ebenso energiegeladen sein wie Terrier mit hohem Energieniveau. So mancher Jack-Russell hat weniger Energie als ein Basset. Wie gesagt ist es so, dass nicht die Rasse, sondern das angeborene Energieniveau über den Charakter eines Hundes entscheidet.

Wenn Sie ein bereits bestehendes Rudel – aus Menschen, Hunden, Katzen oder allen gemeinsam – um einen Hund erweitern, sollten Sie unbedingt ein Tier mit dem gleichen oder einem niedrigeren Energieniveau wählen. Im Augenblick bestand das Rudel von Diana und Angelo aus zwei Tieren mit mittlerem bis hohem Level. Sie suchten daher einen Basset mit mittlerer bis niedriger Energie. Gleich nachdem wir die Anlage betreten hatten, schloss sich ihnen eine neugierige, aber respektvolle Hündin an und beschnupperte sie vorsichtig. Da Diana ihre Energie mochte, beobachteten wir ihr Verhalten, als Dawn Smith dem Rudel ein paar Leckerbissen anbot. Das infrage kommende Weibchen blieb am Rande der Gruppe, kämpfte sich nicht zur Mitte vor, scheute aber auch nicht vor den anderen Hunden zurück. Das ließ darauf schließen, dass sie weder dominant noch ängstlich war, was wiederum dafür sprach, dass sie gut zu den anderen Hunden der Barberas passen würde. Unser nächster Schritt bestand darin, sie »versuchsweise« mit dem Sibirischen Husky und dem Mastiff-Dogge-Mischling bekanntzumachen. Beide Hunde waren mit ihrer Energie einverstanden, obwohl sie in ihrer Gegenwart anfangs ein wenig schüchtern war. Ich erklärte, dass dies normal sei, da sich »die Neue« noch als Teil des Daphneyland- und nicht des Barbera-Rudels fühlte. Nachdem die Bassethündin eine gewisse Zeit mit den Hunden der Barberas verbracht hatte, ging sie allmählich aus sich heraus, und die drei Hunde machten sich gründlich miteinander bekannt. Als die Basset-Hündin dem Husky gegenüber freundliche Annäherungsversuche machte, wussten wir, dass sie die richtige Energie für die Familie hatte. Aber wie würde sie mit der Katze zurechtkommen? Tief im Inneren sind Bassets Jagdhunde, und bisweilen können Katzen ihren Jagdtrieb reizen. Woher sollten die Barberas wissen, dass es zu Hause nicht zum Konflikt mit der Katze käme?

Zum Glück hält Dawn Smith aus ebendiesem Grund auch eine Katze auf ihrem Anwesen. Sie bemüht sich, alle Bassets an das Tier zu gewöhnen und sofort festzustellen, bei welchen Hunden es Probleme geben könnte. Als wir die Bassethündin der Barberas mit der Daphneyland-Katze testeten, behandelte sie diese wie ein höherrangiges Rudelmitglied. Nun hatten wir alle Eventualitäten geprüft, und die Barberas waren bereit, sich für den Hund zu entscheiden, die nötigen Formulare auszufüllen und die Gebühr zu bezahlen. Diese Summe soll dazu beitragen, die Kosten für die medizinische Versorgung der Tiere zu decken und den Fortbestand des Engagements von Daphneyland zu sichern. Die von den Barberas auf den Namen »Daisy« getaufte Hündin bekam ein erfrischendes Bad, um den Geruch ihres Aufenthalts in Daphneyland zu entfernen. Anschließend war sie bereit für ihr neues Leben. Ich bat die Barberas, vor Antritt der Rückfahrt mit Daisy und den anderen Hunden einen Rudelmarsch zu unternehmen, was ich bei der Aufnahme von Tierheimhunden grundsätzlich empfehle. Auf diese Weise würde sie die Fahrt zu ihrem neuen Zuhause als Rudelmitglied und nicht mehr als Außenseiterin antreten.

Checkliste Tiernothilfe

- Berücksichtigen Sie auch hier die Situation Ihres heimischen »Rudels«.
- Finden Sie einen Verein mit einem guten Ruf, indem Sie seine Gemeinnützigkeit prüfen oder beim Tierschutzbund anrufen.
- Rufen Sie an und informieren Sie sich über die Vermittlungsvoraussetzungen. Falls Sie nicht bereit sind, einem Besuch bei sich zu Hause zuzustimmen, oder das Gespräch, den Bewerbungsprozess oder die Gebühr nicht gutheißen, sollten Sie sich nach einer anderen Möglichkeit umsehen, einen Hund zu adoptieren, ehe Sie Ihr Herz an ein bestimmtes Tier hängen.
- Lernen Sie alles über eine bestimmte Rasse, was Ihnen nützlich sein könnte.
- Haben Sie kein Mitleid! Bemühen Sie sich auch hier um ein ruhiges und bestimmtes Auftreten, bevor Sie sich die zur Vermittlung stehenden Hunde ansehen.
- Falls Sie bereits Hunde haben, fragen Sie nach, ob Sie die Tiere mitbringen dürfen, um eine persönliche Begegnung zu ermöglichen.
- Studieren Sie die Energie des Hundes, den Sie gern hätten. Ist sein Energieniveau ebenso hoch oder niedriger als das Ihrer Familie und/oder der anderen Tiere in Ihrem Rudel?
- Vergewissern Sie sich, dass der Hund sterilisiert oder kastriert wurde und alle nötigen Impfungen erhalten hat, bevor Sie ihn zu sich holen.
- Gehen Sie mit ihm spazieren, sobald Sie die Einrichtung verlassen haben.

Einen Hund beim Züchter kaufen

Wenn Sie einen bestimmten Rassehund haben möchten und das Risiko der Vermittlung über eine Tierschutzorganisation scheuen, kaufen Sie niemals unbesehen ein Tier übers Internet! Sie werden dort nämlich mit großer Wahrscheinlichkeit Hunde aus der Massenzucht finden. In vielen dieser Betriebe herrschen erbärmliche Zustände, unter denen vor allem die zur Zucht verwendeten weiblichen Tiere leiden. Sie verbringen manchmal das ganze Leben im Käfig, häufig sogar ohne Bewegung, Kontakt oder tierärztliche Betreuung. Diese Hündinnen tragen einen Wurf nach dem anderen aus, bis sie zu alt oder zu krank dafür sind; und wenn sie in der Massenzucht nicht mehr von Nutzen sind, werden sie möglicherweise ausgesetzt oder sogar getötet. Bei Hunden aus derartigen Einrichtungen ist Inzucht so häufig, dass die Nachkommen oft an genetisch bedingten Erkrankungen leiden. Trotzdem florieren diese dubiosen Unternehmen, weil sich immer noch viel Geld mit unkritischen Hundeliebhabern verdienen lässt. Ich rate meinen Klienten stets, das instabile Verhalten ihrer Tiere niemals zu unterstützen. Ebenso wenig sollten Sie einen Menschen belohnen, der von der Massenzucht von Hunden profitiert.

Im Internet sehen Sie unter Umständen ein Bild von einem Hund und spüren sofort ein Aufwallen von Liebe. Das Netz ist für viele Tierheime und Tierschutzorganisationen eine große Hilfe. Sie können die zu vermittelnden Tiere auf ihren Internetseiten vorstellen und so die Besucher bereits vorab darüber informieren, was sie erwarten können. Bei einem Züchter ist das allerdings ein Glücksspiel – vor allem dann, wenn Sie Ihren Hund bei einem weit entfernten Anbieter »bestellen«. Selbst bei seriösen Züchtern sind die persönliche Begegnung, der Rundgang durch die Einrichtung und die Beobachtung der Eltern Ihres potenziellen Hundes durch nichts zu ersetzen. In den Weiten des Internets wächst die Wahrscheinlichkeit, dass Sie auf Menschen stoßen, denen es wie den Massenzüchtern nur ums Geld geht. Eine Garantie gibt es nicht, und vielleicht haben Sie ja sogar Glück. Aber ich bin halt ein altmodischer Kerl und will die Eltern kennenlernen…

Wie findet man einen seriösen Züchter in einer Welt, in der Menschen Tiere des Geldes wegen so schamlos misshandeln dürfen? Holen Sie bei Ihrem Tierarzt, bei örtlichen Rassehundevereinen oder auf anerkannten Hundeschauen und Wettbewerben Empfehlungen ein. Nehmen Sie nicht einfach einen niedlichen Welpen bei einem Hundebesitzer in der Nähe mit, der für seine Tiere »Papiere« (eine Abstammungsurkunde hat). Wenn jemand bereit ist, Geld für einen Hund zu nehmen, und Sie ohne weitere Fragen mit ihm davonfahren lässt, haben Sie es entweder mit einem wenig sachkundigen oder einem verantwortungslosen Züchter zu tun. Ein guter Züchter wird all Ihre Fragen zu Hund und Abstammung (einschließlich des Temperaments der Eltern und Großeltern) beantworten können. Darüber hinaus wird er Ihnen die Kontaktinformationen von Leuten geben können, bei denen einige seiner Hunde leben. Ich will, wie gesagt, immer auch die Eltern eines Welpen kennenlernen, um mir einen Eindruck von ihrem Gesundheitszustand und ihrem Temperament zu verschaffen. Sollten Sie beim Besuch eines Züchters auch nur die geringsten Zweifel haben, halten Sie Ihre Gefühle im Zaum und haben Sie den Mut, wieder zu gehen. Anderenfalls laufen Sie Gefahr, viel Geld auszugeben und eine lebenslange Verpflichtung gegenüber einem Hund einzugehen, der genetische Anomalien aufweist oder nicht normal sozialisiert werden kann. In beiden Fällen könnte das Sie und Ihre Familie in den kommenden Jahren nicht nur viel Geld kosten, sondern auch großen Kummer bereiten.

Wenn Sie zu einem guten Züchter gehen, hat das unter anderem den Vorteil, dass er eingehend über den genetischen Hintergrund des Hundes Ihrer Wahl informiert ist. Da Sie nach einem Tier mit dem richtigen Energieniveau für Ihre Familie suchen, können Sie sich beim Züchter nach seinen Auswahlkriterien erkundigen. Arbeitet er meist für Polizei oder Such- und Rettungsdienste, wählt er möglicherweise Tiere mit einem sehr viel höheren Energieniveau als ein Kollege, der in erster Linie Schauhundebesitzer oder Familien als Kunden hat.

Nun haben Sie den richtigen Züchter gefunden und wollen den Schritt wagen. Achten Sie darauf, dass Sie sich nicht einfach den niedlichsten Welpen oder »pubertierenden« Hund schnappen, der Ihnen ins Auge sticht. Ich rate Ihnen, mindestens drei Hunde zu vergleichen, damit Sie von Anfang an ein Gefühl für die Unterschiede im Energieniveau bekommen. Vergessen Sie nicht, dass sich oft auch die Hunde im selben Wurf energetisch erheblich voneinander unterscheiden. Wenn Sie lieber keinen besonders energiegeladenen Hund im Haus haben möchten, ist der Welpe, der sich auf die Hinterbeine stellt und Ihnen auf die Brust springen will, nicht die beste Wahl. Umgekehrt zerreißt es Ihnen beim Anblick des schüchternen Kerlchens in der Ecke vielleicht schier das Herz. Aber wenn es in Ihrer Familie zu viele ungestüme Kinder gibt, können Sie es nicht darauf ankommen lassen, einen Hund mit schwachem Selbstwertgefühl rehabilitieren zu müssen. (Der kleinste Welpe des Wurfs bringt meist automatisch ein paar Unsicherheiten mit.) Sind die

Checkliste Züchter

- Machen Sie einen Züchter mit einem hervorragenden Ruf ausfindig.
- Informieren Sie sich über die Rasse, für die Sie sich interessieren. Je reinrassiger der Hund, desto eher wird sich die Rasse auf sein Verhalten auswirken.
- Versuchen Sie, so viele Hunde wie möglich miteinander zu vergleichen, um das Tier zu finden, das energetisch am besten zu Ihrer Familie passt.
- Gehen Sie unbedingt mit dem Hund spazieren, bevor Sie beim Züchter aufbrechen oder nachdem Sie daheim angekommen sind, aber *bevor* Sie ihn ins Haus bitten.

Hunde, die Sie sich angesehen haben, alt genug, dann halten Sie sich an das in den Abschnitten zu Tierheimen und Tierschutzorganisationen beschriebene Vorgehen. Bringen Sie den Kandidaten an einen Ort, an dem Sie ihn fernab von seinen Geschwistern beobachten können. Wie reagiert er auf seine Umgebung? Ist er offen und akzeptiert er kleinere Verhaltenskorrekturen? Können Sie mit ihm spazieren gehen und spüren Sie dabei den Ansatz einer Bindung?

Verantwortungsbewusste Züchter überlassen Ihnen einen Welpen erst, wenn er mindestens zwei Monate alt ist. Der Grund dafür ist, dass die ersten beiden Monate eine entscheidende Rolle bei der Entwicklung der artspezifischen Identität Ihres Hundes spielen.

Ganz gleich, wo Sie Ihren Hund finden, irgendwann wird der freudige Tag kommen, an dem Sie Ihren neuen Gefährten zu sich nach Hause holen. Ob Sie's glauben oder nicht: Wie Sie diese Situation meistern, ist beinahe ebenso wichtig wie die Wahl Ihres Hundes!

Die Barberas mit Hund

3

Endlich daheim

So führen Sie einen neuen Hund in die Familie ein

Geschafft: Sie haben sich eingehend über das Verhalten von Hunden und über die verschiedenen Rassen informiert. Vor allem aber gab es mindestens eine Sitzung des Familienrats mit allen Beteiligten zur Gewissenserforschung. Sie haben ausgepackt und schonungslos ehrlich über das Energieniveau Ihrer Familie sowie Ihre wahren Bedürfnisse im Gegensatz zu Ihren Wunschvorstellungen gesprochen. Außerdem haben Sie dafür gesorgt, dass alle Mitglieder Ihrer Familie wissen, was im Hinblick auf den Hundebesitz unter Verantwortung und Konsequenz zu verstehen ist, und es gutheißen. Ausgestattet mit Ihrem ausführlichen neuen Wissen und Ihren Informationen, waren Sie im Tierheim, bei einer Tierschutzorganisation oder dem Züchter Ihrer Wahl und haben den Hund auserkoren, der Ihrer Ansicht nach schon bald das nächste heißgeliebte Mitglied Ihrer Familie werden wird.

Falls alle diese Punkte zutreffen, haben Sie bis jetzt hervorragende Arbeit geleistet! Damit Sie prognostizieren können, wie das Leben mit Ihrem Hund aussehen wird, kann ich nicht oft genug betonen, wie wichtig es ist, gleich zu Beginn die richtige Wahl zu treffen. Aber so entscheidend der Auswahlprozess auch ist – die harte Arbeit des Hundebesitzers ist damit noch lange nicht getan. Ich habe schon Klienten geholfen, die sachkundigste, klügste Wahl der Welt zu treffen, und wurde ein paar Wochen später erneut zu ihnen gerufen, weil sie nicht konsequent waren. Auch der unbekümmertste, sanftmütigste und gelassenste Hund der Welt kann Verhaltensauffälligkeiten entwickeln, wenn seine Besitzer nicht von dem Augenblick an, in dem sie mit ihm das Tierheim verlassen, konsequent am Ball bleiben.

In diesem Zusammenhang lautet die wichtigste Regel, die ich in den folgenden Kapiteln mehrfach wiederholen werde: Im Umgang mit einem Hund *zählt alles*, was Sie tun. Einer meiner klugen Bekannten sagte einmal über Kinder: »Sie sind wie kleine Kameras, die immer laufen.« Das gilt auch für einen Hund. Wie ein Kind studiert er ständig Ihre Energie sowie Ihr Verhalten und verarbeitet diese Informationen, um anschließend zu entscheiden, welches Verhalten von ihm erwartet wird. Der Unterschied liegt natürlich darin, dass ein Hund im Gegensatz zu einem Kind nicht von Ihnen lernt, ein *Mensch* zu sein. Er lernt, welche Rolle und Aufgabe er im Rudel erfüllt. Vom ersten Augenblick Ihrer Begegnung an wird sich alles, was Sie tun, auf das auswirken, was er von dieser Lektion mitnimmt.

Auf den folgenden Seiten werden wir in erster Linie auf die Frage eingehen, was zu tun ist, wenn Sie einen erwachsenen Hund aufnehmen. Der Umgang mit Welpen folgt später.

Sobald Sie den Hund aus seinem früheren Lebensumfeld entfernt haben, müssen Sie sofort mit ihm spazieren gehen –

noch bevor Sie in den Wagen steigen und nach Hause fahren. Damit erreichen Sie zweierlei: Erstens war der Hund, wenn er nicht gerade von einem riesigen Hof kommt, wo er reichlich Auslauf hatte, eine Weile auf engem Raum eingesperrt, und es hat sich eine Menge negative Energie in ihm angestaut. Ein flotter, etwa zehn- bis dreißigminütiger Spaziergang wird dazu beitragen, diese Energie abzubauen, und damit beginnen, den wahren Hund zum Vorschein zu bringen, der sich unter all der Anspannung verbirgt. Der zweite und wichtigere Faktor ist, dass Sie mit diesem ersten Spaziergang anfangen, eine Bindung aufzubauen. Das Spazierengehen ist mit Abstand das beste Werkzeug im »Arsenal« aller Familienmitglieder, um vom ersten Tag an und darüber hinaus eine optimale Beziehung zu Ihrem Hund herzustellen.

Auffrischung der Grundlagen: Meistern Sie die »Kunst des Spazierengehens«

- Beginnen Sie jeden Spaziergang mit ruhiger, bestimmter Energie. Sie müssen Ihren Hund nicht »aufputschen«, indem Sie ihm mit aufgeregter Stimme erzählen, was Sie gleich zusammen erleben werden. Der Spaziergang soll die Bindung zwischen Ihnen stärken und ein ursprüngliches Erlebnis im Rudelverband ermöglichen. Es ist kein Ausflug nach Disneyland.
- Laufen Sie dem Hund mit der Erziehungshilfe Ihrer Wahl niemals hinterher – ganz gleich, ob es eine einfache Leine für wenige Cent, ein Geschirr oder ein Halti ist. Ihr Hund betrachtet dieses Hilfsmittel als Erweiterung Ihrer Energie. Er sollte es deshalb als angenehm empfinden (es sollte ihn aber nicht überreizen). Lassen Sie den Hund zur Erziehungshilfe

kommen, nicht umgekehrt. Viele Hunde verstehen das Konzept der Leine sofort. Mit den anderen müssen Sie Geduld haben. Schaffen Sie mit etwas Futter und ein wenig Zuneigung eine angenehme Erfahrung rund um das Anlegen der Leine. Denken Sie daran, Ihr Hund empfindet bereits Ihre Billigung als Wohlwollen!

- Warten Sie beim ersten gemeinsamen Spaziergang an der Schwelle des Ortes, den Sie verlassen möchten – ob dies ein Tierheim, Ihr Wagen oder Ihr Haus ist. Vergewissern Sie sich, dass Ihr Hund ruhig und unterordnungsbereit neben Ihnen wartet, und gehen Sie dann zuerst zur Tür hinaus. Bedeuten Sie Ihrem Hund zu folgen. In den Augen des Hundes ist derjenige, der die Behausung zuerst verlässt, auf diesem Ausflug der Anführer. Das sollten Sie sein!
- Halten Sie die Leine locker und entspannt, als würden Sie eine Hand- oder Aktentasche tragen. Heben Sie den Kopf und nehmen Sie die Schultern zurück. Ihr Hund sollte neben oder hinter Ihnen laufen und Sie niemals hinter sich herzerren. Falls er dies nicht auf Anhieb begreift, schaffen Sie mit einem Gehstock oder einem Regenschirm ein Hindernis, bis er es verstanden hat. Blockieren Sie ruhig seinen Weg und schaffen Sie so eine Grenze, die schon bald nicht mehr zu sehen sein wird. Der Hund sollte diesen Gegenstand nicht fürchten, sondern nur respektieren. Ihre Energie entscheidet, wie er ihn empfindet.
- Wenn Ihnen beim Spaziergengehen Hindernisse oder Ablenkungen begegnen, reagieren Sie niemals auf das Verhalten Ihres Hundes. Vergessen Sie nicht, dass Sie soeben die Grundlage für alle weiteren gemeinsamen Aktivitäten schaffen. Reagiert ein Hund ganz aufgeregt, wenn er einen Aufruhr oder einen Artgenossen auf der anderen Straßenseite entdeckt, heißt das keinesfalls, dass auch Sie sich aufregen müssten! Bleiben Sie konzentriert, bewahren Sie vor allem

Ihre ruhige und bestimmte Energie und gehen Sie weiter. Korrigieren Sie Ihren Hund, indem Sie die Leine leicht zur Seite ziehen. Damit geben Sie ihm zu verstehen: »Lass dich nicht ablenken. Geh weiter!« Ihr Hund begreift: »Das ist in Ordnung. Das hat nichts mit uns zu tun. Wir gehen einfach weiter.« Falls er sich besonders schwer überzeugen lässt, sehen Sie ihm ruhig in die Augen und befehlen Sie ihm, stehen zu bleiben und sich neben Sie zu setzen. Warten Sie, bis er ruhig und unterordnungsbereit ist, ehe Sie weitergehen. Sorgen Sie, falls nötig, dafür, dass Ihr Hund dem ablenkenden Tumult den Rücken zukehrt. Auf diese Weise (und indem Sie vor dem Weitergehen erneut warten, bis er ruhig und unterordnungsbereit ist) teilen Sie ihm mit: »Wir ignorieren Hunde, die auf der anderen Straßenseite Unruhe stiften.«

- Nach einem erfolgreichen fünfzehn- bis zwanzigminütigen gemeinsamen Spaziergang erlauben Sie Ihrem Hund, ein wenig am Ende der Leine herumzuwandern, am Boden zu schnuppern, Urin und Kot abzusetzen. Das ist eine Belohnung! Nehmen Sie nach ungefähr fünf Minuten den strukturierten Spaziergang wieder auf.
- Wiederholen Sie nach der Ankunft an Ihrem Ziel oder bei der Rückkehr nach Hause die bereits beschriebenen Abläufe: Warten Sie beim ersten gemeinsamen Spaziergang an der Schwelle des Ortes, den Sie verlassen möchten. Vergewissern Sie sich, dass Ihr Hund ruhig und unterordnungsbereit neben Ihnen wartet, und gehen Sie dann zuerst zur Tür hinaus.
- Treten Sie zuerst über die Schwelle und bitten Sie anschließend den Hund herein. Denken Sie immer daran: Ihr Hund glaubt, dass der Raum demjenigen gehört, der ihn zuerst betritt! Vergewissern Sie sich, dass er auch beim Ableinen ruhig und unterordnungsbereit ist.

Im Idealfall sollten beim ersten Orientierungsbesuch einerseits so viele Familienmitglieder wie möglich dabei sein, andererseits aber auch nicht so viele, dass unnötig Chaos entsteht. Falls Sie beim einen oder anderen Familienmitglied befürchten, dass es sich auch nach der Ankunft im Tierheim oder beim Züchter nicht von seiner emotionale Reaktion auf die Tiere lösen kann, müssen Sie eventuell einen Teil Ihres Rudels zu Hause lassen. Wenn Sie Bedenken haben, Ihre möglicherweise aufgekratzten Kleinkinder oder Ihre gelangweilten Teenager ins Tierheim mitzunehmen, wenn Sie diesen ersten, entscheidenden Eindruck auf Ihren neuen Hund machen, dürften Sie mit Ihrer Ahnung richtig liegen. Das ist in Ordnung – sofern Sie sich an die korrekte Vorgehensweise halten, auf die ich noch eingehen werde, wenn Sie den Hund später mit *allen* Mitgliedern seines neuen Rudels bekanntmachen.

Bringen Sie den neuen Hund zum Wagen. Bemühen Sie sich dabei wie beim Spazierengehen um eine ruhige, bestimmte Energie und verwenden Sie erneut die Technik, dass der Rudelführer vorangeht. Falls Sie eine Transportbox verwenden, zwingen Sie den Hund nicht mit Gewalt hinein. Locken Sie ihn vielmehr mit Futter oder etwas anderem, was er mag. Warten Sie bei offener Tür, bis er sich in einem ruhigen, unterordnungsbereiten Zustand befindet. Wenn Sie die Tür schließen, obwohl er Angst hat, wird er sich gefangen fühlen. Stellen Sie die Transportbox anschließend hinten in den Wagen, sodass der Hund Ihnen zugewandt ist und Sie auf seiner ersten Autofahrt riechen und sehen kann. Das gibt ihm das Gefühl, nicht allein zu sein und dieses große Abenteuer mit Ihnen zusammen zu erleben. Vergewissern Sie sich, dass er sicher steht und ruhig und unterordnungsbereit ist, ehe Sie den Wagen anlassen. Unter Umständen müssen Sie geduldig abwarten, aber diese Phase ist sehr wichtig. Wenn Sie mit einer Aktivität beginnen, während der Hund Angst hat, laufen Sie Gefahr, dass er diese Beschäftigung bis in alle Ewigkeit mit Angst in Verbindung bringen wird. Je besser Ihnen diese Rituale beim ersten Mal gelingen, desto geringer ist die Wahrscheinlichkeit, dass Sie später Verhaltensauffälligkeiten behandeln müssen.

Daheim angekommen, erinnern Sie sich noch einmal daran, dass eine ruhige und bestimmte Energie oberste Priorität hat. Das gilt auch für alle anderen Familienmitglieder, die den Neuzugang sicher schon ungeduldig erwarten! Sagen Sie bereits den ganz kleinen Kindern, dass Ihr neuer Hund ein lebendes Wesen ist, dem man mit Respekt begegnen muss. Erklären Sie ihnen, dass Sie ihn nicht sofort mit ihrer ganzen Zuneigung und Aufregung überschütten dürfen, damit er sich erst an sein neues Zuhause gewöhnen kann. Diese Regelung sollte zumindest für die Zeit nach seiner Ankunft gelten. Alle Personen in Ihrem Haushalt – vom kleinsten Kind bis zum ältesten Senior – müssen die Regel »Nicht anfassen, nicht ansprechen, nicht ansehen« kennen und versprechen, sie einzuhalten. Greifen Sie auf meine Verhaltenstipps für Hunde zurück und sorgen Sie dafür, dass auch besonders aufgekratzte Kinder vor der Ankunft des Tiers möglichst müde sind.

Ich rate Hundebesitzern stets zu einem zweiten Spaziergang, ehe Sie das Haus oder den Garten betreten. Damit wollen wir den Vorgang des »Umherziehens« von einem Ort zum anderen nachahmen. Falls möglich, parken Sie den Wagen ein paar Blocks von Ihrem Haus entfernt und laufen Sie mit dem Hund ein wenig in seiner neuen Umgebung herum. Gehen Sie mindestens eine Stunde, sofern Sie die Gelegenheit dazu haben. Unter Umständen glauben Sie zwar, Sie würden Ihren Hund aus einem engen Zwinger oder Käfig »retten« und brächten ihn in das geräumige, geschmackvoll eingerichtete Haus, das Sie sich so hart erarbeitet haben. Er aber empfindet dies lediglich als Umzug von einem Zwinger in den nächsten. Für Hunde sind Wände unnatürlich – ganz gleich, wie schön sie aussehen mögen.

Ein zwei Hektar großer, von Wald und Bäumen gesäumter Garten ist eine klare Verbesserung gegenüber einem Zwinger. Doch wenn Sie den Raum nicht so strukturieren, dass Ihr Hund ihn optimal nutzen kann, könnten Sie genauso gut in einem Einzimmerapartment wohnen. Wenn es darum geht, einen ausgeglichenen Hund zu haben, schlagen sich einige meiner Klienten, die in einer Wohnung in New York City leben, besser als meine Kunden in den Vorstädten von Los Angeles. Der Grund dafür ist schlicht, dass sie *gezwungen* sind, mit den Tieren das Haus zu verlassen und spazieren zu gehen! Für einen New Yorker ist ein einstündiger Marsch durch den Central Park und wieder zurück keine große Sache. Eine Familie im kalifornischen Calabasas erledigt dagegen bereits die Fahrt zum örtlichen Lebensmittelgeschäft mit dem Wagen. Die Menschen können sich ihre ursprüngliche Bewegung immer noch im Fitnessstudio holen. Was aber sollen ihre Hunde tun?

Für einen Hund ist das ziellose Umherlaufen in einem großen Garten kein Ersatz für den Spaziergang mit seinem treuen und respektierten Rudelführer – auch wenn die Landschaftsgestaltung noch so teuer war. Das gilt umso mehr, wenn der Hund neu bei Ihnen eintrifft. Bitte widerstehen Sie der Versuchung, das Tier einfach hinten im Garten abzuleinen und dort herumstreunen zu lassen. Machen Sie auch den zweiten Spaziergang. Helfen Sie ihm, mit den Gerüchen, Anblicken und Geräuschen in seiner neuen Umgebung

Familie Dilbeck geht mit Lacey spazieren.

vertraut zu werden. Und helfen Sie ihm vor allem auch, sich an den Gedanken zu gewöhnen, dass Sie sein neuer Rudelführer sind.

Wenn wir Menschen eine Kirche, eine Moschee, eine Synagoge oder einen Tempel betreten, wissen wir, dass von der ersten Sekunde an höchster Respekt von uns verlangt wird. Wir sprechen leise und senken den Kopf. Wenn wir eintreten, befolgen wir die Rituale und Vorschriften der entsprechenden Religion – wir ziehen die Schuhe aus, bedecken das Haupt, besprengen uns mit Wasser oder knien nieder zum Gebet. Ich möchte damit sagen, dass wir wissen: Diese Umgebung ist ein besonderer Ort, und wir müssen ihn würdigen, indem wir die herrschenden Regeln und Grenzen respektieren. Erinnern Sie sich jedes Mal an diese Tempelmetapher, wenn Sie mit Ihrem Hund das Haus betreten. Falls Sie nur die Tür öffnen müssen und er sofort über die Schwelle springt und in irgendeine Richtung davonstürmt, lässt er es Ihrem heimischen Tempel gegenüber an Achtung fehlen.

Wenn Hundebesitzer ihren neuen Kameraden zum ersten Mal mit nach Hause bringen, tun sie meist das genaue Gegenteil von dem, was ich empfehle. Sie öffnen die Haustür und betrachten erfreut und fasziniert, wie der Hund allein herumwandert, forscht, schnuppert, Dinge umstößt und all das tut, was ein normaler, neugieriger Hund in einer neuen Umgebung eben macht. Was stimmt nicht mit diesem Bild? Nun, es handelt sich hier nicht um irgendeine neue Umgebung. Dies ist *Ihr* Zuhause. Dies ist Ihr Heim, und es gehört Ihnen – und allen anderen menschlichen Familienmitgliedern. Ihr Heim ist Ihr Tempel … und das müssen Sie Ihrem Hund von Anfang an klarmachen.

Wenn Ihr Hund zum ersten Mal in Ihr Haus darf, öffnen Sie die Tür und treten Sie vor ihm ein. Bedeuten Sie ihm anschließend, hereinzukommen. Da Sie sich gerade die Seele aus dem Leib gelaufen haben, bringen Sie ihn geradewegs in die Küche oder dorthin, wo er gefüttert werden soll. Geben Sie ihm Futter und Wasser. Befehlen Sie ihm, ruhig sitzen zu bleiben, während Sie seine Mahlzeit vorbereiten. Lassen Sie ihn nicht zu viel unbeaufsichtigt herumwandern. Ich rate Ihnen, den Neuankömmling fast durchweg angeleint zu lassen, während Sie ihm sein neues Zuhause zeigen.

Ihr Hund wurde bewegt und hat gefressen. Er sollte jetzt sehr viel entspannter sein als unmittelbar nachdem Sie ihn aus dem Zwinger geholt haben. Machen Sie ihn nun nacheinander mit den übrigen Familienmitgliedern bekannt. Beschränken Sie Aufregungen aller Art auf ein Minimum. Je leiser die ganze Sache vonstatten geht, desto besser. Stellen Sie den Hund einem Familienmitglied nach dem anderen vor, damit er ihren Geruch kennenlernt. Dabei sollte sich Ihre Familie an meine mehrfach genannte Regel halten: »Nicht anfassen, nicht ansprechen, nicht ansehen.« Läuft der Hund allerdings *hinterher* auf einen der Angehörigen zu, darf dieser ihm seine Zuneigung zeigen – aber nur, wenn das Tier den Anstoß dazu gibt. Vergessen Sie nie den wichtigen Spruch: Ein Rudelführer läuft niemandem hinterher; die Rudelmitglieder kommen stets zu ihm!

Nun ist der geeignete Augenblick für einen Hausrundgang. Stellen Sie sich vor, Ihr Hund sei ein neuer Wochenendgast, oder tun Sie so, als wären Sie Immobilienmakler und würden einen potenziellen Käufer (Ihren Hund!) durch ein Haus führen. Lassen Sie ihn an der Leine und führen Sie ihn schweigend durch alle Räume, zu denen er Zugang haben wird. Bleiben Sie an der Schwelle stehen, lassen Sie ihn warten und bitten Sie ihn dann herein. Erlauben Sie ihm, das Zimmer kontrolliert zu erforschen, führen Sie ihn anschließend wieder heraus und wiederholen Sie den Vorgang mit dem nächsten Raum. Auf diese Weise teilen Sie ihm mit: »Das ist *mein* Schlafzimmer. Das ist *mein* Wohnzimmer. Das ist *meine* Couch.« Ihr Hund begreift vielleicht nicht, dass Sie 700 Euro für dieses Sofa gezahlt haben, aber er versteht das ursprüngliche Konzept von »Eigentum«. In Hunderudeln bringt ein dominantes Tier seine Besitzansprüche dadurch zum Ausdruck, dass es sich über den fraglichen Gegenstand stellt und mit seiner Energie »Anspruch« darauf erhebt. Damit teilt er den unterordnungsbereiteren Hunden im Rudel mit: »Haltet euch von meinen Sachen fern.«

Wenn Sie entscheiden, dass eine bestimmte Couch oder ein bestimmtes Zimmer tabu ist, nimmt Ihr Hund das nicht

»persönlich«. Sie müssen ihm nicht »erklären«, *warum* er auf dem einen Sofa liegen darf und auf dem anderen nicht. So gesehen ist es leichter, einem Hund Vorschriften zu machen als einem wissbegierigen Kind. Sie müssen allerdings dafür sorgen, ihm diese Regeln *unmissverständlich und konsequent* mitzuteilen. Hinsichtlich des Verhaltens gibt es in der Hundewelt nur Schwarz und Weiß. Sollten also irgendwelche Grauzonen bestehen, wird Ihre Botschaft einfach nicht ankommen. Wenn Sie Ihren Hund gleich bei seiner Ankunft durch die Räume führen, trägt dies dazu bei, die Kommunikationskanäle von Anfang an zu öffnen.

Zu guter Letzt sollten Sie Ihrem Hund zeigen, wo er schlafen soll oder wo seine »Höhle« sein wird. Möglicherweise soll er später, wenn Ihre Beziehung weiter fortgeschritten ist, bei Ihnen im Bett schlafen. Wenn es denn so sein soll, empfehle ich dies allerdings weder in der ersten Nacht noch in der ersten Woche. Der Grund dafür sind die Distanzzonen – die öffentliche, soziale und intime. Die meisten Leute würden niemals einen Mitmenschen in ihre Intimsphäre lassen, zu dem sie nicht ein gewisses Vertrauen gefasst haben. Aber viele tun dies bei Hunden, die sie noch gar nicht kennen. Das kann sogar auf ein so liebevolles und geselliges Tier wie den Hund seltsam und unnatürlich wirken. Mit einem Menschen oder einem Tier in einem Bett zu schlafen ist das Intimste, was man tun kann – es ist sogar noch intimer als Sex. Das liegt daran, dass dazu absolutes Vertrauen zwischen den Beteiligten nötig ist. Im Leben ist man am verletzlichsten, sobald man die Augen schließt und schläft. Um das tun und sich gleichzeitig vollkommen sicher fühlen zu können, sind absolutes Vertrauen und Unterordnungsbereitschaft nötig. Wenn wir einen erwachsenen Hund zu uns holen, sollten wir niemals sofort ein solch hohes Maß an Nähe teilen. Wir sollten zunächst unsere Position als Rudelführer festigen und einander außerdem voll vertrauen. Ich bin sehr dafür, mit Hunden in einem Bett zu schlafen (mit dem Welpenschlafplatz werden wir uns noch beschäftigen). Ich finde aber auch, die Tiere sollten sich den Zutritt zu Ihrer Intimsphäre dadurch verdient haben, dass Sie Regeln und Grenzen einhalten. Auf diese Weise wird es für Sie und Ihren Hund eine noch größere Bedeutung bekommen.

Nehmen Sie den Hund nicht sofort mit ins Bett, sondern bereiten Sie eine Hundebox vor oder stellen Sie an der vorgesehenen Stelle ein Hundebett auf. In der ersten Woche oder den ersten vierzehn Tagen wird er ausschließlich hier schlafen. Wenn er sich ausreichend bewegt hat, müde ist und gefüttert wurde, sollte er sich ohne große Probleme an seinen neuen Schlafplatz gewöhnen. Bitten Sie ihn in die Hundebox, die Garage, das Gästezimmer oder den Hauswirtschaftsraum. Achten Sie darauf, dass er freiwillig hineingeht. Wenden Sie niemals Gewalt an, sondern locken Sie ihn gegebenenfalls mit Leckerbissen. Machen Sie eine beruhigende, angenehme Erfahrung daraus. Vergewissern Sie sich, dass der Hund vollkommen entspannt ist und sich im Ruhemodus befindet, bevor Sie die Tür oder das Tor zu seinem Schlafbereich schließen. Wenn er zu winseln beginnt, sehen Sie ihm in die Augen und befehlen Sie ihm, sich zu entspannen. Warten Sie, bis er völlige Unterordnungsbereitschaft zeigt – und so lange, wie es eben nötig ist. So lernt er, dass er Ihre Zustimmung nur bekommt, wenn er sich entspannt, und dass er in seiner »Höhle« ruhig und unterordnungsbereit sein muss.

Am ersten Abend nimmt dies vielleicht vierzig, am zweiten dreißig und am dritten zwanzig Minuten in Anspruch, aber irgendwann wird Ihr Hund sein neues Umfeld als selbstverständlich empfinden. Wenn er in den ersten beiden Nächten winselt, sollten Sie ihn nicht trösten, obwohl all Ihre Instinkte Sie dazu drängen. Bei einem Menschen wäre ein solches Vorgehen psychologisch richtig, aber der Geist eines Hundes funktioniert anders. Wenn wir einem geistig instabilen Tier Zuneigung schenken, fördern und verstärken wir diesen Zustand nur noch. Nach ein paar Nächten wird sich der Neuankömmling an dieses Ritual gewöhnt haben, sich beruhigen und friedlicher schlafen – genau wie Sie.

Checkliste für die erste Ankunft zu Hause

- »Wandern« Sie mit Ihrem Hund zu seinem neuen Zuhause.
- Treten Sie zuerst über die Schwelle.
- Stellen Sie Ihren Hund den anderen Rudelmitgliedern vor.
- Machen Sie mit ihm einen Rundgang durch sein neues Zuhause.
- Machen Sie ihn mit den bei Ihnen geltenden Regeln und Grenzen bekannt.
- Zeigen Sie Ihrem Hund, wo er schlafen wird, und achten Sie darauf, dass er diesen Ort mit besonders positiven Dingen in Verbindung bringt.

Wenn Ihr neuer Hund Angst hat

Ihr neuer Hund kommt in eine ihm unbekannte Umgebung. Wenn er auch nur im Mindesten ängstlich ist, können das neue Heim und die neue Familie sein Problem verschärfen. Sofern Sie ihm reichlich Bewegung verschafft haben und während des gesamten Kennenlernprozesses ruhig und bestimmt geblieben sind, sollte dies dazu beitragen, den Stress der neuen Situation zu lindern. In einem Fall von extremer Angst könnte Ihr Hund allerdings erschreckt unters Mobiliar huschen. Kriechen Sie nicht hinterher, schreien Sie ihn nicht an und streicheln Sie ihn nicht. Entfernen Sie sich ein Stück, halten Sie etwas Abstand und versuchen Sie, ihn mit Gesten hervorzulocken. Hunde verstehen unsere Handbewegungen instinktiv. Abgesehen von den Primaten, begreifen sie als einzige Spezies, dass sie in die Richtung sehen oder laufen sollen, in die wir zeigen. Sie können Ihren Hund auch mit Futter locken. Warten Sie, bis er ganz aus seinem Versteck gekommen ist und eine ruhige, unterordnungsbereite Haltung eingenommen hat, ehe Sie ihm den Bissen geben.

Es gibt noch eine weitere Möglichkeit, Angst und Stress bei dem neuen Hund so gering wie möglich zu halten. Konfrontieren Sie ihn sofort mit etwas Lautem oder Erschreckendem und geben Sie ihm gleichzeitig mit Ihrer Energie zu verstehen, dass dies kein Grund zur Aufregung ist. Die Türglocke ist ein gutes Beispiel. Warten Sie nicht, bis Sie Besuch bekommen, um herauszufinden, ob Ihr Hund beim Klang der Klingel entsetzt in die Luft springt! Bitten Sie stattdessen ein Familienmitglied, zu klingeln, ruhig ein- und auszugehen und das Tier dabei zu ignorieren. Konditionieren Sie den Hund darauf, den Klang der Türglocke nicht mit der Aufregung eines Neuankömmlings in Verbindung zu bringen. Indem Sie Ihren Hund schon früh mit diesen potenziellen Stressfaktoren bekanntmachen, verringern Sie die Wahrscheinlichkeit späterer Schwierigkeiten.

So führen Sie einen neuen Hund ins Rudel ein

Wenn Sie bereits andere Hunde besitzen und sich bis jetzt an meine Empfehlungen gehalten haben, sollte das Energieniveau des neuen Hundes ebenso hoch oder niedriger sein wie das der vorhandenen Tiere. Zudem haben Sie dafür gesorgt, dass Ihr aktuelles Rudel ausgeglichen ist, dass die Tiere kaum Probleme miteinander haben und alle Sie als Rudelführer anerkennen.

Der erste Schritt in diesem Prozess besteht darin, die Hunde auf eine so natürliche und unbedrohliche Weise wie möglich miteinander bekanntzumachen. Im Idealfall hat die erste Begegnung bereits stattgefunden, bevor die endgültige Entscheidung für die Aufnahme des neuen Hundes fiel, wie das bei Virginia und Jack im ersten Kapitel der Fall war. Sie haben beide Kandidaten auch Spike vorgestellt, dem aktuellen Mitglied Ihres Rudels. Diese überaus wichtige erste Begegnung überzeugte Jack davon, dass der Hund, zu dem er sich emotional hingezogen fühlte, energetisch nicht zu Spike passte. Auch die Barberas nahmen ihre beiden Hunde mit nach Daphneyland, um sicherzugehen, dass sie sich mit dem Basset vertragen würden, den sie bei sich aufnehmen wollten. Indem Sie sich einen Hund aussuchen, der ein ebenso hohes oder ein niedrigeres Energieniveau hat wie die Tiere des bestehenden Rudels, entschärfen Sie mögliche Dominanzprobleme. Hat der neue Hund die richtige Energie, wird er sich leichter anpassen und in die bestehende Rudelstruktur einfügen.

Die erste Begegnung – ob vor oder nach der Anschaffung – sollte weit weg von Ihrem Zuhause auf neutralem Boden stattfinden, um Revierstreitigkeiten zu vermeiden. Lassen

Sie niemals zu, dass die Hunde frontal aufeinander zulaufen. In der Hundewelt verraten die direkte Konfrontation und der ungebetene Blickkontakt oft, dass der Ausbruch eines Konflikts unmittelbar bevorsteht. Nutzen Sie den eigenen Körper, um bei der Begegnung zu vermitteln, und gestatten Sie Ihren Hunden, sich in Ihrem Beisein miteinander bekanntzumachen. In der Hundewelt bleibt das neue Tier ruhig stehen, während das restliche Rudel sein Hinterteil beschnuppert. Dies entspricht dem menschlichen Händedruck oder, genauer gesagt, dem Händedruck und der Visitenkarte, da Hunde beim Beschnuppern sehr viel darüber erfahren, wer dieses Tier ist und wo es herkommt. Es obliegt Ihnen als Rudelführer, Grenzen zu setzen und dafür zu sorgen, dass keiner der Hunde in unangemessenes Verhalten verfällt. Der beste Anfang aber, um die Hunde zu einer kooperativen Einheit zusammenzuschweißen, ist ein gemeinsamer Rudelmarsch.

Vor diesem Spaziergang sollten Sie sowohl den neuen Hund als auch das bestehende Rudel getrennt voneinander ausführen, um angestaute Spannungen oder Reste eines körperlichen Bewegungsdrangs abzubauen. Wenn Sie alle Hunde bewegt und vorbereitet haben, wird es Zeit, sie zusammenzubringen. Zu Beginn des Spaziergangs sollte sich das bestehende Rudel auf der einen, der Neuzugang auf der anderen Seite von Ihnen befinden. Auf diese Weise können sie sich sowohl aneinander als auch daran gewöhnen, dass Sie nun gemeinsam unterwegs sind. Sie können einem Hund erlauben, vor dem anderen herzulaufen. So kann sich das hintere Tier mit dem Geruch des neuen Gefährten vertraut machen. Wechseln Sie ab und geben Sie auch dem anderen Hund Gelegenheit, hinterherzulaufen und den Geruch des neuen Kameraden kennenzulernen. Der Neuankömmling wird nicht nur von Ihnen erwarten, dass Sie ihm Orientierung geben, sondern sich auch die anderen Hunde zum Vorbild nehmen. Er wird merken, wenn sie Ihnen folgen. Die Mitglieder des bestehenden Rudels werden ihm zeigen, wie er sich innerhalb der von Ihnen geschaffenen Gruppe zu verhalten hat.

So machen Sie kleine Kinder mit dem neuen Hund bekannt

Bei der Begegnung zwischen Kindern und Hunden lauten die drei wichtigsten Regeln: aufpassen, aufpassen und nochmal aufpassen. Kinder werden von Tieren magnetisch angezogen. Aber der Wunsch, ihnen und Mutter Natur nahe zu sein, lässt bei den Kleinen nicht zugleich auch ein Verständnis für Regeln und Grenzen entstehen. Es ist die Aufgabe der Eltern bzw. der Erziehenden, ihnen dies zu vermitteln. Solange Sie nicht vollkommen sicher sind, dass sowohl Ihr Hund als auch Ihr Kind die Regeln des Zusammenseins kennen, müssen Sie stets aufmerksam beobachten, wie sie miteinander umgehen.

Sagen Sie Ihrem Kind das Mantra »Nicht anfassen, nicht ansprechen, nicht ansehen« lange vor der ersten Begegnung mit dem neuen Hund immer wieder vor. Wahrscheinlich wird Ihr Sprössling Freunde haben oder Leute kennen, die sich Hunden gegenüber nicht so verhalten. Es ist also abzusehen, dass er Sie fragen wird, warum Amy ihren Hund am Schwanz ziehen, Tauziehen mit ihm spielen oder Dinge tun darf, von denen Sie strikt abraten. Das ist die Phase der »Warum«-Fragen, die am besten bereits vor der Ankunft des Hundes geklärt werden sollten. Schneiden Sie dieses Thema auch im Familienrat an und erklären Sie, inwiefern das Verhalten *Ihrer* Familie von dem abweichen wird, was Sie von Freunden, Verwandten und Nachbarn kennen. Hier könnte es hilfreich sein, eine der unschönen Eigenschaften von Amys Hund zu erwähnen, zum Beispiel dass er Sie jedes Mal anspringt, wenn Sie hinübergehen. Erklären Sie, dieses Verhalten bedeute keineswegs, dass der Hund sich »freut«. Es bedeutet, dass er überreizt ist und keine Manieren hat. Versuchen Sie nicht, die Nachbarn ins Unrecht zu setzen. Erklären Sie lediglich, Sie hätten sich informiert und seien daher der Überzeugung, dass Ihre Familie anders vorgehen sollte. Kleine Kinder schließen sich fast immer dem Vorhaben der Familie an, müssen es aber ganz genau verstehen – was auch seine Richtigkeit hat.

Bei der ersten Begegnung mit einem neuen Hund sollte sich Ihr Kind unbedingt in einem instinktiv-psychologischen und keinesfalls in einem körperlichen Zustand befinden. Es hat sich also bereits sportlich betätigt, ist entspannt und verhält sich vorbildlich. Ein allzu aufgedrehtes Kind kann einen nervösen oder hyperaktiven Hund oder ein Tier mit aggressiven oder dominanten Tendenzen überreizen oder einen ängstlichen, schüchternen Gesellen erschrecken. Bitten Sie Ihr Kind, still (aber nicht steif) dazustehen, den Hund zu sich kommen und sich von ihm beschnuppern zu lassen. Ist dieser allzu forsch, müssen Sie den Raum rund um das Kind für sich beanspruchen und dem Tier mitteilen: »Dieser Raum gehört meinem Kind, und du brauchst die Erlaubnis, ihn zu betreten!« Auf diese Weise umgeben Sie Ihr Kind nicht nur mit einer Zone des Respekts, sondern bringen ihm auch bei, wie es seinen Raum bald selbst beanspruchen kann. Zeigt der Hund Scheu oder Angst, dann sorgen Sie dafür, dass Ihr Kind seinen natürlichen Impuls beherrscht, tröstend die Hand nach ihm auszustrecken. Inzwischen haben Sie hoffentlich allen Hausbewohnern erklärt, dass man gestressten Hunden nicht hilft, sondern schadet, wenn man ihnen Zuneigung oder Mitleid schenkt.

Ich empfehle stets, einem Hund in den ersten Tagen oder Wochen nach seiner Ankunft nicht zu viel Zuneigung zu schenken. Mir ist auch klar, dass die meisten Menschen meinen Rat nicht beherzigen. Er basiert auf dem, was für das Tier das Beste ist. Wenn ein Hund in eine neue Umgebung und ein neues Rudel kommt, interessieren ihn vor allem zwei Dinge: »Wer ist hier der Chef?« Und: »Bin ich hier sicher?« Indem Sie ihm mehr Führung geben und Grenzen aufzeigen, als Zuneigung zu schenken, beantworten Sie diese Fragen. *Sie* haben das Sagen, und *Sie* werden ihn (und das übrige Rudel) schützen. Erst wenn diese Punkte geklärt sind, kann sich ein Hund wirklich entspannen, eine Bindung entwickeln und ein vollwertiges, vertrauens- und respektvolles Familienmitglied werden. Kleine Kinder sind von Natur aus liebevoll und verstehen vielleicht nicht, warum sie den Hund nicht sofort so lange streicheln dürfen, wie sie möchten. Sie können ihnen helfen, sich zu beherrschen, indem Sie ihnen bereits vor der Ankunft des Hundes erklären, wie sie mit ihm umgehen müssen, und alle Begegnungen beaufsichtigen. Wenn der Hund dann ins Haus kommt, sollten alle Kinder wissen: Was für den Menschen das Beste ist, ist nicht unbedingt auch das Beste für den Hund.

Es gibt noch eine weitere wunderbare Möglichkeit, Ihrem Kind beim Aufbau einer Verbindung zu dem Neuankömmling zu helfen und gleichzeitig Regeln und Grenzen festzulegen: Gehen Sie mit beiden spazieren. Falls Ihr Sprössling noch im Kinderwagen sitzt, zeigen Sie ihm, wie man mit einem Hund das Haus verlässt und dass er hinter seinem Herrchen herlaufen sollte. Nach dem Spaziergang darf

**Auffrischung der Grundlagen:
So beanspruchen Sie Ihren Raum**

- Einen Raum einzunehmen bedeutet, das mit Körper, Geist und Energie für sich zu beanspruchen, was Sie kontrollieren möchten. So schaffen Sie eine unsichtbare Zone um den Menschen, Ort oder Gegenstand, der Ihnen gehört und die der Hund nur mit Ihrer Erlaubnis betreten darf.
- Sie beanspruchen einen Raum, indem Sie voller Überzeugung eine unsichtbare Linie um den Ort oder Gegenstand ziehen, von dem Ihr Hund sich fernhalten soll. Sagen Sie sich: »Das ist mein Sofa.« Oder: »Das ist mein Ball.« Sie führen ein Gespräch mit sich selbst, aber eine psychologisch-energetische Unterhaltung mit Ihrem Hund.
- Nehmen Sie einem Hund niemals etwas weg, und ziehen Sie umgekehrt auch den Hund nie von einem Ort, einer Person oder einem Gegenstand fort. Wenn Sie ihm etwas wegnehmen, fordern Sie ihn damit entweder auf, darum zu kämpfen oder mit Ihnen zu spielen. Das reizt seinen Jagdtrieb. Gehen Sie stattdessen ruhig und bestimmt auf ihn zu oder sehen Sie ihm fest in die Augen, bis er zurückweicht oder sich entspannt.
- Wenn Sie Ihren Hund dazu bringen wollen, einen Gegenstand fallen zu lassen, müssen Sie diesen geistig und energetisch für sich beanspruchen. Zögern Sie nicht und machen Sie Ihre Absicht unmissverständlich klar. Verhandeln Sie weder laut noch im Stillen mit Ihrem Hund und bitten Sie ihn auch nicht. Er nimmt es nicht persönlich und sollte keine Schwierigkeiten damit haben, Ihnen etwas zu geben, von dem er weiß, dass es Ihnen gehört.

der Kleine das Tier streicheln und ihm einen Leckerbissen geben, sofern es ruhig und entspannt ist. Einem älteren Kind kann man nie früh genug beibringen, wie man die »Kunst des Spazierengehens« meistert. Gehen Sie so lange miteinander spazieren, bis Sie hundertprozentig sicher sind, dass Ihr Kind auch allein mit dem Hund zurechtkommt. Es wird sich den korrekten, ruhigen und bestimmten Umgang mit dem Hund von Ihnen abschauen. Kinder und Hunde sind wunderbare Wandergefährten und fühlen sich zueinander hingezogen, da beide ganz im Augenblick leben. Dadurch, dass Sie sowohl dem Hund als auch dem Kind vom ersten Tag an Regeln, Grenzen und gegenseitigen Respekt beibringen, schaffen Sie ein unglaubliches Gespann. Indem Sie diese Beziehung unterstützen, schenken Sie der Welt einen weiteren wunderbaren, ruhigen und bestimmten Rudelführer – und davon braucht sie so viele wie möglich!

So machen Sie den neuen Hund mit Ihrer Katze bekannt

Als »Hundemensch« vergesse ich oft, dass auch »Katzenmenschen« ihre Haustiere als Familienmitglieder betrachten. Damit die erste Begegnung zwischen Hund und Katze reibungslos verläuft, müssen Sie mit den Vorbereitungen beginnen, bevor der Hund ins Haus kommt. Die Erfahrung der Barberas in Daphneyland zeigt das sehr schön. Sie konnten sich davon überzeugen, dass ihr Kandidat bereits an die Gesellschaft von Katzen gewöhnt war, da das Team von Daphneyland dafür gesorgt hatte. Viele Tierschutzorganisationen testen die Hunde schon im Vorfeld darauf, wie sie auf Katzen, Kinder und Artgenossen reagieren. Ein Hund mit ausgeprägtem Jagdtrieb ist oft nicht die beste Wahl für einen Haushalt, in dem Kleintiere auf dem Boden herumlaufen.

Der nächste wichtige Punkt ist das alles entscheidende Konzept der Energie. Ein Mensch ist Energie, ein Hund ist

Energie, und eine Katze ist Energie. Deshalb müssen Sie bei der Wahl des Neuzugangs nicht nur das angeborene Energieniveau der Hunde berücksichtigen, die bereits zur Familie gehören, sondern auch das Ihrer Katze. Energien ziehen sich entweder an, oder sie stoßen sich ab. Im Idealfall sollten Sie eine Schwingung wählen, die zu der aller vorhandenen Haustiere passt. Eine dominante, energiegeladene Katze wird fast immer auf sich selbst aufpassen können. Ich weiß nicht, wie oft ich schon von Menschen gebeten wurde, ihnen mit einem »unkontrollierbaren« Hund zu helfen, um daraufhin festzustellen, dass es der Katze des Hauses keine Probleme bereitete, diesem Tier Regeln und Grenzen aufzuzeigen.

Ist Ihre Katze jedoch menschenscheu, schüchtern, alt, schwach oder krank, sollten Sie nur einen extrem unterordnungsbereiten Hund mit niedrigem Energieniveau ins Haus holen, um das Gleichgewicht nicht zu gefährden. Haben Sie Zweifel, stellen Sie die Katze als Teil Ihres persönlichen Raums vor. Wenn Sie ihm zu verstehen geben, dass Sie der Rudelführer der Katze sind – dass sie Ihnen mit anderen Worten *gehört* –, wird er aus Achtung Ihnen gegenüber einen gewissen Abstand halten. Trennen Sie Hund und Katze nicht. Sie wünschen sich eines, nicht mehrere Familienrudel. In einer Folge von »Dog Whisperer« riet ich einem Pärchen sogar, Hund und Katze (im Kinderwagen) gemeinsam auszuführen, um so die Zusammengehörigkeit des Rudels zu stärken. Das hört sich jetzt vielleicht merkwürdig an, aber die beiden berichteten, dass es funktioniert. Früher waren sich Hund und Katze spinnefeind gewesen. Inzwischen sind sie ausgelassene Spielkameraden.

So wird ein erwachsener Hund stubenrein

Gelegentlich werden Hunde vermittelt, die in ihrem früheren Umfeld nie ganz stubenrein geworden oder noch gar nicht stubenrein sind. Tiere, die zum Beispiel aus Massenzuchtbetrieben, Labors oder Hunderennställen gerettet wurden, haben dies unter Umständen nie gelernt. Die gute Nachricht lautet, dass es einem Hund von Natur aus widerstrebt, seine »Höhle« zu beschmutzen. Sie können ihm helfen, indem Sie eine Routine festlegen, die Sie ungefähr zwei Monate lang sehr diszipliniert einhalten müssen.

Tipps, wie Ihr erwachsener Hund stubenrein wird

- Gehen Sie morgens sofort mit dem Hund hinaus und bringen Sie ihn anschließend alle vier Stunden nach draußen, sofern dies möglich ist. Reduzieren Sie das Gassigehen auf drei Male am Tag.
- Falls Sie tagsüber arbeiten, sollte Ihr Hund während Ihrer Abwesenheit nur einen begrenzten Raum zur Verfügung haben oder sich in seiner Box befinden. Säubern und desinfizieren Sie sorgfältig alle Stellen, an denen ein Malheur passiert ist.
- Bringen Sie Ihren Hund jeden Tag zum selben Löseplatz.
- Lassen Sie ihn nicht allzu weit herumstreunen, bevor er sein Geschäft verrichtet.
- Belohnen Sie ihn mit Zuneigung – Lob, einem Leckerbissen oder einfach Ihrer Energie –, wenn er sein Geschäft draußen verrichtet hat.
- Füttern Sie Ihren Hund sehr regelmäßig und kontrollieren Sie, wie viel er trinkt. Tun sie dies mindestens so lange, bis eine Routine entstanden ist.

Dominante Hunde wollen sich nicht nur lösen, sondern mit dem Urin auch ihr Revier markieren. Dies müssen Sie sofort unterbinden, indem Sie sicherstellen, dass Ihr Hund stets ruhig und unterordnungsbereit ist, wenn er Urin absetzt. Falls er aus einer dominanten Haltung heraus uriniert, müssen Sie ihn stoppen und warten und dürfen ihn erst wieder loslassen, wenn er Unterordnungsbereitschaft zeigt. So bringen Sie ihm bei, Urin nicht aus Aufregung abzusetzen, sondern weil Sie es ihm gestatten. Im Grunde programmieren Sie seine Organe über seinen Verstand, kontrollieren seinen Körper über seinen Geist. Bei einem erwachsenen Tier kann das viel Geduld und Hingabe von Ihnen fordern. Vergessen Sie aber nicht, dass Sie in wenigen kurzen Monaten ein positives Verhalten trainieren, das ein Leben lang anhält.

Der erste Tag eines Welpen in seinem neuen Heim

Wenn Sie einen Welpen vom Züchter, aus dem Tierheim oder von der Tiernothilfe holen und nach Hause bringen, heißen sie ihn natürlich anders in Ihrem Leben willkommen als einen erwachsenen Hund. Ein erwachsenes Tier kann andere verletzen. Daher müssen Sie dafür Sorge tragen, dass es seine Umgebung respektiert, indem Sie es umgehend und auf die beschriebene Weise ins Rudel einführen. Bei einem erwachsenen Hund werden Sie sich meist zuerst seinen Respekt verdienen wollen. Bei einem jungen Welpen müssen Sie hingegen zuerst sein *Vertrauen* gewinnen. Er muss Vertrauen zu der neuen Umgebung fassen, in die Sie ihn gebracht haben. Er kann zwar noch niemandem wehtun, sich aber sehr wohl selbst verletzen.

Bei einem Welpen müssen Sie von der Mutter die Rolle des Rudelführers übernehmen und ihm gleichzeitig gestatten, die Welt auf eigene Faust zu erforschen und das Erlebte zu verarbeiten. Das heißt, dass Sie ihn wie seine Mutter am Genick hochheben sollten. Setzen Sie ihn so ab, dass er immer zuerst mit zwei Füßen Bodenkontakt hat und sich dann selbst an dem Ort zurechtfinden kann, an den Sie ihn bringen. Falls Sie den Welpen aufrecht halten, können das die Hinterfüße sein. Wenn Sie ihn auf oder in einem unbekannten Objekt absetzen, sind die Vorderfüße zuerst an der Reihe. Er sollte den Boden immer erst mit zwei Füßen berühren, dann folgen die anderen beiden automatisch. Die meisten Menschen halten Welpen wie Babys, aber in diesem Fall können die Tiere nicht nachvollziehen, wie sie an einem bestimmten Ort angekommen sind.

Wenn Sie den Welpen auf dem Heimweg in den Wagen bringen, sollten Sie ihn nicht einfach in eine Schachtel setzen und zum Auto tragen. Bringen Sie den Hund zum Wagen und setzen Sie ihn mit den Vorderbeinen auf, dann wird sein Gehirn ganz automatisch auch mit den anderen Füßen dorthin folgen wollen, wo die ersten beiden gelandet sind. Wenn Sie diesen Augenblick abwarten, wird der Welpe selbst herausfinden, wie man sich bei einem Menschen auf dem Schoß, in einem Auto oder in einer neuen Umgebung zurechtfindet. Führen Sie den Welpen an neue Orte heran, wie seine Mutter das täte, versteht er instinktiv: »Das fühlt sich genauso an wie ›zu Hause‹. Deshalb muss ich mich jetzt an diesen Menschen halten, den ich kenne, weil er mich hochgehoben hat.« Sie sind die letzte Verbindung des Welpen zu seiner Mutter oder seinem Ursprungsrudel. Er wird die Welt erst mit dem Körper, dann mit der Nase erkunden wollen. Wenn Sie ihn also in einer Kiste oder einer Transportbox befördern wollen, können Sie ihn mit Futter locken, damit er selbstständig hineinkrabbelt.

Nachdem Sie den Welpen nach der Trennung von der Mutter, wie beschrieben, in den Wagen gebracht haben, wird er Ihnen ganz automatisch nachlaufen, da Sie seiner Familie am nächsten kommen. Nun wird es Zeit, ihn ins Haus zu bringen. Ein Welpe muss unbedingt ein Gefühl für sein künftiges Lebensumfeld entwickeln. Er sollte eine Vorstellung von den Gerüchen, Geräuschen und Anblicken in Ihrem Garten, Ihrem Haus und Ihrer Nachbarschaft bekommen.

Nehmen wir an, Sie haben einen klassischen Garten, der vorn von einem Lattenzaun umgeben ist. Sie müssen dem Welpen deutlich machen, dass mit diesem Zaun Ihr Revier beginnt. Legen Sie die Leine weit oben um seinen Hals, damit Sie ihn gut kontrollieren können. Setzen Sie ihn mit den Hinterfüßen zuerst auf den Boden, gehen Sie auf das Haus zu und lassen Sie ihn nach sich zur Tür herein. Falls Sie in einem Apartment wohnen, setzen Sie den Welpen vor der Wohnungstür ab und warten Sie, bis er Ihnen ins Zimmer folgt. Bleiben Sie geduldig, da er anfangs noch verwirrt und zurückhaltend sein kann. Bei Welpen ist Unsicherheit normal, schließlich ist alles für sie neu. Schieben Sie den widerstrebenden Kleinen keineswegs mit Gewalt in die Wohnung. Warten Sie, bis die Nase ins Spiel kommt. Dann wird er automatisch die Neugier und Bereitschaft zeigen, Ihnen in die Wohnung zu folgen, und Sie können ihm dabei helfen. Vergessen Sie nicht: Die Energie, die Sie Ihrem Welpen schicken, wird zu seiner Energie. Wenn Sie ihm gegenüber angespannt und ungeduldig sind, wird er diese Anspannung postwendend spiegeln. Alle Welpen sind jedoch darauf programmiert zu folgen. Lassen Sie ihm Zeit. Er wird schon irgendwann ins Haus kommen.

Wenn Sie sicher zu Hause angelangt sind, beobachten Sie, wie sich der Welpe auf seine neue Umgebung einstellt. Manche Tiere sehen sich um und fangen an zu winseln. Damit wollen sie sagen: »Ich kenne diesen Ort nicht.« Andere erkunden vielleicht vorsichtig eine kleine Ecke. Vergessen Sie aber nie, dass Sie bei jedem neuen Raum zuerst über die Schwelle treten müssen. Wenn der Welpe überholt, blockieren Sie mit dem Fuß den Weg und teilen Sie ihm auf diese Weise wortlos mit: »Diese Linie darfst du nicht überschreiten.« So mancher Welpe kommt in eine Wohnung und erstarrt aus Angst und Verwirrung. Sie dürfen jetzt auf keinen Fall Mitleid haben. Vergessen Sie nicht, dass eine Hundemutter niemals Mitleid mit ihren Welpen hat! Bleiben Sie ruhig und bestimmt neben ihm stehen und lassen Sie ihn diese Übergangsphase selbst bewältigen. Auf solche Weise gewinnt er Selbstvertrauen. Wenn Sie ihn sofort auf den Arm nehmen, streicheln und trösten, hindern Sie ihn im Grunde daran, das nötige Selbstwertgefühl zu entwickeln, um künftig auch allein mit einer neuen Situation fertigzuwerden.

Das Beste, was Sie in diesem Augenblick für ihn tun können, ist es, sein »gelähmtes« Gehirn mit Gerüchen wieder in Schwung zu bringen. Im Welpenalter werden die Kleinen von zwei Grundbedürfnissen getrieben – Nahrung und Gesellschaft. Sie können einen Welpen daher sowohl mit Ihrer Gegenwart als auch mit Futter überall hinlocken. Sobald er sich in Bewegung setzt, um dem Duft der Nahrung zu folgen, geben Sie ihm den Bissen. So wird er schnell begreifen, dass er etwas zum Fressen bekommt, wenn er dem Geruch folgt. Darüber hinaus stellen Sie die geistige Verknüpfung her, dass es gefahrlos, positiv und angenehm ist, sich vorwärts zu bewegen.

An diesem Punkt wird Sie ein selbstbewussterer Welpe

fragend ansehen, als wolle er sagen: »Und was machen wir jetzt?« Wenn er so reagiert, darf er Ihnen so lange durch Haus oder Wohnung folgen, bis er müde wird. Wird er allmählich langsamer, führen Sie ihn zu seinem Ruheplatz. Ist er dagegen bereits erschöpft oder hat gänzlich abgeschaltet, sollten Sie die Gelegenheit nutzen und ihm seinen Schlafplatz, sein Bett oder seine Hundebox zeigen und damit klarmachen: »An diesem Ort verhalten wir uns ruhig.« Heben Sie den Welpen auch in diesem Zusammenhang nicht einfach hoch und setzen ihn auf die Decke. Das würde ihn nicht nur verwirren, sondern Sie riskieren auch, dass er seinen Ruheplatz mit einer negativen Erfahrung verbindet. Sie können Ihrem Welpen das schönste, bequemste Schlafparadies der Welt bereiten – wenn seine erste Erfahrung damit negativ ist, wird es in seinen Augen immer hässlich sein. Versuchen Sie lieber, ihn mit Futter zu locken, oder setzen Sie ihn ungefähr dreißig Zentimeter vor seinem Ruheplatz ab. Läuft er selbstständig hin – vor allem wenn ein Leckerbissen lockt –, wird seine neue »Höhle« die Bedeutung angenehmer Entspannung für ihn bekommen.

Unterschiede zwischen einem Welpen und einem älteren Tier gibt es auch hinsichtlich des Schlafplatzes. In ihrer natürlichen Umgebung schlafen die Kleinen stets bei der Mutter und den Geschwistern. Da ich immer ein ganzes Rudel Hunde habe, schlafen alle meine Welpen vom ersten Tag an bei ihren neuen Kameraden. In Kapitel 4 werde ich erzählen, wie Pitbull Daddy für meinen neuen Welpen Junior zur Vaterfigur wurde. Sofern Sie keinen ausgeglichenen Hund haben, der bereit ist, das »Kindermädchen« für Ihren Neuzuwachs zu spielen, müssen Sie selbst den Schock lindern, den der Kleine in der ersten Nacht ohne seine leibliche Familie bekommen könnte. Dazu müssen Sie ihm in den ersten zwei oder drei Nächten körperlich nahe sein und eine starke Rudelführerpräsenz ausstrahlen, um das Gefühl der Einsamkeit so gering wie möglich zu halten. Lassen Sie sich unbedingt ein Handtuch, eine Decke oder ein Spielzeug mit dem Geruch seiner Ursprungsfamilie mitgeben. Wenn er seine Mutter und seine Geschwister riechen kann, wird das dazu beitragen, ihn zu beruhigen, während er sich an ein Leben ohne sie gewöhnt.

Stellen Sie die Hundebox, den Käfig oder die Transportbox nun am oder neben dem Bett eines erwachsenen Familienmitglieds auf. Die Hundebox schützt den Welpen. Sie hilft ihm, stubenrein zu werden (Welpen wollen ihren Schlafplatz nicht beschmutzen), beginnt die Käfiggewöhnung und sorgt dafür, dass die neuen menschlichen »Eltern« ein wenig Schlaf bekommen, weil sie den Kleinen in Sicherheit wissen. Die Hundebox sollte mit Zeitungspapier oder einem Handtuch ausgelegt werden und im hinteren Teil eine leichte Erhöhung aufweisen. Wenn sich ein Welpe an die Hundebox gewöhnt, sollte er nie in seinen Ausscheidungen liegen müssen – und Unfälle sind programmiert. Darüber hinaus sollte in der Box eine weiche Decke oder ein Stück Stoff liegen, das sowohl nach seiner leiblichen Familie als auch nach seinem neuen menschlichen Rudel riecht. Legen Sie außerdem ein oder zwei Stofftiere mit vertrauten Gerüchen hinein, um für Wärme und Behaglichkeit zu sorgen. In vielen Zoohandlungen gibt es Stofftiere mit »Herzschlag«, die das Jungtier an die Mutter erinnern sollen. Achten Sie darauf, die Tür zur Hundebox erst dann zu schließen, wenn der Welpe vollkommen entspannt ist.

Falls der Kleine später nicht in Ihrem Schlafzimmer bleiben soll, dürften drei Tage ausreichen, um ihn an seine neue Umgebung zu gewöhnen. Wenn Sie seinen Schlafplatz verlegen, wird er unter Umständen die ganze Nacht lang winseln. Lasten Sie ihn deshalb gut aus und vergewissern Sie sich, dass er entspannt ist, ehe Sie ihn schlafen schicken. Dann wird er sich bald an den ihm zugewiesenen Ort gewöhnen. Vergessen Sie nicht, dass Ihre Energie und Ihre Einstellung zu seinem Schlafplatz einen erheblichen Einfluss darauf haben, wie er ihn erlebt. Wenn Sie sich schlecht fühlen, weil Sie seine Box in die Waschküche gestellt haben, und sich schreckliche Sorgen machen, dass er sich dort einsam fühlen könnte, wird er das vermutlich merken und Ihre negativen Gefühle schließlich teilen. Entscheiden Sie sich für den Schlafplatz, bei dem *Sie* das Gefühl haben, das Beste für Ihren Welpen zu tun. Das garantiert auch am ehesten, dass er gern dort schläft.

Die ersten Nächte sind nur der Anfang des aufregenden neuen Lebens Ihres Welpen bei seiner menschlichen Familie. Wenn Sie einen Welpen selbst großziehen, haben Sie die wunderbare Chance, Ihren Traumhund zu »erschaffen«.

4

Der perfekte Welpe

Welpenerziehung für Anfänger

Mein Pitbull Daddy ist jetzt vierzehn Jahre alt und hatte bislang ein erstaunliches Leben. Er kennt die gesamten Vereinigten Staaten, stand bei der Emmy-Verleihung auf dem roten Teppich und war sogar schon im Weißen Haus. Ursprünglich gehörte Daddy einem Rapper namens Redman. In der Rap-Kultur gilt ein großer, kräftiger Hund wie ein Pitbull oder ein Rottweiler immer noch als Statussymbol, und optisch war Daddy die Idealbesetzung. Aber nachdem Redman ihn zu sich geholt hatte, sah sich der Rapper um und bemerkte Freunde und Kollegen mit ungezogenen Pitbulls, die Menschen bissen. Menschen, die wiederum die Besitzer verklagten. Redman war viel auf Reisen, ständig im Studio oder auf Tournee und konnte seinen Hund nicht fortwährend mit Argusaugen beobachten. Er konnte es sich aber auch nicht leisten, wiederholt vor Gericht zu erscheinen und zu erklären, dass sich sein Hund Menschen gegenüber unfreundlich verhielt. Daher entschied er, professionelle Hilfe in Anspruch zu nehmen. Ich bin froh, dass er sich an mich gewandt hat.

Daddy war damals erst drei Monate alt, und ich konnte ihm alles Erdenkliche geben, um ihn zu einem erfüllten, ausgeglichenen und geforderten Hund zu machen. Er wurde von mir, meiner Familie und einem Haufen Rottweiler aufgezogen, die ich damals rehabilitierte. Natürlich ist inzwischen bekannt, dass Daddy sich zum ultimativen Botschafter seiner übel verleumdeten Rasse entwickelt hat. Obwohl er die meiste Zeit mit mir verbrachte, gehörte er bis vor einigen Jahren noch Redman, bis dieser ihn mir auch juristisch überschrieb. Ich gebe nicht gern zu, dass ich einen Hund vorziehe, doch haben Daddy und ich eine Verbindung, die stärker ist als alles, was sich mit Natur oder Wissenschaft erklären ließe. Wir haben jene herrliche Ebene der Kameradschaft erreicht, auf der einer die Gedanken des anderen liest und wir fast augenblicklich und »ohne Worte« miteinander kommunizieren.

Aber die Wahrheit ist, dass der Zug des Lebens auf dieser Erde nur in eine Richtung fährt und Daddy inzwischen ein Senior ist. Eines Tages wird er nicht mehr hier bei mir auf diesem Planeten sein können. Weil Pitbulls in unserer Gesellschaft so geschmäht werden, ist es mir wichtig, stets eines dieser Tiere an meiner Seite zu haben, das all die schrecklichen Klischees über seine Rasse entkräftet. In meinem Rudel gibt es viele wunderbare Pitbulls, die mir sowohl im Dog Psychology Center als auch darüber hinaus bei der Rehabilitation von Hunden helfen. Doch keiner davon ist wie Daddy mit seinem einzigartigen mittleren Energieniveau, seiner Ruhe, Erfahrung und Weisheit. Ich kann ihn überall hin mitnehmen und mir sicher sein, dass jeder, der seine Bekanntschaft macht, ob Mensch oder Tier, ihn ebenfalls lieben wird.

Lange konnte ich es mir weder im Stillen eingestehen

noch laut zugeben, dass Daddy älter wurde. Krebs und Chemotherapie bewältigte er mit Bravour, und auch mit der Arthritis kommt er gut zurecht. Natürlich passe ich immer auf, dass ihm nicht zu heiß ist, er zu müde wird oder schon zu lange keine Pause mehr hatte, um das Beinchen zu heben. Trotzdem bemühe ich mich, im Augenblick zu leben und nicht über später nachzudenken, wenn mein Kamerad nicht mehr bei mir sein wird. Ein guter Freund und hervorragender Tierarzthelfer, der zufällig ebenfalls aus dem mexikanischen Bundesstaat Sinaloa stammt, wurde etwas deutlicher. »Er wird nicht ewig leben«, sagte er. Er berichtete von seinem Pitbull-Weibchen, das schon seit Jahren wunderbar mit seinen Kindern auskäme und gerade Junge bekommen hätte. Er meinte: »Schau doch mal bei mir vorbei. Vielleicht findest du ja den nächsten Daddy.«

Erste Begegnung mit Junior

Mein Freund hatte ziemlich unverblümt einige Punkte angesprochen, mit denen ich mich noch nicht beschäftigen wollte. Trotzdem nahm ich seine Einladung an. Ich wollte sehen, wie seine Pitbull-Hündin mit seinem Nachwuchs umging, und fuhr zu ihm. Sie war einfach wunderbar – der perfekte Familienhund und den Kindern gegenüber ausgesprochen unterordnungsbereit. Mein Freund zeigte mir ein Foto des Vaters, der ebenfalls ein wohlerzogener, gesunder Pitbull und sogar ein Schauhund war. Als ich ins Haus ging, um mir die Welpen anzusehen, stach mir einer von ihnen sofort ins Auge. Er war von Kopf bis Fuß grau, hatte einen kleinen weißen Fleck auf der Brust und taubenblaue Augen. Am meisten aber gefiel mir seine Energie. Er hatte zwar körperlich keinerlei Ähnlichkeit mit Daddy, aber seine Energie gab mir das Gefühl, jemand hätte die Zeit zurückgedreht und ich sähe Daddy als Welpen vor mir. Tief im Herzen hörte ich mich sagen: »Das ist er. Das ist der Richtige.«

Obwohl mir dieser Welpe sehr gefiel, wollte ich ihn erst in mein Rudel aufnehmen, nachdem er seinen »Ersatzvater« Daddy kennengelernt hatte. Wie immer gilt, dass ein Hund Ihnen viel mehr über ein Mitgeschöpf – einen anderen Hund, eine Katze oder einen Menschen! – verraten kann als jeder Mensch. Zuerst wollte ich sehen, wie Daddy auf andere Welpen aus dem Wurf reagierte. Mir war aufgefallen, dass einer von ihnen sich den Kindern der Familie gegenüber etwas dominanter verhielt. Deshalb wollte ich ihn Daddy vorstellen, der ihn sofort anknurrte und sich abwandte. Ein anderer Welpe, den ich ausgewählt hatte, interessierte ihn überhaupt nicht. Er schenkte ihm einfach keine Beachtung. Es kommt häufig vor, dass ältere Hunde lästige Welpen ignorieren. Sie haben einfach weder die Energie noch die Geduld für ihre Mätzchen. Wie aber würde Daddy auf den grauen Welpen reagieren, der mir so gefiel? Ich drückte die Daumen, aber ich kannte ihn – und hatte einfach das Gefühl, dass er sich zu demselben Tier hingezogen fühlen würde wie ich.

Ich hob den kleinen, grauen Kerl am Nacken hoch, wie seine Mutter es getan hätte, und hielt Daddy sein Hinterteil hin. Der schnupperte kurz und bedeutete mir dann, ihn abzusetzen. Als ich den Welpen auf den Boden stellte, verneigte sich der Kleine spontan höflich und unterordnungsbereit vor Daddy. Dieser schnupperte weiter, und es war klar, dass Interesse und Sympathie vorhanden waren. Aber dann geschah etwas Wunderbares! Als Daddy fertig war und

Daddy und sein Schützling Junior

anfing, sich zu entfernen, lief ihm der Welpe hinterher. Mein Herz machte einen Satz, und ich wusste, dieses kleine, graue Fellbündel war Daddys spiritueller »Sohn«.

Die entscheidenden Welpenmonate

Bei einem Welpen sollte man nie vergessen, dass dies die kürzeste Phase im Leben eines Hundes ist. Ein Hund gilt von der Geburt bis zum achten Monat als Welpe, vom achten Monat bis zu drei Jahren als Pubertierender. Bei guter Ernährung und tierärztlicher Versorgung kann ein Hund heute zehn, zwölf oder sogar sechzehn Jahre und älter werden.[1] Wenn die Kinder also aus dem Film »101 Dalmatiner« kommen und ihre Eltern anflehen: »Ich will einen Welpen, ich will einen Welpen!«, müssen beide Parteien daran denken, dass dieser Welpe in Windeseile ein körperlich ausgewachsenes Tier sein wird. Ein kleiner Hund ist kein Stofftier, das für immer und ewig klein und kuschlig bleibt. Sofern Sie vermuten, dass Angehörige Ihres Haushalts lediglich in die niedlichen Possen, die Größe und die Gestalt eines Welpen verliebt sind, rate ich Ihnen, keinesfalls aus einer Laune heraus nachzugeben und ein junges Tier aufzunehmen, weil das einmal etwas Neues ist. Leider geschieht dies viel zu häufig. Menschen fühlen sich automatisch zu Tieren mit typischen Kindchenmerkmalen wie großen Augen und Köpfen und kleinen Körpern hingezogen, die wie hilflose Babys aussehen. Sie wecken bei allen Menschen – vom Kind bis zum Senior – das Bedürfnis, für andere zu sorgen und sich um sie zu kümmern. Dieser Umstand könnte auch erklären, warum in Tierheimen und bei Tiernothilfen Welpen und kleine Hunde im Allgemeinen zuerst vermittelt werden und die älteren, größeren Tiere vergeblich auf neue Besitzer warten. Sie werden in Amerika oft zuerst eingeschläfert. Wer aus einem Impuls heraus einen Welpen anschafft oder unverlangt einen Welpen geschenkt bekommt, wird das erwachsene Tier möglicherweise am Ende im Tierheim oder bei einer Tierschutzorganisation abgeben, wenn sich der liebenswerte »Niedlichkeitsfaktor« verwachsen hat. Welpen brauchen Hingabe, Konzentration, Energie und vor allem Geduld. Falls Sie nicht bereit sind, einen Hund für den Rest seines Lebens zu versorgen, verlieben Sie sich bitte nicht in ein niedliches Gesicht und nehmen Sie nicht aus einer Laune heraus einen Welpen zu sich.

Wenn Sie allerdings sicher sind, dass Sie sich ein Leben lang um einen Hund kümmern wollen, kommt zwar einiges an Arbeit auf Sie zu. Andererseits bietet sich Ihnen auch eine wunderbare Gelegenheit. Dies ist Ihre Chance, den Hund zu bekommen, von dem Ihre Familie immer geträumt hat. Welpen sind wie liebenswerte, kleine, unbeschriebene Blätter. Sie sind genetisch darauf programmiert, sich den Regeln und Grenzen der Gesellschaft anzupassen, in der sie leben. Machen Sie dem Welpen vom ersten Tag an unmissverständlich klar, welche Vorschriften in Ihrer Familie gelten. So können Sie einen Kameraden heranziehen, der Sie respektieren, Ihnen vertrauen und sich in einem Maße an Sie binden wird, wie Sie es niemals für möglich gehalten hätten. Genau wie Kinder beobachten und erforschen Welpen alles und wollen wissen, welchen Platz sie in Ihrem Umfeld einnehmen. Wenn Sie ihnen in dieser Zeit ständig die falschen Signale senden, macht das die Rehabilitation später sehr viel schwieriger, sobald sich die schlechten Gewohnheiten erst einmal eingeschliffen haben.

Mutter Natur strebt stets nach Gleichgewicht. Ich greife immer auf sie zurück, um die korrekte Welpenerziehung zu beschreiben. Die Hundemutter teilt ihren Sprösslingen vom Augenblick der Geburt an sanft, aber bestimmt mit, dass sie ihre Regeln zu befolgen haben, wenn sie überleben wollen. Hunde »verhätscheln« ihre Jungen nicht. Fällt es einem der Welpen im Rudel schwer, einen Platz zum Säugen zu finden, wird die Mutter nur bis zu einem gewissen Punkt helfen. Gelingt es dem Kleinen nicht, den Anschluss zu finden, lässt sie ihn vielleicht sogar sterben. Das klingt jetzt vielleicht hart, aber jeder Hund muss selbst herausfinden, wie man im Rudel überlebt. Auch der schwächste Welpe im Wurf muss lernen, sich selbstständig anzupassen.

Wenn die Welpen etwa sechs bis sieben Wochen alt sind,

wird die Mutter etwas weniger besitzergreifend. Allmählich dürfen sich auch die anderen Rudelmitglieder an der Sozialisierung des Nachwuchses beteiligen. In wilden Hunderudeln hilft in der Tat die ganze Familie bei der Aufzucht der Jungen mit. Bei Tieren aus der Familie der Hunde, zum Beispiel Wölfen, Schakalen und Wildhunden unterstützen auch andere erwachsene Tiere die Mutter dabei, die heranwachsenden Welpen zu füttern, indem sie nach der Jagd Nahrung für sie hochwürgen. Auch an der Erziehung der Jungen und ihrer Disziplinierung ist das ganze Rudel beteiligt.[2] Hat ein erwachsenes Rudelmitglied den Eindruck, dass die Kleinen ein wenig zu ausgelassen spielen, zeigt es ihnen unter Umständen mit einer Berührung – einem Stups oder gar einem festen, aber nicht aggressiven Biss – ihre Grenzen auf. In diesem Fall kommt auch nicht sofort die Mutter angelaufen und ruft: »Wie kannst du es wagen, meinen Welpen anzufassen. Seine Mutter bin immer noch ich!« Ihre Vorschriften decken sich nämlich mit den allgemeinen Regeln, die im ganzen Rudel konsequent durchgesetzt werden. Auf diese Weise lernen die Welpen von Anfang an, die Anweisungen aller erwachsenen Tiere zu befolgen. Sie werden zwar wie alle heranreifenden Säuger ihre Grenzen testen, aber sie passen sich ziemlich schnell an. Diesem Vorbild sollte Ihre menschliche Familie bei der Erziehung eines kleinen Welpen folgen.

Mutter weiß es am besten

Nach der Geburt erlebt ein Welpe seine Mutter zunächst als Energie, dann als Berührung. Eine Hündin zieht sich zur Geburt der Jungen zurück. Alles verläuft ausgesprochen ruhig und still. Es entspricht dem Mutterinstinkt, Neugeborene im Allgemeinen und den Geburtsvorgang im Besonderen abzuschirmen. In freier Wildbahn bedroht die Hündin in dieser Zeit auch Artgenossen, die sich ihr nähern. Selbst bei einem Tier, das von Natur aus mit einem eher niedrigen Energieniveau und unterordnungsbereiten Temperament ausgestattet ist, wird die Mutterschaft die ruhige und bestimmte Seite hervorlocken. Die erste Energie, die ein Welpe nach der Geburt auf dieser Welt kennenlernt, ist die ruhige Bestimmtheit der Mutter. Bis an sein Lebensende wird er sich von einer solchen Schwingung angezogen fühlen. Eine ruhige und bestimmte Energie wird ihm stets das Gefühl großer Sicherheit und Stabilität geben.

Die Nase der Welpen nimmt gleich nach der Geburt die Arbeit auf. Somit ist der Geruchssinn nach dem Tastsinn der stärkste ihrer Sinne. Die Augen öffnen sich etwa fünfzehn Tage nach der Geburt, und erst nach zwanzig Tagen sind die Ohren voll funktionsfähig.[3] Deshalb rate ich allen Hundeliebhabern, stets die folgende Reihenfolge im Hinterkopf zu behalten, wenn sie sich einem Tier nähern:

- Nase,
- Augen,
- Ohren.

In der Gegenwart von Welpen bedienen Menschen sich gern des gesprochenen Wortes – und meist auch noch eines aufgeregten Tonfalls. Der Satz »Mein Gott, sind die niedlich!« dürfte die wohl häufigste Reaktion beim Anblick eines Wurfs sich windender, quietschender Welpen sein. Aber neugeborene Hunde sind keine kleinen Menschen. Sie sind kleine Hunde und erleben die Welt ganz anders als wir.

Wenn Sie sich bei der Annäherung an die Reihenfolge Nase, Augen, Ohren halten, erweisen Sie ihnen nicht nur den gebührenden Respekt. Sie können sie auch leichter auf ganz natürliche Art und Weise beeinflussen. In den ersten Monaten, nachdem ich den kleinen grauen Pitbull-Welpen zu mir genommen hatte, der einmal Daddys spirituelles »Erbe« antreten sollte, war er noch namenlos. Ich kommunizierte kaum verbal mit ihm. Ich achtete darauf, meine Botschaften lediglich mithilfe von Geruch, Energie und Berührung zu übermitteln. Als ich mir sicher war, dass wir uns auch ohne Worte glänzend verstanden, beschloss ich, ihn zu Ehren seiner Rolle als »Daddy junior« im Rudel auf den Namen »Junior« zu taufen.

Sie sollten Welpen bis zur achten Woche niemals von der Mutter trennen. Diese ersten beiden Entwicklungsmonate sind für die Entstehung der Hundeidentität entscheidend. Welpen, die vor diesem Zeitpunkt von ihrer leiblichen Familie getrennt werden, entwickeln oft von Anfang an Verhaltensauffälligkeiten. Wenn Ihr Welpe das Glück einer selbstbewussten, hingebungsvollen Mutter hatte, haben Sie einen Vorsprung, um ihn zu einem glücklichen, ausgeglichenen Tier zu erziehen. Hunde sind wunderbare Eltern, und das Rudel ist die beste Schule der Welt, um zu lernen, wie man sich anpasst und überlebt.

Wissenschaftler bezeichnen die ersten drei Monate im Leben der Welpen als ihre *Entwicklungsphase* und unterscheiden drei klar voneinander getrennte Abschnitte (siehe Kasten).[4]

<table>
<tr><th colspan="4">Die Entwicklung des Welpen
Neugeborenenphase</th></tr>
<tr><td>1. und
2. Lebenswoche</td><td colspan="3">• Schläft 90 Prozent der Zeit.
• Nimmt nur Berührungen und Gerüche wahr.
• Säugt, krabbelt, sucht die Wärme von Wurfgeschwistern und Mutter.
• Muss stimuliert werden, damit er Kot und Urin absetzt.
• Kann sich für gewöhnlich wieder umdrehen, wenn er auf den Rücken gelegt wird.</td></tr>
<tr><th colspan="4">Übergangsphase</th></tr>
<tr><td>2. und
3. Lebenswoche</td><td colspan="3">• Die Augen öffnen sich.
• Die ersten Zähne kommen.
• Kann auf allen vieren stehen und macht die ersten Schritte.
• Fängt an, die Zunge zu benutzen.
• Die Ausscheidung muss nicht mehr stimuliert werden.</td></tr>
<tr><th colspan="4">Sozialisierungsphase</th></tr>
<tr><td rowspan="2">Phase 1:
Bewusstwerdung</td><td>3. und
4. Woche</td><td colspan="2">• Kann hören und sehen.
• Geruchssinn wird noch feiner.
• Nimmt auch feste Nahrung zu sich.
• Fängt an, zu bellen, mit dem Schwanz zu wedeln und seine Geschwister zu beißen.</td></tr>
<tr><td>4. und
5. Woche</td><td colspan="2">• Kann gut laufen, aber ermüdet schnell.
• Jagt und übt sich spielerisch darin, seine Beute zu töten.
• Fletscht die Zähne und knurrt.
• Fängt an, Dinge mit den Pfoten zu berühren.</td></tr>
<tr><td>Phase 2:
Neugier</td><td>5. bis
7. Woche</td><td colspan="2">• Beginn der Entwöhnung.
• Sehr neugierig.
• Spielt Dominanzspiele mit seinen Wurfgeschwistern.</td></tr>
<tr><td rowspan="2">Phase 3:
Feinabstimmung des Verhaltens</td><td rowspan="2">7. bis
9. Woche</td><td>7. Woche</td><td>• Alle Sinne funktionieren.
• Erkundet seine Umgebung.</td></tr>
<tr><td>8. Woche</td><td>• Wird ängstlich und schreckhaft.
• Begegnet allem Neuen mit Neugier.</td></tr>
</table>

Eine natürliche Erziehung

Will man ein wirkliches Verständnis dafür gewinnen, wie Hunde von Geburt an den Umgang mit Regeln und Grenzen erlernen, muss man sich ansehen, wie eine gute Hündin ihren Nachwuchs in einem Rudel aufzieht. Zum Glück hatten wir vor kurzem ein solch gesegnetes Ereignis im Dog Psychology Center, als wir die schwangere Pitbull-Hündin Amy aus dem örtlichen Tierasyl retteten. Gleich nach ihrer Ankunft im Center begab sie sich auf die Suche nach einem Ort, an dem sie ihr Nest bauen konnte. Eine schwangere Hündin zieht sich zurück, wacht eifersüchtig über ihr Revier und kann Artgenossen mit einem einzigen Blick vertreiben. Meine Söhne sollten zum ersten Mal das Wunder der Geburt erleben. Da ich in meiner Kindheit so viel Zeit auf der Farm meines Großvaters verbracht hatte, hatte ich in ihrem Alter bereits die Geburt von Dutzenden von Tieren miterlebt. Ich glaube, dies lehrte mich, die Wunder der Natur zu schätzen.

Amy war eine beeindruckende Mutter. Geduldig gebar sie ihre Welpen, entfernte die Fruchtblase und durchtrennte mit den Zähnen die Nabelschnur. Jedes Mal, wenn eine Hundemutter ihre Welpen ableckt, stärkt sie die Verbindung zu ihnen in zweierlei Hinsicht: Sie lernt, die Kleinen an ihrem Geruch und ihrem Geschmack zu erkennen. Die Welpen wiederum werden mit dem Geruch ihres Speichels vertraut und verstehen: »Das ist meine Mutter.« Die Speichelspur hilft ihnen auch, die Zitzen zu finden, an denen sie bald säugen werden.[5] In den ersten beiden Wochen (der Neugeborenenphase) tun die Kleinen kaum mehr, als zu säugen, zu schlafen, auszuscheiden und die behagliche Wärme des mütterlichen Körpers zu suchen. Amy war eine penible Mutter. Sie leckte ihre Welpen, um sie zum Absetzen von Kot und Urin zu stimulieren. Anschließend säuberte sie das Nest, indem sie die Ausscheidungen fraß. Ich sah zwar häufig nach und nahm die Welpen auch selbst täglich in die Hand, aber andere Menschen durften diese besondere Phase der Bindung zwischen Mutter und Welpen nicht stören. Forschungen ergaben, dass Welpen durch den frühen und empfindsamen Umgang mit Menschen klüger werden und bessere Bewältigungsmechanismen entwickeln. Zu viel Stimulation dagegen schadet.[6] Deshalb sollten nur sachkundige Menschen Umgang mit neugeborenen Welpen haben.

Gegen Ende der zweiten Woche traten Amys Welpen in die sogenannte Übergangsphase ein. Inzwischen waren ihre Augen offen, und allmählich entwickelte sich auch ihr Gehör. Ihr Hauptinteresse galt aber noch immer der Mutter und den Geschwistern. Mit vier Wochen interessierten sich die Kleinen allmählich auch für die Dinge jenseits ihrer unmittelbaren Umgebung, zum Beispiel die Menschen, die ihre Wurfkiste besuchten.

Die Erfahrung mit Amy zeigt, dass Welpen in den ersten beiden Lebensmonaten kein Interesse daran haben, die anderen Mitglieder des Hunderudels kennenzulernen. Sie sind glücklich und zufrieden mit sich und ihrer Mutter und entfernen sich bei ihren Erkundungstouren maximal 1,2 bis 1,8 Meter von ihrem Schlafplatz. Die Mutter setzt ihnen im sozialen Umgang Grenzen, und auch im Spiel mit den Geschwistern lernen sie Einschränkungen kennen.

Sind die Welpen älter als zwei Monate, interessieren sie sich nach und nach auch für die Welt jenseits der Wurfkiste. Sie werden nun nicht mehr von der Mutter gesäugt, die sich

Amys Welpen

etwas von ihnen distanziert, als wolle sie sagen: »Ihr seid jetzt stark und gesund genug. Es wird Zeit, dass ihr das Rudel kennenlernt.« Amys Welpen waren in einem umzäunten Bereich untergebracht, und als sie in die Phasen übertraten, die von größerer Neugier gekennzeichnet sind, saßen sie bereits am Zaun, wenn ich zu ihnen kam. Sie beobachteten die anderen Hunde und warteten darauf, dass sie aufgefordert wurden, auf die andere Seite zu kommen.

Sobald sich die Welpen hinauswagen, um das restliche Rudel kennenzulernen, ducken sie sich, da die anderen Hunde größer sind. Sie fangen an, die erwachsenen Rudelmitglieder zu erforschen, indem sie vorsichtig an ihren Pfoten, Nägeln und dem unteren Teil ihres Körpers schnuppern. Dank konsequenter mütterlicher Disziplin und angeborener Sozialinstinkte begegnen die Welpen ihrer Umwelt und ihren Artgenossen mit großem Respekt. Ein paar Hunde fangen sofort an zu knurren und erteilen den Kleinen die erste Lektion in Sachen Verhaltenskorrektur. Diese versuchen es daraufhin bei einem anderen Tier, um einen anderen Lebensstil kennenzulernen. Manchmal werden sie zum Spielen aufgefordert oder müssen sich einfach nur hinlegen und entspannen. Gelegentlich lässt ein erwachsener Hund sie einfach stehen und geht ihnen aus dem Weg, doch andere bleiben und lassen sich geduldig von den Welpen erforschen. Wieder andere beschnuppern die Kleinen, die dann ganz still stehen oder sitzen bleiben und versuchen, sich darüber klarzuwerden, wie sie sich fühlen sollen, wenn sie sich unterordnen und von einem fremden Hund beschnuppern lassen. Werden die Welpen bedroht, rollen sich sofort auf den Rücken. Sie lernen sehr schnell, die erwachsenen Tiere fertigschnuppern zu lassen, ehe sie sich entfernen. In diesem Punkt sollten wir uns ein Beispiel an der Hundewelt nehmen – denn das Rudel erwartet von den Welpen vom ersten Tag an ordentliche Umgangsformen, und diese Erwartung wird stets erfüllt.

Anfangs holten sich Amys Welpen ihre tägliche Portion Kontakt mit Artgenossen, indem sie dem Rudel fünfzehn bis dreißig Minuten Gesellschaft leisteten und dann wieder in die Wurfkiste zurückkehrten. Dort blieben sie bis zu fünf Stunden, ruhten sich aus und sahen zu. Anschließend kam ihr Forscherdrang wieder zum Vorschein, und sie wagten sich erneut auf das Territorium des Rudels. Sie wollten ganz automatisch von den anderen Hunden lernen und blieben jedes Mal etwas länger bei ihnen.

In einem Rudel unverwandter Haushunde beteiligen sich nicht alle Tiere an der Erziehung der Welpen, wie das bei Wölfen in freier Wildbahn der Fall ist. Dennoch fanden viele

Würfe, die wir im Lauf der Jahre im Dog Psychology Center hatten, »Kindermädchen« in besonderen Rudelmitgliedern mit ausgeprägtem Mutterinstinkt. Ich habe Rosemary ja bereits in meinen anderen Büchern erwähnt. Sie ist ein geretteter Kampf-Pitbull und wurde in Brand gesteckt, als sie einen illegalen Hundekampf verlor. Nachdem ich sie rehabilitiert und ins Rudel eingegliedert hatte, entpuppte sie sich als Notfall-Kindermädchen für alle Welpen, die bei uns Station machten. Diese Aufgabe spricht oft weibliche Tiere wie Rosemary an, die selbst nie Nachwuchs hatten, sich aber dennoch ihren Mutterinstinkt bewahrt haben. Als Kindermädchen könnte Mary Poppins ihr nicht das Wasser reichen. Sie war einfach die Beste. Sie achtete auf die Welpen, wenn sie sich im Rudel tummelten, leckte ihnen das Fell, tröstete sie und korrigierte sie sanft, wenn es nötig war. Sie schützte sie auch vor den weniger geduldigen Tieren.

Respekt vor Älteren

Mit sechs Monaten kommen die Welpen im Rudel allmählich in die Pubertät. Sie befinden sich nun in einer sehr viel erkundungsfreudigeren Lebensphase und treiben sich ständig bei den anderen Tieren herum. In diesem Alter wollen sie allmählich auch längere Spaziergänge mit dem Rudel unternehmen und fangen an, einen größeren Radius rund um ihr heimisches Revier zu erforschen. Im Center achte ich darauf, sie ständig mit Hindernisparcours, Swimmingpool, Schnupper- und Sehspielen sowie anderen Hilfsmitteln zur Verhaltensbereicherung zu fordern, denn dies ist eine wichtige Phase in ihrer Lernentwicklung. Es ist auch das Alter, in dem sie allmählich mit dem Rudel fressen und lernen, wie stark die älteren Tiere wirklich sind. Indem man beobachtet, wie ein Welpe lernt, mit dem restlichen Rudel über das Futter zu verhandeln, kann man sehr schön sehen, wie Hunde Dominanz – nicht Aggression! – einsetzen, um Ruhe und Frieden in der Gemeinschaft zu wahren. Die Welpen werden vom Geruch des Futters angezogen, doch wenn sie die Intensität der älteren Tiere am Futternapf spüren, bleiben sie unvermittelt etwa drei Meter entfernt davon stehen. Sobald sie sich weiter nähern, rollen sie sich auf den Rücken und präsentieren ihren Bauch, ohne dass ein anderes Tier sie dazu aufgefordert hätte. Sie erweisen den älteren Hunden beim Fressen den höchsten Respekt, indem sie praktisch vor ihren Augen zerfließen. Sie nähern sich dem Futter, aber sie würdigen es keines Blickes und rühren es nicht an, obwohl es direkt vor ihrer Nase steht. Damit teilen sie den älteren Tieren mit: »Ich lasse das Futter in Ruhe und ordne mich dir unter. Ich mache dir deine Mahlzeit nicht streitig.«

Begeht ein Welpe den Fehler, sich unerlaubt an den Fressnapf zu wagen oder sich dem Futter zu nähern, dreht sich sofort ein erwachsenes Tier um, knurrt ihn an oder schnappt nach ihm. Ein Laut von einem älteren Hund, und die Kleinen weichen augenblicklich einen oder anderthalb Meter zurück. Dort bleiben sie dann, warten geduldig ab; und sobald sich der größere Hund entfernt, laufen sie hinüber und lecken den leeren Napf aus. Sie haben soeben gelernt, dass sie erst fressen dürfen, nachdem sich die erwachsenen Tiere entfernt haben. Sie lernen, sich in der sozialen Sprache der Hunde zu verständigen, die eindeutige Regeln hat, wann es richtig oder falsch ist, im Rudel die Initiative zu ergreifen. Und die Welpen lernen schnell.

Wenn ein Welpe mehrfach denselben Fehler begeht, wird er stets umgehend von einem der älteren Hunde korrigiert.

Der knurrt ihn warnend an, und wenn das nichts hilft, diszipliniert er ihn kurzerhand mit einem Biss. Er zwickt den Kleinen mit ungeheurer Beherrschung in den Muskel; und obwohl er manchmal das ganze Gesicht des Welpen im Maul hat, fließt niemals Blut. Biss und Zeitpunkt sind erstaunlich präzise gewählt. Der Welpe quietscht vielleicht, als wollte er sagen: »Ich will doch niemandem etwas tun!« Aber das ältere Tier lässt ihn erst los, wenn er sich beruhigt und nicht mehr bewegt. In der Hundewelt ist allerdings niemand nachtragend.

Weder der Korrigierende noch der Korrigierte fühlen sich schlecht. Hunde hegen keinen Groll, wenn sie daran erinnert werden, sich an die Regeln zu halten. Kurze Zeit später kann man die beiden vielleicht schon wieder bei der freundschaftlichen Fellpflege beobachten. Das ist das Schöne an Hunden. Wir Menschen müssen verstehen, dass es dem grundsätzlichen Plan von Mutter Natur *zuwiderläuft*, wenn wir uns nach der berechtigten Korrektur eines Welpen schlecht fühlen.

Die Herausforderungen der Teenagerzeit

Bei den Welpen dauert dieses Stadium des Respekts, der Höflichkeit und der Unterordnungsbereitschaft ungefähr bis zum achten Monat. Dann beginnt die Pubertät. Kommt für Widder oder Büffel die Zeit der sexuellen Reife, kann man häufig sehen, wie sie mit gesenkten Köpfen aufeinander losgehen. In der Hundewelt fordern die ehemals so fügsamen Welpen einander und sogar ältere Tiere mit vorsichtigen Dominanzgesten heraus. Sie legen den Kopf auf die Schulter eines Artgenossen, versuchen, einem anderen Tier das Futter zu stehlen, und wetteifern viel intensiver miteinander. Werden die Tiere nicht sterilisiert oder kastriert, verstärkt der Paarungstrieb die Rebellion der Teenager weiter. Dann fordern sie die älteren Tiere unbewusst heraus. Der Paarungstrieb ist so stark, dass er ihr ganzes gutes Benehmen über den Haufen wirft. Leider sinkt damit auch die Toleranz der erwachsenen Tiere, und von der Geduld, mit der sie den Welpen beibrachten, wie sie sich am Futternapf zu verhalten haben, ist fast nichts mehr zu spüren. Macht ein heranwachsender Hund einem älteren oder höherrangigen Tier ein Weibchen streitig, wird er sich blutend von dannen trollen. Fazit: Der Paarungsdrang hält maximal fünfzehn Tage an. Überstehen die pubertierenden Hunde diese Phase, können sie unbeschadet erwachsen werden.

Die Pubertät bringt vor allem bei den Männchen ein weiteres Verhalten mit sich: das Markieren. Wenn wir Hunde halten und eine weitere Zucht nicht vorgesehen ist, lindert eine Sterilisation oder Kastration mit sechs Monaten diese körperliche und psychologische Frustration bei Tieren beiderlei Geschlechts. Zudem hat sich gezeigt, dass diese Eingriffe das Krebsrisiko erheblich senken können.

Die restliche Zeit ihrer kurzen Welpenphase (die Pubertät dauert vom achten Monat bis zu drei Jahren) verbringen die Jungtiere damit zu lernen, sich voll in die soziale Dynamik des Rudels einzufügen. Sie lernen ihren Rang im Rudel, wohin sie gehen sollen, wie man jagt und wie man einer Fährte folgt. Hunde haben große Freude daran, als vollwertige Rudelmitglieder akzeptiert zu werden und ihren Teil zum Überleben der Gruppe beizutragen. Andererseits darf man nicht vergessen, dass in freier Wildbahn nicht alle Tiere überleben. Afrikanische Wildhundrudel können aus bis zu zwanzig Tieren bestehen, aber bei den meisten Angehörigen der Familie der Canidae – Wölfen, Kojoten, Schakalen, Hyänen, Füchsen und Wildhunden – sind die Gruppen sehr klein und bestehen aus maximal acht bis zehn Tieren. Einer der Gründe für die enorme Überbevölkerung durch den Canis familiaris ist, dass Hunde in der Zivilisation nicht den Entbehrungen und Gefahren ausgesetzt sind, die dafür sorgen, dass durch die natürliche Auswahl nur die Starken überleben.

Welpen und Energie

Damit Sie ein erfülltes Leben mit Ihrem Hund aufbauen können, müssen Sie vor allem ein Tier mit dem für Sie richtigen Energieniveau zu finden. Wenn Sie einen erwachsenen Hund im Tierheim beurteilen sollen, fällt es Ihnen vielleicht schwer, seine tatsächliche Energie von den Verhaltensauffälligkeiten zu trennen, die er aus früheren Erfahrungen oder Lebenssituationen mitbringt. Doch bei der Auswahl eines Welpen kommen Ihnen keine Verhaltensprobleme in die Quere. Die Tiere werden mit einem gewissen Energieniveau geboren, das dann im Großen und Ganzen ihr Leben lang gleich bleibt.

Züchter bedienen sich häufig einer Methode, die als »Wesenstest« bezeichnet wird. Diese Beurteilung erfolgt im Alter von etwa sieben Wochen durch einen Fachmann und soll prognostizieren, wie sich der erwachsene Hund entwickelt.[7] Anhand der Reaktionen des Welpen bei der Konfrontation mit diversen Grundherausforderungen versucht der Test, sein Verhalten zum Beispiel in folgenden Kategorien einzuordnen: soziale Annäherung, Unterordnungsbereitschaft, Zurückhaltung, Vergebungsbereitschaft, Akzeptanz menschlicher Dominanz, Bereitschaft zum Gehorsam, Berührungs-, Lärm- und optische Empfindlichkeit sowie Energieniveau. Züchtern helfen die Testergebnisse, ihre Hunde in Kategorien von vorsichtig bis aggressiv einzuteilen und abzuschätzen, wie gut sie für bestimmte Aufgaben wie etwa als Therapie-, Such- und Rettungshund, Polizeihund und so weiter geeignet sind. Wenn Sie einen Welpen vom Züchter erwerben, sollten Sie fragen, ob Testergebnisse für das Tier vorliegen, für das Sie sich interessieren. Das kann Ihnen unter Umständen die Antwort auf die Frage erleichtern, ob sich die Persönlichkeit eines Welpen mit Ihrem Lebensstil verträgt.

Aber auch die Züchter, die ihre Welpen gewissenhaft testen, werden Ihnen sagen, dass die Ergebnisse nicht immer unumstößlich sind. Bei der Beurteilung der Energie können auch andere Faktoren, wie zum Beispiel die Abstammung, die Geburtsreihenfolge und vor allem der tägliche Umgang mit Artgenossen eine große Rolle spielen. Da Tiere rund um die Uhr in der Sprache der Energie kommunizieren, kann Ihnen ein Hund mehr über einen Artgenossen verraten als jedes menschliche Beurteilungssystem. Als ich Daddy zum ersten Mal dem Pitbull-Welpen vorstellte, der seine ruhige, unterordnungsbereite Energie in die nächste Generation tragen sollte, ließ ich mir von ihm das Energieniveau der infrage kommenden Welpen zeigen. Wissen Sie noch, wie Daddy den Kleinen anknurrte, bei dem ich Dominanzgesten gegenüber den Kindern meiner Freunde beobachtet hatte? Daddy wusste sofort, dass dieses Verhalten nicht seiner niedlichen »Freundlichkeit« oder seinem »Temperament« entsprang, sondern jene dominante Energie offenbarte, die im Rudel Probleme verursachen kann. Nehmen Sie sich ein Beispiel an Daddy und lassen Sie sich bei der Beurteilung des angeborenen Energieniveaus eines Welpen nicht von Gefühlen leiten.

Ein Welpe im Haus

Die meisten Welpen werden im Alter von zwei bis drei Monaten vom künftigen Besitzer abgeholt. Sobald wir die Rolle des Lehrers übernehmen, beginnt für sie ein neuer Lebensabschnitt. Nun müssen sie nicht nur lernen, wie ein Hund zu leben, sondern auch, sich als Hund in der menschlichen Welt zurechtzufinden. Wir müssen ihnen zeigen, dass in diesem neuen Sozialgefüge der Mensch das Sagen hat. Die Natur hat sie nicht auf Autos, Glastüren oder Elektrokabel vorbereitet. Da sie in unserer komplizierten Welt leben werden, müssen wir die Rudelführung übernehmen, damit wir ihnen darin Orientierung geben können.

Das Überleben des Welpen

Als ich Junior bei meinem Freund abholte, war er erst zwei Monate alt – das ist das beste Alter für die Anschaffung eines Welpen – und bereits einmal geimpft worden. Zwischen der siebten und der zwölften Woche lässt sich die Sozialisierung eines Hundes mit Menschen am besten vertiefen. Dies ist auch die beste Zeit, um zu lernen, wie er eine Verbindung zu Ihnen als Rudelführer aufbauen kann.

Ein neugeborener Welpe hat keine Antikörper und somit keine natürliche Immunität gegen Viren oder Krankheiten. Selbstverständlich schützt Mutter Natur die Kleinen in den ersten Lebensmonaten mit einer automatischen Abwehr in

Form des Kolostrums, einer besonderen Milch, die von der Mutter kurz nach der Geburt produziert wird. Das Kolostrum enthält alle mütterlichen Antikörper und verleiht dem Nachwuchs eine vorläufige Sicherheit. Aber nicht alle Welpen erhalten gleich viel davon. Gemäß der Tradition, dass nur der am besten Angepasste überlebt, verfügen der Erstgeborene und der durchsetzungsstärkste Säuger am Ende über einen größeren Antikörperschutz als der Letztgeborene oder der Welpe, der am schwächsten säugt. Aber auch das Kolostrum wirkt nur vorübergehend. Die Zahl der Antikörper halbiert sich alle neun Tage, bis das Niveau mit ungefähr vier Monaten zu niedrig ist, um die Tiere zu schützen, wodurch sie für sämtliche Viren in ihrer Umgebung anfällig werden. Deshalb beginnt man für gewöhnlich ungefähr in der sechsten Woche mit dem Impfen und setzt die Behandlung bis etwa zur sechzehnten Woche (vierter Monat) fort. Allerdings gibt es eine Übergangszeit von etwa einer Woche, in der der mütterliche Schutz aufgezehrt ist und die neuen Impfungen noch nicht greifen. In dieser Zeit können sogar optimal versorgte Welpen erkranken.

Den größten Anlass zur Sorge gibt in dieser Zeit das Parvovirus. Dabei handelt es sich um einen extrem ansteckenden Organismus, der sich in der Darmschleimhaut der Welpen einnistet. Geht man früh genug gegen die Parvovirose vor, endet eine Erkrankung nicht zwangsläufig mit dem Tod. Aber die Behandlung macht Quarantänemaßnahmen erforderlich und ist ausgesprochen teuer. Das Parvovirus wird über die Ausscheidungen infizierter Tiere übertragen. Gelegentlich tragen erwachsene Hunde das Virus in sich, ohne Symptome aufzuweisen. Es ist äußerst widerstandsfähig, und Seife genügt nicht, um es zu töten. Verseuchte Flächen desinfiziert man am besten mit einer Lösung aus einem Teil

Impfempfehlung für Welpen nach der American Animal Hospital Association (AAA)	
Bis zur zwölften Woche schützt die Immunität der Mutter den Welpen vor Parvovirose. Ist die Mutter geschützt, wird eine Impfung erst ab der sechsten Woche erforderlich. Eine klassische Impfempfehlung wäre:	
3 Wochen	Entwurmung.
6 Wochen	Entwurmung zur Entfernung gängiger Parasiten, die über Plazenta und Muttermilch übertragen werden, Stuhluntersuchung auf Kokzidien und Grundimpfung gegen Staupe, Hepatitis, Parainfluenza und Parvovirose.
9 Wochen	Entwurmung, Impfung gegen Staupe, Hepatitis, Parainfluenza und Parvovirose.
12 Wochen	Eventuell Entwurmung, Impfung gegen Staupe, Hepatitis, Parainfluenza und Parvovirose, in gefährdeten Gebieten gegebenenfalls auch gegen Tollwut und Borreliose. (Die letzten beiden Impfungen müssen nach drei Wochen aufgefrischt werden.) Eventuell auch gegen Zwingerhusten, falls der Welpe häufig außer Haus untergebracht oder zur Fellpflege gebracht werden soll.
16 Wochen	Eventuell Impfung gegen Staupe, Hepatitis, Parainfluenza und Parvovirose, abschließende Stuhluntersuchung, Tollwut, falls noch nicht geschehen.[8]

Chlorbleiche und zehn Teilen Wasser. Die Impfung eines Welpen ist schwierig, denn solange er noch Antikörper gegen das Parvovirus aus dem Kolostrum der Mutter im Körper hat, gehen diese gegen den Impfstoff vor, als handle es sich um das echte Virus. Deshalb empfehlen viele Tierärzte, Welpen so lange von öffentlichen Anlagen im Freien – Hundepark, Spielplatz, Hundeschulen, Tagesbetreuung – fernzuhalten, bis die Impfserie abgeschlossen ist. Auch der Kontakt zu unbekannten Hunden sollte gemieden werden.

Ich persönlich bin der Ansicht, manche Menschen sind so

von der Angst vor dem Parvovirus besessen, dass sie ihren Welpen die Außenwelt ganz und gar vorenthalten. Das kann sich negativ auf die körperliche und psychische Gesundheit der Tiere auswirken. Wenn Besitzer ihre Hunde zu sehr behüten, behalten sie sie oft im Haus, bis sie in die Pubertät kommen. In diesem Alter werden sie sehr kräftig, sind weniger auf Führung angewiesen und lassen sich nicht mehr so leicht erziehen. Diese wohlmeinenden Hundebesitzer vergessen, dass Welpen von der Geburt bis zum vierten Monat ein vorinstalliertes Programm absolvieren müssen. Deshalb ist diese Zeit ideal, um sie allmählich an Regeln und Grenzen zu gewöhnen. Sofern sich in Ihrem Garten nicht viele unbekannte Hunde tummeln oder die Abkürzung zum Hundepark hindurchführt, eignen sich der Rasen, die Terrasse oder die Auffahrt ganz wunderbar, um die Leinenführigkeit zu trainieren. Die Welpen können problemlos lernen, an der Leine zu gehen, den Kopf hochzutragen und die Nase vom Boden zu heben. Bis zum vierten Monat entfernen sich junge Hunde ganz automatisch nicht allzu weit von ihrem Zuhause. In diesem Zusammenhang kann die Leine Ihr Freund sein. Außerdem ist dies der perfekte Zeitpunkt, um die Kleinen daran zu gewöhnen. Falls Sie sich immer noch sorgen, können Sie Ihren Hund zusätzlich schützen, indem Sie die Gehwege rund um Ihr Grundstück mit Bleichelösung besprühen. Was seine Sozialisierung angeht, so dürfte ein älteres, bereits geimpftes Tier eher selten das Parvovirus in sich tragen und ein harmloser Spielgefährte sein.

Für Diskussionen sorgt die Frage, welche Impfungen nötig sind und wie oft geimpft werden soll. So mancher Tierarzt ist der Ansicht, wir würden unsere Hunde zu stark impfen und damit ebenso viele Probleme schaffen wie verhindern. Ich glaube, dass wir ein Gleichgewicht zwischen Mutter Natur und der Wissenschaft finden müssen. Impfungen können dazu beitragen, Ihren Hund vor vielen lebensbedrohlichen Krankheiten zu schützen, aber der Körper verfügt auch über natürliche Verteidigungssysteme. Ebenso wichtig wie die Impfung ist, dass Sie dafür Sorge tragen, körperliche Fitness und geistige Gesundheit Ihres Hundes zu erhalten. Nur so hat er die nötige Kraft, potenzielle Krankheiten abzuwehren.

Ich denke, ein gesunder, ausgewogener Lebensstil hilft einem Hund mehr als eine zusätzliche Impfung. Deshalb habe ich Junior auch nur ein einziges Mal gegen Parvovirose impfen lassen. Er war vom zweiten Monat an ständig an meiner Seite, und ich begann umgehend damit, ihn in die Hunderehabilitation einzubinden. Beim Gehen an der Leine gewöhnte ich Junior von Anfang an daran, den Kopf hoch zu tragen und nicht mit der Nase am Boden zu schleifen. Natürlich achtete ich darauf, dass er nur mit gesunden Hunden Umgang hatte. Meiner Ansicht nach waren eine sportliche Lebensführung sowie der Kontakt mit der Außenwelt und all ihren Abenteuern und Herausforderungen für Junior eine ganz eigene Form der Impfung. Ich freue mich, berichten zu können, dass er sich bester Gesundheit erfreut und mit seinen sechs Monaten niemals krank war. Ich empfehle diese Vorgehensweise keineswegs allen Hundebesitzern und würde Ihnen niemals raten, dem Rat Ihres Tierarztes zuwiderzuhandeln. Aber bei mir hat es funktioniert.

Impfungen können viel dazu beitragen, Ihrem Hund ein langes, gesundes Leben zu ermöglichen. Trotzdem sollten Sie sichergehen, dass er nicht unnötig immunisiert wird. Ich empfehle Ihnen, mit Ihrem Tierarzt alle Möglichkeiten zu besprechen, selbst Erkundungen einzuziehen und mit Hundebesitzern sowie Hundefachleuten Ihres Vertrauens über das Thema Impfung zu reden. Treffen Sie eine wohlüberlegte und auf Informationen basierende Entscheidung, wogegen Ihr Hund geimpft werden soll und wie oft. In Kapitel 7 finden Sie weitere Ausführungen zu diesem Thema.

So wird der Welpe stubenrein

Zwischen dem zweiten und dem vierten Monat erlernen die meisten Welpen das Konzept der Stubenreinheit sehr leicht, da sie gewissermaßen Teil ihrer natürlichen Programmierung ist. Nach der Geburt fressen und lösen sich Welpen in der Wurfkiste, aber das Muttertier hält sie sauber. Sie stimuliert ihre Körperfunktionen und achtet auf eine reinliche Umgebung. Dort, wo die Welpen schlafen oder leben, riecht es nie nach Urin oder Kot. Da es für ein Hundebaby nicht normal ist, im eigenen Dreck zu leben, arbeiten seine Gene für Sie.

Ein weiterer angeborener Vorteil bei der Erziehung zur Stubenreinheit ist die flotte Verdauung des Kleinen. Ihr Welpe wird sich etwa fünf bis dreißig Minuten nach dem Füttern entleeren wollen. Von dem Augenblick an, in dem Sie ihn zu sich holen, bis zum achten Monat sollten Sie ihn dreimal täglich füttern. Ich empfehle Ihnen, einen besonders regelmäßigen Fütterungsrhythmus einzuhalten und sofort danach sowie direkt nach einem Nickerchen oder einer langen Spieleinheit mit ihm Gassi zu gehen. Sie müssen bereit sein, nach jedem Füttern mit ihm vor die Tür zu gehen, sodass ein Muster entsteht. Welpen brauchen Führung und gewöhnen sich sehr schnell an Routineabläufe und Muster. Ein fester Rhythmus gibt ihnen ein Gefühl von Sicherheit und Geborgenheit. Bringen sie den Hund unbedingt an einen Ort mit Dreck, Gras, Sand oder Steinen. Diese natürlichen Reize regen sein Gehirn dazu an, sich einen Löseplatz zu suchen. Er sollte die Stelle bereits kennen, damit er sich entspannen kann. Ein panischer, nervöser, unsicherer oder ängstlicher Hund wird sich völlig verspannen und sich nicht lösen können. Wenn Sie ungeduldig sind oder versuchen, einen Welpen zur Eile anzutreiben, kann ihn auch das belasten. Strahlen Sie stets eine ruhige und bestimmte Energie aus. Dann wird Ihr Kleiner Zugang zu seinen natürlichen Instinkten finden und problemlos stubenrein.

Fütterungsempfehlung		
Alter	Entwicklungsstufe	Häufigkeit
Bis 8. Monat	Welpe	dreimal täglich
8. Monat bis 3 Jahre	Pubertierender	zweimal täglich
3 bis etwa 8 Jahre	Erwachsener	einmal täglich
Über 8 Jahre	Senior	zweimal täglich

Vom Umgang mit Vlies-Pads

Viele Welpenbesitzer – vor allem Stadtbewohner – würden sich gern der lästigen Pflicht entledigen, fünf- oder sechsmal am Tag mit dem Hund vor die Tür gehen zu müssen. Sie wollen ihn deshalb dazu erziehen, sein Geschäft auf Vlies-Pads (auch »Welpen-« oder »Pinkel-Pads« genannt) zu verrichten. Diese Pads sind eine wunderbare Erfindung und dienen auch meinen Hunden auf Reisen. Trotzdem sollten Welpen stubenrein werden und lernen, sich außer Haus zu lösen. Ein Hund betrachtet einen Raum mit Fußboden, Wänden und einer Decke als seine Höhle oder sein Zuhause. Er empfindet es als unnatürlich, dort sein Geschäft zu verrichten. Manche Menschen erziehen Welpen lediglich zum Gebrauch von Vlies-Pads und sind dann oft entsetzt, wenn sich der Hund draußen nicht lösen will. Lernen die Tiere, ihr Geschäft im Haus zu verrichten, steigt auch die Wahrscheinlichkeit von Unfällen und Schmutz, da man ihnen die natürliche Vorliebe abgewöhnt hat, sich außer Haus zu lösen.

Vlies-Pads lassen sich am besten in die Erziehung einbauen, indem Sie sie auslegen, wenn Sie sich einmal nicht selbst um den Hund kümmern können. Breiten Sie zunächst vier Vlies-Pads aus, um genau feststellen zu können, an welcher Stelle sich der Welpe löst. Sobald ihm der korrekte Gebrauch der Pads vertraut ist und sich sein Verhalten allmählich verfeinert und reift, können Sie die Anzahl der Pads verringern, bis nur noch eines davon an seinem Löseplatz übrig ist. Locken Sie den Welpen mit einem Stück Gras oder Erde auf das Vlies, an dem der Geruch vom Urin oder Kot fremder Hunde haftet. Das mag Ihnen unappetitlich vorkommen, aber die Ausscheidungen anderer Hunde reizen das Gehirn Ihres Welpen, an dieser Stelle ebenfalls Urin abzusetzen. Ist der Welpe einmal auf die Pads konditioniert, wird dieser Trick nicht mehr nötig sein.

Wenn ich die Pads im Haus oder im Hotelzimmer auslege, verwende ich einen Luftfilter, damit sich der Geruch nicht ausbreitet. Darüber hinaus achte ich darauf, dass der Schlafplatz der Hunde weit von ihrem Löseplatz entfernt ist, denn wie der Mensch vollzieht auch der Hund gern eine Trennung von Schlaf- und Badezimmer. Sofort nach dem Aufstehen rolle ich die benutzten Pads zusammen und wische den Boden darunter, um den Geruch zu entfernen. Das ist *unerlässlich* beim Gebrauch von Vlies-Pads, Zeitung oder anderen Dingen, die man auf den Boden legt, damit sich der

Welpe darauf löst: Tauschen Sie das benutzte Vlies-Pad *sofort* aus und säubern Sie den Boden, denn ein Hund löst sich normalerweise nicht zweimal am selben Ort. So helfen Sie Ihrem Welpen also nicht nur, sich anzugewöhnen, immer wieder dieselbe Stelle zu benutzen. Sie halten auch Ihre Umgebung sauber und hygienisch.

Vlies-Pads sind sehr bequem und können sowohl Ihnen als auch Ihrem Hund eine Hilfe sein – allerdings nur, wenn Sie auch regelmäßig mit ihm nach draußen gehen. Bedenken Sie, dass bei genauerem Hinsehen diese Pads dem Menschen dienen, nicht dem Hund!

Von Vorbildern lernen

Eine der besten Möglichkeiten, einem Welpen die korrekte »Gassi«-Etikette beizubringen, ist es, einen älteren Hund mit gutem Beispiel vorangehen zu lassen. Obwohl Daddy in den meisten Angelegenheiten Juniors Vorbild ist, muss er als älterer Herr nicht mehr so häufig vor die Tür. Daddy löst sich zweimal am Tag, morgens und abends, regelmäßig wie ein Uhrwerk, und geht nur etwa alle vier Stunden zum Urinabsetzen vor die Tür. Aber Junior lebt auch mit unseren kleinen Hunden zusammen – dem Chihuahua Coco, dem Dackel Molly, der Französischen Bulldogge Sid und unserem neuen, winzigen Chihuahua-Terrier-Mischling Minnie. Diese Tiere haben einen regelmäßigeren Zeitplan, und Junior orientierte sich ganz automatisch an ihnen. Zudem sind sie bereits mit dem Gebrauch von Vlies-Pads vertraut, und auch das merkte sich Junior sofort. Welpen sind darauf programmiert, sich andere Hunde zum Vorbild zu nehmen, und in unserer Familie mangelt es nie an Tieren, die bereit sind, ihr Wissen mit einem neuen Rudelmitglied zu teilen!

Bis ein Hund stubenrein ist, kann es natürlich von Zeit zu Zeit zu einem kleinen Malheur kommen. Geben Sie einem Welpen niemals die »Schuld«, wenn etwas danebengeht. Zeigen Sie keine Wut auf eine Körperfunktion, die er nicht kontrollieren kann, und glauben Sie bitte nicht an das Ammenmärchen, dass Sie ihn mit der Nase in seine Ausscheidungen drücken oder ihn schlagen müssten, falls es im Haus zu einem Missgeschick kommt. Bleiben Sie ruhig und bestimmt und bringen Sie den Welpen sofort nach draußen an seinen Löseplatz (oder zum Vlies-Pad). Falls Sie ihn in flagranti erwischen, unterbrechen Sie ihn mit einer Berührung oder einem einfachen Geräusch. Bringen Sie ihn sofort an seinen Löseplatz im Freien und warten Sie, bis er sich wieder entspannt und sein Geschäft beendet. Anschließend beseitigen Sie alle Spuren im Haus und desinfizieren die Stelle gründlich, um den Geruch zu entfernen. Regen Sie sich nicht auf und machen Sie keine große Sache daraus. Tadeln Sie Ihren Welpen niemals mit einer langen Rede, denn dann könnte er daraus lernen, dass Sie ihm Aufmerksamkeit schenken, wenn er an einer bestimmten Stelle ein Häufchen hinterlässt. Er könnte Ihre Reaktion auch fälschlicherweise so interpretieren, dass er sich in Ihrer Gegenwart nicht lösen darf. Bleiben Sie konsequent und achten Sie auf eine neutrale Energie. Die Verdauung Ihres Hundes ist ein normales Element seiner Biologie. Sie wollen ihm lediglich eine gewisse Kontrolle darüber vermitteln, wann und wo er sein Geschäft verrichtet.

Die Stubenreinheit des Welpen – Was Sie tun und was Sie lassen sollten

- Gehen Sie mit dem Welpen gleich morgens, im Anschluss an alle Mahlzeiten, nach dem Aufwachen sowie nach langem Spielen nach draußen.
- Bringen Sie ihn immer an denselben Löseplatz im Freien.
- Beobachten Sie ihn ganz genau! Sie investieren in den ersten Monaten viel Zeit, um gute Gewohnheiten zu schaffen, die ein Leben lang halten sollen. Ihr Welpe sollte so viel Zeit wie möglich mit Ihnen verbringen. Ist das nicht möglich, sollten Sie ihn an einem sicheren, umzäunten Ort oder in seiner Hundebox unterbringen. Wenn Sie fürchten, dass Sie seine Bedürfnisse vergessen könnten, stellen Sie einen Timer, der Sie alle 45 Minuten daran erinnert.
- Bleiben Sie konsequent! Tägliche Konsequenz ist der Schlüssel zu guten Gewohnheiten. Halten Sie jeden Tag dieselben Zeiten für Fütterung und Spaziergang ein. Hunde kennen bekanntermaßen weder Wochenenden noch Feiertage. Wenn Sie am Sonntag länger schlafen möchten, sollten Sie erst mit dem Welpen vor die Tür gehen und dann wieder ins Bett schlüpfen.
- Bestrafen Sie einen Welpen nicht für Unfälle und unterlassen Sie alles, was negative Assoziationen zu seinen Körperfunktionen hervorrufen könnte. Bleiben Sie ruhig und bestimmt und bringen Sie ihn nach draußen an seinen Löseplatz.
- Verwenden Sie nicht ausschließlich Vlies-Pads zur Sauberkeitserziehung. Ein Hund empfindet es als unnatürlich, sich in seinem »Bau« zu lösen. Wechseln Sie zwischen Gassigehen im Freien und dem Vliestraining im Haus ab.

Leinentraining für Welpen

Ich glaube, es ist niemals zu früh, einen Welpen an die Leine zu gewöhnen oder mit den grundlegenden Gehorsamsübungen zu beginnen, die er später einmal beherrschen soll. Welpen oder kleinen Tieren lege ich oft nur eine leichte Leine für 35 Cent um den Kopf. Welpen lassen sich leicht führen und »lenken«, und bei ihnen gilt: Weniger ist mehr – es genügt ein weiches Nylon- oder ein dünnes Lederhalsband. Legen Sie einem Welpen niemals ein Würgehalsband oder ein schweres Trainingshalsband um. Prüfen Sie bei jeder Erziehungshilfe, die Sie kaufen, ob sie auch für junge oder kleine Hunde uneingeschränkt geeignet ist. Das Halsband sollte so fest sitzen, dass es nicht über den Kopf rutscht. Gleichzeitig sollte zum Hals so viel Spielraum bleiben, dass zwei Finger dazwischen passen. Bedenken Sie immer: Ihr Welpe hat in diesem Alter den Wunsch, Ihnen hinterherzulaufen. Wenn Sie bei einem Hund – ob einem Welpen, einem heranwachsenden Tier oder einem Senior – mit einem Hilfsmittel arbeiten möchten, dürfen Sie es ihm niemals aufzwingen. Lassen Sie nicht zu, dass er eine Trainings- oder Erziehungshilfe als negativ empfindet! Sorgen Sie vielmehr dafür, dass ihn seine angeborene Neugier zu diesem Gegenstand führt. Bedienen Sie sich bei Bedarf der positiven Verstärkung durch Futter, Spielzeug, einen speziellen Gegenstand oder eine besondere Aktion, wenn Sie damit das Interesse Ihres Hundes an Neuem wecken können. Ich halte sehr viel von positiver Verstärkung, erinnere meine Klienten aber stets daran, dabei nicht nur an Futter oder Spielzeug zu denken. In ihrem natürlichen Umfeld müssen weder die Mütter noch die erwachsenen Tiere die Welpen mit Futter oder Spielzeug bestechen, damit sie sich benehmen! Für mich heißt positive Verstärkung, darauf zu achten, dass man einen gesunden Reiz setzt, der eine positive, natürliche Reaktion auslöst. Das kann Lob oder Zuneigung, aber auch nur Ihre stille Freude über die Leistung des Hundes sein. Wenn Sie mit Ihrem Welpen zufrieden sind, können Sie ihm das auch ohne Worte mitteilen. Ihre Energie, Ihre Körpersprache und der Blickkontakt werden Ihre Empfindungen laut und deutlich übermitteln.

Wenn Sie einen Welpen mit der Leine korrigieren oder ein unerwünschtes Verhalten unterbrechen, sollen Sie daran denken, dass er klein, leicht und äußerst zerbrechlich ist. Außerdem ist er bereits darauf programmiert, den Anweisungen seines Rudelführers zu folgen. Eine sanfte, aber bestimmte Berührung oder ein Ziehen an der Leine sollten zur Kommunikation genügen. Wenn Sie in den zartesten Jahren Ihres Welpen konsequent, bestimmt und liebevoll bleiben, investieren Sie in eine Art Versicherung und verhindern, dass Sie es später mit der Art von Extremverhalten zu tun bekommen, bei dessen Korrektur ich häufig zur Hilfe geholt werde. Indem Sie einen Welpen früh an die Leine gewöhnen, konditionieren Sie auch *sich selbst* darauf, Ihre ruhige und bestimmte Energie durch die Leine fließen zu lassen. Damit tragen Sie sehr viel dazu bei, nicht später irgendwann energischere Maßnahmen ergreifen zu müssen.

Das Zahnen

Die meisten Welpen bekommen zwischen dem vierten und dem sechsten Monat ihre Zähne. Das ist unangenehm, und das vermehrte Kauen, das Sie in dieser Phase bei Ihrem Kleinen beobachten können, ist sein Versuch, das Unbehagen zu lindern. Für gewöhnlich tut er das mit Ihrem teuersten Paar Schuhe, da sie sich auf Augenhöhe befinden und nach Ihnen riechen. Sie müssen unbedingt verstehen, dass dies weder eine Rebellion noch ein persönlicher Angriff ist. Im Grunde ist es auch kein Spiel. In dieser Phase beschäftigt den Welpen nur eine einzige Frage: »Wie werde ich die Schmerzen in meinem Mund wieder los?« Es ist in dieser Zeit absolut tabu, Handschuhe zu tragen und den Hund daran kauen zu lassen oder Spielchen zu spielen, bei denen er Sie überall am Körper beißen darf. Im Augenblick mag das harmlos wirken, aber damit konditionieren Sie ihn darauf, Ihre Hände oder Ihren Körper als Möglichkeit zum Frustrationsabbau zu betrachten.

Dieses Verhalten hat nichts mit der zwanghaften Kautätigkeit erwachsener Hunde zu tun und sollte nicht korrigiert, sondern umgelenkt werden. Zoohandlungen bieten speziell für diese Phase unzählige Kauspielzeuge an. Stellen Sie den Schuh vor sich hin, und jedes Mal, wenn der Welpe ihn berührt, ziehen Sie seine Aufmerksamkeit mit einem Leckerbissen auf sich und richten sie anschließend auf das Kauspielzeug. Anschließend beanspruchen *Sie* den Raum um den Schuh für sich. Für den Welpen ist dies eine psychologische Herausforderung. Er lernt das anspruchsvolle Konzept: »Nur weil etwas da ist, gehört es noch lange nicht mir.« Darüber hinaus begreift er, worauf er herumkauen darf und worauf nicht. Es ist nicht klug, dem Welpen den Schuh wegzuziehen. Ein solches Verhalten vermittelt ihm keine klare Botschaft. Es verwickelt Sie nur ungewollt in ein Dominanzspiel, das Sie die ersten Male vielleicht sogar gewinnen, wenn der Welpe klein genug ist. Aber das wird nicht ewig so bleiben. Sobald der Welpe gewinnt oder herausbekommt, dass er den Schuh behalten kann, wenn er damit davonläuft, haben Sie Ihrem Hund höchstpersönlich beigebracht, seine Kraft und seine Schnelligkeit als Waffe gegen Sie einzusetzen.

Wenn die Zähne durchbrechen, lassen sich die Schmerzen auch mit Bewegung erheblich lindern. Früher mussten meine Hunde immer schwimmen, und dazu brauchen Sie keineswegs einen großen Pool. Bei einem kleinen bis mittelgroßen Tier genügt schon eine Wanne oder ein flaches Schwimmbecken, damit es die Beine im Wasser bewegen und sich auf eine sinnvolle Beschäftigung konzentrieren kann und von den Vorgängen in seinem Mund abgelenkt wird. Bei meiner winzigen Chihuahua-Terrier-Mischlingshündin Minnie gelang mir dies, indem ich sie mit den Beinchen in einem großen Eimer strampeln ließ! Geben Sie dem Hund nach dem Sport einen Gegenstand Ihrer Wahl zum Kauen und trösten Sie sich damit, dass das Zahnen beim Welpen schnell vorübergeht und in einem, maximal zwei Monaten erledigt ist.

Wenn sich Welpen – zwischen dem sechsten und dem zehnten Monat – dem Übergang zum pubertierenden Tier nähern, machen sie noch einmal einen Zahnwechsel durch. Sie bekommen jetzt ihr Dauergebiss, und der Drang, zu kauen, wird sehr stark. Achten Sie darauf, dass Ihrem »Teenager« in dieser Phase geeignetes Spielzeug zur Verfügung steht und er so viel gesunde Bewegung bekommt wie möglich. Hunde, bei denen in dieser Zeit kein Zahnwechsel stattfindet, bekommen später oft Zahnprobleme. Gehen Sie daher regelmäßig zum Tierarzt und berichten Sie, wie es um das Gebiss Ihres Welpen steht.

Kinder und Welpen

Ich bin der Ansicht, alle Kinder sollten den Lebenszyklus von Tieren miterleben dürfen. Bei dieser Gelegenheit können wir sie Respekt und Achtung vor Mutter Natur lehren und ihnen helfen, den Rhythmus des Lebens besser und tiefgreifender zu verstehen. Allerdings sollten – vor allem kleine – Kinder nie ohne Aufsicht mit Welpen allein sein. Es ist wichtig, kleine Hunde (unter sieben Wochen) an die menschliche Berührung zu gewöhnen. Werden sie allerdings zu oft oder falsch angefasst, können sie Angst vor Menschen bekommen. Falls Sie Welpen im Haus haben, die jünger sind als zwei Monate, müssen Sie dafür sorgen, dass die Kinder sie niemals unbeaufsichtigt anfassen, hochnehmen oder mit ihnen spielen dürfen.

Sobald der – wie wir annehmen, mindestens sieben Wochen alte – Welpe im Haus ist, sollten Sie sich etwas Zeit nehmen und Ihren Kindern beibringen, wie man sich einem Hund korrekt nähert. Acht- bis zehnwöchige Welpen sind manchmal sehr schüchtern und scheu, was neue Erfahrungen angeht. Erklären Sie Ihren Sprösslingen deshalb, dass sie sich an die Regel »Nicht anfassen, nicht ansprechen, nicht ansehen« halten müssen, bis der Kleine signalisiert, dass er sich in der Gegenwart des neuen Menschen wohlfühlt. So wie Sie Ihren Welpen mit »Warte- und Geduldsspielen« fordern, können Sie auch die Geduld Ihrer Kinder verbessern, indem sie lernen müssen, abzuwarten und darauf zu achten, ab wann der Welpe sie akzeptiert. Erklären Sie Ihren Kindern die öffentliche, soziale und intime Zone, die für alle Tiere und auch den Menschen gilt. Dabei können Sie sie auch über ihre Rechte aufklären, falls ein Erwachsener oder ein anderes Kind drohend in ihren Raum eindringt. Nehmen Sie sich anschließend Zeit und sehen Sie Ihrem Kind beim Spiel mit dem Welpen zu. Bleiben Sie im Hintergrund, bis Sie gebraucht werden, aber kontrollieren Sie Verhaltensweisen, die gefährlich werden könnten.

Ist ein Kind noch zu klein, um die Vorstellung von einer persönlichen Zone oder die Regel »Nicht anfassen, nicht ansprechen, nicht ansehen« zu verstehen, können sie dieses Verständnis durch einfache Korrekturen und Umlenkung erwerben. Wenn ein Baby auf einen Hund zukrabbelt, der nicht die richtige Energie ausstrahlt, müssen Sie nur den Weg blockieren und ihm eine andere Richtung vorgeben. Früher schnitt ich meinen Jungs mit dem Körper den Weg ab, damit sie nicht unaufgefordert in das Territorium eines Hundes eindrangen. Oft bremste ich sie einfach mit meinem Arm. Wenn die Buben zu dynamisch, zu aggressiv oder auf eine andere Weise zu instabil für einen Hund waren, tat ich das Gleiche. Sie wussten bereits als Kleinkinder, dass Hunde kein Spielzeug sind und man ein Tier niemals am Schwanz oder an den Ohren ziehen oder es necken darf. Umgekehrt hinderte ich auch die Welpen daran, allzu ausgelassen mit meinen Jungs umzugehen, wenn ich den Eindruck hatte, dass sie ihnen nicht den gebührenden Respekt zollten oder ihre persönliche Zone missachteten.

Bedenken Sie stets, dass Sie es mit zwei verschiedenen Tierarten zu tun haben, die beide jung sind und gerade erst lernen, sich einander anzunähern. Sobald Ihr Sprössling laufen kann, können Sie das Ritual des Rudelspaziergangs mit Kind und Hund einführen. Indem Sie ein Kind in der Kunst des Spazierengehens mit einem Hund oder einem Welpen unterweisen, können Sie sein Selbstwertgefühl wunderbar steigern und jene Art von Bindung zwischen Mensch und Tier herstellen, die es ein Leben lang bereichern wird.

Für meine Frau Ilusion und mich ist es sehr befriedigend, wenn wir in Schulen und vor anderen Kindergruppen über die Sicherheit im Umgang mit Tieren sprechen dürfen. Dabei erkläre ich den Kindern stets, was die Körpersprache eines Hundes verrät, und gehe vor allem auf den Mythos vom Schwanzwedeln ein. Kinderbücher in aller Welt betonen, ein wedelnder Schwanz stünde stets für einen glücklichen Hund. In den meisten Fällen stimmt das auch – aber wer regelmäßig meine Sendung sieht, wird wissen, dass Hunde auch unmittelbar vor einem Angriff mit dem Schwanz wedeln. Jede Geste im körpersprachlichen Repertoire eines Hundes kann mehrere Bedeutungen haben, so wie auch die Wörter einer Sprache je nach Satzzusammenhang einen anderen Sinn haben können. Bei einem Hund ergibt sich dieser Zusammenhang unter anderem daraus, in welcher Situation er sich befindet, und vor allem, welche Energie er ausstrahlt. Menschen aller Altersstufen brauchen Übung, um die Energie eines Hundes fehlerfrei lesen zu können. Deshalb sollte man Kindern vor allem eines über Hunde oder Welpen beibringen, nämlich dass sie sich einem fremden Hund niemals ohne die Erlaubnis eines Erwachsenen nähern dürfen. Ilusion und ich sehen immer wieder, dass Kinder, wenn sie verstehen, wie man einem Tier Respekt zollt, dazu auch gern bereit sind.

Spielverhalten

Hunde sind von Natur aus verspielt, doch bei Welpen wird das Spiel zum Beruf. In freier Wildbahn üben die Jungen im Spiel die Fähigkeiten, die sie später als erwachsene Tiere zum Überleben brauchen. Welpen ahmen spielerisch Verhaltensweisen nach, deren sich ihre wilden Vorfahren bedienten, um in freier Wildbahn zu überleben: Jagd-, Dominanz- und Unterordnungsspiele. Die meisten reinrassigen Hunde zeigen beim Spielen typische Rassemerkmale und wollen jagen, Fährten verfolgen, apportieren und graben. Als Rudelführer Ihres Welpen haben Sie die Aufgabe, das Spielverhalten des Kleinen zu beobachten und in produktive Bahnen zu lenken.

Welpen sind die geborenen Forscher, und wenn man ihnen die Gelegenheit gibt, sichere Bereiche im Freien zu erkunden, kann man sie damit ganz wunderbar fordern und ihr Selbstbewusstsein stärken. Ich habe im Dog Psychology Center schon viele Hindernisparcours gebaut und auch sanftere, sicherere Miniversionen für die Welpen geschaffen. Ein kleiner Hund kann auch schon anfangen, das Apportieren zu lernen. Das verbessert seine Koordination. Versteckspiele mit Futter und Gerüchen eignen sich herrlich zur Schärfung der Sinne. Wenn die Zähne kommen, sollte unbedingt weiches Kauspielzeug vorhanden sein.

Ich fordere junge Hunde auch gern, indem ich verlange, dass sie geduldig auf ihr Futter warten. Ich halte den Futternapf hoch über ihre Köpfe, bis sie Sitz machen, geduldig warten und Blickkontakt zu mir aufnehmen. Es ist sehr wichtig, sie Geduld zu lehren, da ihnen dies psychische Konzentration abverlangt – was für die Entwicklung eines gesunden Hundes unabdingbar ist. Gelegentlich verwandle ich dieses Futterspiel sogar in einen Hindernisparcours, indem ich den Napf hinter einem Stuhl, einer Schachtel oder einem Tisch verstecke. Dann befehle ich dem Hund, zu warten. Anschließend muss er loslaufen und suchen, wo ich den Futternapf versteckt habe.

Häufiges Fehlverhalten bei Welpen und seine Ursachen		
Verhaltensweise	**Mögliche Ursache**	**Lösungsvorschläge**
Kauen und ins Maul Nehmen (»gehemmtes Beißen«).	Erforschen der Umwelt, Frustrationsabbau, Schmerzlinderung beim Zahnen, Dominanztest.	Stellen Sie die richtigen Kauspielzeuge zur Verfügung, prüfen Sie das Zahnwachstum, aber gestatten Sie übermäßig heftiges Beißen weder als Dominanzgeste noch zur Angstbewältigung – es kann zur Gewohnheit werden. Sorgen Sie stattdessen für Ablenkung mit strukturierter Bewegung und Spielen.
Zwicken	Teilt mit, dass etwas unangenehm ist; Weiterentwicklung der Angewohnheit, Dinge ins Maul zu nehmen, falls diese nicht sofort unterbunden wurde.	Zwicken sollte niemals erlaubt sein. Denken Sie daran, in freier Wildbahn würden die älteren Tiere beim ersten Fehlverhalten eines Welpen eingreifen und ihn korrigieren. Eine feste Berührung sollte genügen, das Zwicken eines jungen Welpen zu unterbinden. Er darf nicht lernen, dass er die Menschen und Hunde in seiner Umgebung damit kontrollieren kann.
Markieren	Möglicher Hinweis auf sexuelle Reife (beginnt etwa im fünften oder sechsten Monat). In der Natur soll es verhindern, dass sexuelle Rivalen in ein Revier eindringen; kann auch Dominanz anzeigen.	Lassen Sie Ihren Hund mit sechs Monaten sterilisieren oder kastrieren. Arbeiten Sie konsequent daran, dass Ihr Hund stubenrein wird.

Verhaltensweise	**Mögliche Ursache**	**Lösungsvorschläge**
Urinieren aus Unterordnung oder Erregung	Kann ein Zeichen völliger Unterordnung, des Respekts sowie eines scheuen Temperaments sein. Verrät möglicherweise auch, dass ein Welpe seine Schließmuskeln noch nicht vollständig unter Kontrolle hat.	Ziehen Sie den Tierarzt zurate, um sicherzugehen, dass körperlich alles in Ordnung ist. Bleiben Sie ruhig und bestimmt, wenn Sie den Hund zur Stubenreinheit erziehen. Verfahren Sie bei Welpen, die bei Erstbegegnungen nervös wirken, nach der Regel »Nicht anfassen, nicht ansprechen, nicht ansehen«.
Graben	Ein angeborenes Verhalten, um Energie oder Frustration abzubauen oder bei Hitze ein kühles Plätzchen zu finden. Bei einigen Rassen (zum Beispiel Terriern) handelt es sich um eine angezüchtete Fähigkeit zum Aufstöbern von Wild.	Bestrafen Sie einen Hund niemals dafür. Bringen Sie ihn vielmehr an einen sicheren Ort, an dem Buddeln erlaubt ist. Ist Ihr Hund frustriert, sollten Sie ihm zusätzlich strukturierte Möglichkeiten geben, seine Frustration abzubauen und sich zu bewegen.
Heulen oder Bellen	Welpen rufen so ihre Mütter und Geschwister, nachdem sie sich verlaufen haben. Wenn sie beim Menschen leben, heulen sie gelegentlich auch, wenn sie allein sind, Hunger haben oder ihr Geschäft verrichten müssen.	Sorgen Sie dafür, dass Ihr Welpe vor dem Schlafengehen ausreichend müde ist. Achten Sie auf regelmäßige Fütterungs- und Gassigehzeiten.

Sie können sich unendlich viele Herausforderungen für Ihren neuen Welpen ausdenken. Sein sich rasch entwickelndes Gehirn wird sie dankbar aufsaugen. Allerdings sollten Sie beim Spiel mit dem Welpen eine wichtige Regel beachten: Achten Sie darauf, dass Sie als Rudelführer das Spiel beginnen, die Regeln festlegen und es wieder beenden. Wenn einer meiner Klienten klagt, sein Hund sei von einem Tennisball oder einem bestimmten Kauspielzeug »besessen«, stellt sich fast immer heraus, dass er den wichtigen Schritt vernachlässigt hat, Regeln, Grenzen und ein Zeitlimit für das Spiel festzulegen.

Ich werde oft gefragt, wie man als Hundebesitzer zwischen gesunden Welpenspielen und keimenden Verhaltensproblemen unterscheiden kann. Ich stelle fest, dass sich unerfahrene Hundebesitzer zuweilen zu viele Gedanken darüber machen, eine typische Welpeneigenschaft – zum Beispiel Zurückhaltung in einer neuen Umgebung – könne bedeuten, ihr Hund würde später einmal ängstlich und scheu. In Wirklichkeit ist es völlig normal, wenn ein Welpe bis zum dritten Monat eine Phase durchläuft, in der er sich neuen Erfahrungen langsam und vorsichtig nähert. Andere Hundehalter befinden sich zu weit am anderen Ende des Spektrums. Sie reden sich schlechtes Benehmen schön, etwa den Umstand, dass ihr Welpe die Gäste anspringt und beißt: »Das ist nur eine Phase.« Dies ist die beste Antwort, die ich auf diese Frage geben kann: Normale Welpenspiele haben eine gewisse Leichtigkeit, Tollpatschigkeit und Unschuld an sich. Der Kleine testet seine Grenzen und lernt, was er später als erwachsener Hund braucht. Deshalb können Sie unter Umständen auch bei einem normalen, gesunden Welpen zu einem beliebigen Zeitpunkt Dominanz, Aggression, Angst, Nervosität oder Unsicherheit sehen.

Sie als Hundebesitzer müssen beobachten, wie oft ein Verhalten auftritt, und vor allem wie intensiv es ist. Wenn ein Welpe mit Ihnen spielt, Sie mit dem Maul berührt oder damit erforscht, ist das völlig normal. Benimmt er sich beim Spielen aber ganz aufgedreht und bekommt von uns nicht die Rückmeldung, dass es jetzt »genug« ist, kann sich sein Verhalten bis zur Zwanghaftigkeit steigern. Denken Sie an unser Vorbild, das natürliche Hunderudel. Ein älterer Hund erlaubt einem Welpen vielleicht, seine Pfote oder sein Ohr ins Maul zu nehmen oder daran zu kauen. Doch sobald der Kleine zu ungestüm wird, fährt das erwachsene Tier herum, knurrt oder drückt ihn sogar mit den Zähnen zu Boden. Der Welpe versteht sofort. Weil wir mit Hunden nicht in der ihnen angeborenen Sprache kommunizieren, sagen wir oft: »Au! Au! Böser Hund!«, und wir weichen zurück, wenn ein Welpe zu aggressiv herumkaut. Wir verkennen, dass wir damit seinen Jagdtrieb wecken und er dann umso stärker an uns festhalten wollen wird.

Es liegt auch in der Natur des Welpen, seine Umwelt erforschen, untersuchen und verstehen zu wollen. Nehmen wir an, Ihr Kleiner hat ein Loch in den Teppich gerissen, als Sie gerade nicht hinsahen. Das kann die Folge seiner natürlichen Neugier auf seine Umwelt gewesen sein. Vielleicht hat er einen interessanten Geruch unter dem Teppich entdeckt und wollte herausfinden, was es war. Wenn Sie allerdings feststellen, dass Ihr Welpe so zielstrebig und wild an dem Teppich herumkratzt, dass er sich weder mit einem Leckerbissen noch mit etwas anderem ablenken lässt, an dem er normalerweise Freude hat, können Sie sicher sein: Er lernt gerade, dass er Frustration abbauen kann, wenn er am Teppich herumkratzt. Sobald ein Hund anfängt, sich intensiv auf etwas zu konzentrieren, um auf diese Weise Frustration oder Angst abzubauen, haben Sie es mit der Vorstufe einer Verhaltensauffälligkeit zu tun, die sich zu Zwanghaftigkeit oder einer Phobie aufschaukeln könnte. Der Schlüssel ist hier, die Aufmerksamkeit des Tiers sofort umzulenken und darauf zu achten, ihm gesunde Alternativen zum Energieabbau zu bieten – mehr Bewegung in Form von strukturierten Spaziergängen, längere Einheiten auf dem Laufband, zusätzliche Apportierspiele oder andere anstrengende Aktivitäten.

Je länger Sie den Welpen kennen und je mehr Zeit Sie mit ihm verbringen, desto deutlicher und sensibler werden Sie seine individuellen Stimmungs-, Energie- und Konzentrationsschwankungen wahrnehmen. Haben Sie bei allem, was er tut, ein Auge auf die Intensität Ihres Welpen und gebieten Sie wie ein erwachsener Hund Einhalt, bevor das spielerische Verhalten die Grenze zur Zwanghaftigkeit überschreitet. So erziehen Sie ihn zu einem Hund, der immer noch fröhlich ist, gleichzeitig aber den nötigen Respekt vor Regeln und Grenzen hat.

Menschliches Versagen

Die Adoption eines Welpen ist Ihre beste Chance, einen Hund ohne Verhaltensauffälligkeiten heranzuziehen. Aber auch hier gibt es keine uneingeschränkte Garantie. Wenn man sich nicht an die Grundregeln der Hundepsychologie hält, ist ein Welpe ebenso schnell »ruiniert« wie ein erwachsener Hund aus dem Tierheim. Meiner Ansicht nach ähneln die gängigen Fehler, die Menschen im Umgang mit Welpen machen, dem, was sie bei der Erziehung ihrer Kinder falsch machen. Sie behüten sie zu sehr, fordern zu wenig

Disziplin oder beides. Diese Fehler zeigen sich meist schon, wenn der Welpe sehr klein ist und sein Besitzer darauf besteht, ihn wie einen Primaten überall hinzutragen. Wenn man einen Welpen wie ein Baby in den Armen oder wie ein junges Känguru in einem Beutel trägt, sieht das vielleicht niedlich aus und gibt einem das Gefühl, warmherzig und fürsorglich zu sein. Für den Hund ist dies jedoch völlig unnatürlich. Eine Hundemutter trägt einen Welpen nur, um ihn von einem Ort zum anderen zu bringen, zum Beispiel aus der Wurfkiste nach draußen. Sobald sich Welpen selbst fortbewegen können, dürfen sie die Welt auch eigenständig erforschen. Das ist für sie eine wichtige Lernerfahrung. Wenn kleine Hunde nicht selbst von einem Ort zum anderen laufen dürfen, fehlt ihnen jeder Sinn für Orientierung oder ihre Umwelt. Es fällt ihnen schwerer, Zusammenhänge herzustellen. Am wichtigsten aber ist, dass sie nicht die Gelegenheit haben, jenes entscheidende Selbstvertrauen zu gewinnen, das sie bei ihren Erkundungstouren, bei Versuch und Irrtum entwickeln. Ähnliches gilt für die Angewohnheit, dem Welpen sein Futter zu bringen, statt ihn dazu anzuleiten, zum Futternapf zu kommen, und ihn die Treppe hinaufzutragen, statt ihm Gelegenheit zu geben, das Treppensteigen zu lernen. In freier Wildbahn ist ein Welpe, der die Lektionen des Lebens nicht selbstständig lernt, dem Rudel keine Hilfe. In unserer Welt fühlt sich ein solches Tier nutzlos. Es ist für einen Welpen nicht normal, alles zu bekommen, ohne es sich verdienen zu müssen. In einem solchen Fall sind Verhaltensauffälligkeiten beim erwachsenen Hund programmiert.

Juniors Fortschritte

Doch zurück zu Junior. Er ist inzwischen sechs Monate alt und wurde vor kurzem kastriert, um ihm die unangenehme Erfahrung sexueller Frustration zu ersparen. Er wächst jeden Tag, und obwohl er ebenso energiegeladen und verspielt ist wie alle normalen Welpen, zeigt er bereits eine respektvolle Gelassenheit, die Daddys Charakter sehr ähnlich ist. Junior führt das ideale Leben, weil er von seinem »Adoptivvater« erzogen, versorgt und erfüllt wird – von einem Hund, der über vierzehn Jahre Erfahrung und Weisheit verfügt. Außerdem wird er von einem Menschen versorgt, der viele Hunde großgezogen hat und die Selbstsicherheit besitzt, sich sein Vertrauen, seinen Respekt und seine Liebe zu verdienen. Junior bekommt viele Stunden Bewegung mit dem Rudel. Zu Hause spielen meine Söhne und ich regelmäßig mit ihm und fordern ihn. Seit dem dritten Lebensmonat ist er in der Sendung »Dog Whisperer« an meiner Seite. Sein erster Fall waren ein paar überreizte Hunde in Santa Barbara. Natürlich fehlt ihm noch die Lebenserfahrung, um ebenso wirkungsvoll helfen zu können wie Daddy. Gleichwohl kann er die Situation bereits einschätzen und Daddys Reaktion kopieren, der ihm im Grunde vermittelt: »Wir reagieren nicht auf überdrehte Hunde. Wir ignorieren sie.« Junior lernt erstaunlich schnell. Ich vermute, dass er eines Tages die Rehabilitation von Artgenossen sogar besser beherrschen wird als Daddy. Und das nicht nur, weil er Zugang zu der Weisheit hat, die dieser im Laufe seines Lebens gesammelt hat. Auch ich bin inzwischen ein besserer Hundeführer als vor vierzehn Jahren, als Daddy in mein Leben trat, dem ich diese Entwicklung auch zu einem großen Teil zu verdanken habe. Daddy war der größte Guru, den ich je hatte.

Ist es tatsächlich möglich, den »perfekten Welpen« großzuziehen? Ich halte Mutter Natur für perfekt. Gleichgewicht ist perfekt. Und ich behaupte, dass wir in der Tat eine perfekte Beziehung zu unseren Hunden aufbauen können, wenn wir sie mit Bewegung, Disziplin und Zuneigung erziehen. Wenn wir ihnen Regeln und Grenzen geben. Und wenn wir ihnen sowohl Beständigkeit als auch täglich neue Herausforderungen bieten. Unter »Perfektion« verstehe ich Frieden und Freude, Verbundenheit und Verständnis. Perfektion ist das Wissen darum, wie man das Leben eines anderen Geschöpfs erfüllt und dabei selbst glücklicher wird, weil man die Herausforderung erfolgreich bewältigt. Dies ist mein Verständnis von Perfektion, und danach strebe ich auch in dem Leben, das meine Familie und ich mit Junior teilen werden.

Cesar und die Familie Valesquez

5

Die Hausordnung

So legen Sie Regeln und Grenzen fest

Sobald der neue Hund bei Ihnen zu Hause eintrifft, müssen Sie eine klare Hausordnung festlegen. In einem Hunderudel hat jedes Tier die Pflicht, die Regeln der Gemeinschaft aufrechtzuerhalten und weiter zu festigen. Daher besteht Ihre wichtigste Aufgabe darin, erneut den Familienrat einzuberufen und über die neue Hausordnung zu entscheiden. Alle Hausbewohner, von den Kleinkindern bis hin zu den betagten Senioren, müssen die Regeln kennen und konsequent einhalten. Viele meiner Klienten notieren die Vorschriften (sowie Hinweise für ihre Durchsetzung) und platzieren sie an exponierten Stellen im Haus. Zum Beispiel: »Sparky darf nicht auf die Samtcouch. Kommando: Runter!« Oder: »Sparky bekommt sein Futter erst, wenn er ruhig dasitzt.« In Ihrem Haus sind Sie der Boss. Deshalb haben Sie auch das Recht, nach Belieben Regeln aufzustellen, die Ihnen hinsichtlich des Lebensstils Ihrer Familie sinnvoll erscheinen. Dennoch möchte ich vorschlagen, dass für Familienhunde grundsätzlich einige allgemeine Grenzen gelten sollten. Die

Die Hausordnung – Cesars Empfehlung

- Kein Zwicken oder Beißen (sofern es nicht im Spiel herausgefordert wurde).
- Kein Ziehen oder Zerren beim Spazierengehen.
- Kein Anspringen von Gästen oder Familienmitgliedern.
- Kein »Hüten« von Gästen oder Familienmitgliedern.
- Kein Weckdienst (Sie bestimmen, wann Sie aufwachen – nicht Ihr Hund).
- Kein Stibitzen menschlicher Nahrung von Anrichten oder Tischen.
- Kein Winseln oder Betteln, wenn die Familie isst.
- Kein Stehlen oder Zerstören von menschlichem Besitz.
- Kein Vereinnahmen des Betts eines Menschen.

hier genannten Regeln entsprechen durchweg dem, was ein dominanter Hund oder Rudelführer von rangniedrigeren Rudelmitgliedern verlangen würde (siehe Kasten).

Meiner Ansicht nach gibt es ein weiteres »Muss« für das psychische Wohlbefinden eines Hundes. Der Rudelführer hat dafür zu sorgen, dass das Rudelmitglied sich jeden Tag von neuem Futter und Wasser verdienen muss. In freier Wildbahn kaufen Hunde kein Trockenfutter im Lebensmittelladen. Sie gehen nicht ins Restaurant, wenn sie Hunger haben. Sobald sie alt genug sind, mit dem Rudel zu jagen, lernen sie, dass es ihre Lebensaufgabe ist, sich Nahrung und Wasser zu »erlaufen«. Sie ziehen gemeinsam umher und legen manchmal viele Kilometer zurück, bis sie Nahrung finden. Nach dem Fressen feiern sie zusammen und ruhen sich aus. Mutter Natur hat diesen Ablauf tief in den Hunden verankert. Wenn die Tiere dieser Routine folgen, sind sie mit sich zufrieden und haben die Gewissheit, dass sie eine wichtige Aufgabe erledigen müssen und zum Überleben des Rudels beitragen. Wenn wir uns aus dem Bett rollen und unsere Hunde füttern, bevor sie die Gelegenheit hatten, sich ihr Fressen zu verdienen, zerstören wir einen sehr wichtigen Pfeiler ihres Selbstwertgefühls. Ich empfehle Ihnen deshalb, den Hund vor dem Füttern mindestens dreißig Minuten auszuführen.

Vor allem aber gilt: Jede Disziplin beginnt mit Konsequenz! Werden Regeln nicht von allen menschlichen Rudelführern konsequent durchgesetzt, kann man kaum erwarten, dass sich die Hunde lückenlos daran halten. Wenn Sie Ihrem Hund Regeln und Grenzen vermitteln möchten, müssen Sie zunächst für ein geregeltes Leben sorgen, in dem alle diese Vorschriften ihren Sinn haben.

So erstellen Sie einen Plan für die ganze Familie

Wenn alle um den Küchentisch versammelt sind, um den Tagesablauf des Hundes zu besprechen, holen Sie Papier und Bleistift (oder starten das Excel-Programm auf dem Computer). Gehen Sie nun die Termine aller Familienangehörigen durch und prüfen Sie, wessen Lebensstil sich am besten mit den einzelnen Aufgaben vereinbaren lässt, die bei der Versorgung des Hundes anfallen. Wer steht morgens zuerst auf? Wer hat am meisten Zeit für die längsten Spaziergänge des Tages? (Nicht vergessen: Ihr Hund braucht unabhängig von der Größe Ihres Gartens oder davon, ob Ihre Kinder täglich mit ihm Frisbee spielen, mindestens zwei dreißigminütige Spaziergänge am Tag!) Wer geht zuletzt zu Bett? Falls ein Familienmitglied keine Verantwortung übernehmen will, erinnern Sie ihn oder sie daran: Da sich die ganze Familie für den Hund entschieden hat, müssen auch alle Angehörigen nach ihren Möglichkeiten dazu beitragen, das Leben des Hundes zu erfüllen und sicherzustellen, dass er sich reibungslos ins Familienrudel einfügt.

Das folgende Beispiel zeigt, wie eine fiktive Familie einen erfolgreichen Plan zur Versorgung ihres erwachsenen Hundes erstellt – des fünfjährigen Terriers Sparky mit hohem Energieniveau. Nehmen wir an, die fünfzehnjährige Caitlin steht morgens um 5.15 Uhr auf, muss aber schon um 6.00 Uhr beim Leichtathletiktraining sein. Die anderen Hausbewohner schlafen mindestens bis 6.30 Uhr. Caitlin erklärt sich bereit, eine Viertelstunde früher aufzustehen und etwa zehn Minuten mit Sparky bis zum Ende der Straße zu gehen und wieder zurück, damit er sein Geschäft verrichten kann. Diese Spaziergänge am frühen Morgen schenken dem vielbeschäftigten Teenager ein paar ruhige Minuten, um den Kontakt zu Sparky zu verbessern und ihn daran zu erinnern, dass auch sie einer seiner Rudelführer ist, obwohl sie nicht oft zu Hause ist. Bevor Caitlin zur Tür hinauseilt, versorgt sie Sparky mit Wasser und vergewissert sich, dass er ruhig auf seinem Hundebett liegt.

Um 6.30 Uhr wacht Vater Eddie auf. Er hat es eilig, weil er für die zehnjährigen Zwillinge Tom und John das Frühstück richten und dafür sorgen muss, dass sie mit ihm um 7.30 Uhr das Haus verlassen. Da Sparky bereits Gassi war und Wasser bekommen hat, müssen sie in dieser Zeit nur darauf achten, dass er sich – trotz des Durcheinanders – ruhig und unterordnungsbereit im Hintergrund hält, und ihn dafür mit Zuneigung belohnen. Um 8.00 Uhr kommt Mutter Betty die Treppe herunter. Sie hat an den Wochentagen von 19.30 bis 23.30 Uhr Spätschicht. Betty macht sich schnell eine Tasse Kaffee und bricht dann mit Sparky zu einem flotten

45-minütigen Spaziergang auf. Im Anschluss daran füttert sie ihn. Dabei achtet sie darauf, dass er ruhig und unterordnungsbereit ist, ehe sie ihm sein Fressen gibt. Da Betty den Rest des Vormittags Besorgungen erledigt und am frühen Nachmittag einen Computerkurs besucht, vergewissert sie sich, dass Sparky friedlich daliegt, bevor sie geht.

Um 14.30 Uhr ist sie dann rechtzeitig wieder zu Hause, um Tom und John in Empfang zu nehmen, wenn sie aus dem Schulbus steigen. Jetzt sind die Zwillinge an der Reihe. Sie schwingen sich auf ihre Räder, Sparky läuft neben ihnen her. Ihr Ziel ist der etwa zwanzig Minuten entfernte Hundepark, wo sie ihm zusehen, wie er eine weitere halbe Stunde mit seinen Freunden spielt. Anschließend radeln sie noch einmal zwanzig Minuten nach Hause, wo Sparky sein Wasser bekommt und die Jungs sich zurückziehen, um ihre Hausaufgaben zu machen.

Caitlin hat nach der Schule noch weitere Verpflichtungen. Deshalb kommen sie und Eddie etwa zur selben Zeit nach Hause – gegen 18.00 Uhr. Caitlin geht nach oben, um mit den Hausaufgaben zu beginnen. Der Familienvater entspannt sich, indem er etwa zehn Minuten mit Sparky im Garten Frisbee spielt. Die Familie isst gemeinsam zu Abend. Sparky ist von den nachmittäglichen Aktivitäten erschöpft und rollt sich unterdessen nach ein paar gesunden Leckerbissen auf seinem Bett zusammen. Dann muss Mama schleunigst zur Arbeit. Caitlin geht früh zu Bett, während ihr Vater und die Zwillinge unten fernsehen, bis die Buben gegen 21.30 Uhr schlafen gehen. Sparky ist ruhig und unterordnungsbereit und darf deshalb mit den Zwillingen auf dem Sofa kuscheln. Gegen 22.00 Uhr geht Vater Eddie eine weitere Viertelstunde mit dem Hund vor die Tür. Er läuft mit ihm bis zum Ende der Straße, damit Sparky sein Geschäft ma-

Die Aufgabenverteilung innerhalb der Familie bei der Versorgung Sparkys
Tagesplan Montag bis Freitag

Zeit	**05.00 Uhr**	**08.30 Uhr**	**09.30 Uhr**	**14.30 Uhr**
Caitlin	10 Minuten Gassi gehen. Wasser.			
Zwillinge				40 Minuten Radfahren zum Hundepark und zurück. 20 Minuten im Hundepark (oder ähnliche Bewegung und Aktivitäten). Wasser.
Mama		45 Minuten spazieren gehen	Fütterungsritual und Wasser. Vor dem Verlassen des Hauses darauf achten, dass der Hund ruht.	
Papa				

chen kann. Anschließend geht Eddie nach oben, um im Bett noch ein wenig zu lesen. Wenn Mama Betty nach 23.30 Uhr nach Hause kommt, bringt sie Sparky bei Bedarf ein letztes Mal nach draußen. Bevor auch sie schlafen geht, vergewissert sie sich, dass er genügend Wasser hat und ruhig auf seinem Hundebett liegt.

Im Kasten finden Sie eine Übersicht über die Woche unserer Familie. Natürlich haben wir es hier mit einem fiktiven

18.00 Uhr	20.00 Uhr	22.00 Uhr	23.30 Uhr
	Beim Fernsehen nur dann mit dem Hund kuscheln, wenn er ruhig und unterordnungsbereit ist.		
			Bei Bedarf mit dem Hund Gassi gehen. Wasser. Hund zu Bett bringen.
Im Garten Frisbee spielen. Wasser.		15 bis 20 Minuten spazieren gehen. Vor dem Zubettgehen darauf achten, dass auch der Hund ruht.	

Fall zu tun. Trotzdem möchte ich daran zeigen, dass auch vielbeschäftigte Familien mit vereinten Kräften das Leben eines Hundes glücklich und erfüllend machen können. Der vorliegende Plan verschafft Sparky reichlich Bewegung. Er ruht, wenn er allein ist, und hat regelmäßig die Chance, seine Beziehung zu allen Rudelmitgliedern zu vertiefen. Er bekommt Bewegung, Disziplin und Zuneigung – im richtigen Verhältnis.

Wochenenden, Feiertage und besondere Anlässe

In der Hundewelt gibt es weder Wochenenden noch Feiertage. Hunde können auch nichts mit der Vorstellung anfangen, sich einen Tag »freizunehmen«. Sie arbeiten tagtäglich für Futter und Wasser und gehen davon aus, dass Regeln und Grenzen durchgehend einzuhalten sind. Deshalb gilt: Nur weil Wochenende ist, heißt das noch lange nicht, dass sich die Mitglieder Ihrer Familie vor ihren Pflichten bezüglich des Hundes drücken können. Aber ein Hund ist auch eines der anpassungsfähigsten Tiere in der Natur. Eine Routine lässt ihn zwar aufleben, aber er muss – und will! – nicht ein Leben lang täglich zur gleichen Zeit das Gleiche tun. Hunde lieben neue Abenteuer und Herausforderungen! Die Grundstruktur ihres Lebens sollte zwar gleich bleiben, aber die Tage sollten sich nicht bis ins Detail gleichen.

Im Fall unserer fiktiven Familie könnten sich die Zwillinge an einigen Wochentagen unter Umständen die Aufgabe teilen, sich nachmittags um Sparky zu kümmern, zum Beispiel wenn einer von ihnen zum Training muss oder einen Freund besuchen will. So können sie auch verschiedene kreative Möglichkeiten ausprobieren, dem Hund Bewegung zu verschaffen, und ihn gleichzeitig darauf konditionieren, an neuen Aktivitäten Gefallen zu finden. Sparky muss auch nicht jeden Morgen um 5.00 Uhr aufstehen. Er kann durchaus verstehen lernen, dass er ruhig bis – sagen wir – 7.30 Uhr warten muss, falls Caitlin nicht gleich um 5.00 Uhr morgens die Treppe herunterkommt. Am Samstag steht sie vielleicht erst um 7.30 Uhr auf, um eine Stunde allein zu joggen. An einem solchen Tag kann sie Sparky mitnehmen und so die Bindung zwischen zwei Familienmitgliedern stärken, die nur selten etwas mehr Zeit miteinander verbringen. An diesen Tagen bitten die Zwillinge vielleicht um das Privileg, Sparky füttern zu dürfen, bevor sie zu ihren Unternehmungen aufbrechen. Am Sonntagmorgen geht die ganze Familie zusammen in die Kirche. Sparky muss natürlich zu Hause bleiben. Deshalb bietet der Vater an, freiwillig früher aufzustehen und mit Sparky spazieren zu gehen, bevor alle zur Kirche aufbrechen. Variationen dieser Art machen das Leben des Hundes interessanter und geben allen Familienmitgliedern die Chance, die unterschiedlichen Dimensionen dessen zu erfahren, was es heißt, ein Rudelführer in Sparkys Leben zu sein. Entscheidend ist, dass die Grundroutine gleich bleibt und das Tier jeden Tag ungefähr zur selben Zeit ein Minimum an ursprünglicher Bewegung bekommt, um sich Futter und Wasser zu erarbeiten.

Das Wochenende ist auch hervorragend geeignet, um rassespezifische Herausforderungen in die Routine des Hundes einzubauen.[1] Vielleicht können Mama und die Jungs am Sonntagnachmittag nach der Kirche mit Sparky einen Agility-Kurs besuchen. Oder die ganze Familie unternimmt einen langen Spaziergang mit ihm und nimmt ihn anschließend mit zur Großmutter, die im nächsten Ort lebt. Sie hat einen älteren Hund, mit dem Sparky sehr gern spielt. Allerdings ist das Energieniveau des Hundeseniors niedriger als das des Terriers. Deshalb achtet die Familie darauf, mit Sparky vorher einen extralangen Spaziergang oder Lauf zu unternehmen, bevor die beiden Hunde miteinander spielen dürfen. Je mehr Sie das Leben Ihres Hundes mit Herausforderungen und neuen Abenteuern bereichern, desto erfüllter und anpassungsfähiger wird er. Der Schlüssel aber ist eine allgemeine Beständigkeit und eine grundsätzliche Hausordnung, die immer gleich bleibt.

Das Rudel einen

Ich bin der Ansicht, Hunde sollten eine Familie verbinden, nicht spalten. Ich werde viel zu oft gebeten, einer Familie zu helfen, in der das unkontrollierbare Verhalten eines Hundes scheinbar alle Angehörigen gegeneinander aufbringt. Dies finde ich traurig, denn ich glaube, Hunde wurden uns geschenkt, damit wir wieder Zugang zu unserer animalischen Natur, unserer Intuition und unseren Rudelinstinkten bekommen. Sie sollten die Kommunikation innerhalb einer Familie verbessern und den Familienmitgliedern beibringen, wie man zusammenarbeitet. Sie sollten keinesfalls ein Hindernis sein, das es zu überwinden gilt. Wenn ein Hund eine Familie spaltet, bekommt man nicht nur untereinander Probleme, sondern auch ein gestörtes Tier.

Ein gespaltener Haushalt

Shelley Gottlieb ist Innenarchitektin und wohnt mit ihrer Schwester, ihrem Schwager, ihren beiden Neffen, ihrer Mutter, drei Hunden und einer Katze in einem großen, eleganten Haus im San Fernando Valley. Sie tun das, was Familien eben tun, die zusammenhalten – sie helfen einander, eine Übergangsphase zu bewältigen. Sowohl Shelley als auch ihre Schwester Deborah und ihr Schwager Mike Jacobson sparen Geld, und das Haus ist groß genug für alle. Angesichts der Tatsache, dass hier sechs Menschen auf so engem Raum zusammenleben, kommen alle recht gut miteinander zurecht. Schwierigkeiten macht nur eine einzige Mitbewohnerin: Shelleys zehn Jahre alte Chihuahua-Hündin Peanut.

Der nervöse, unfreundliche Hund bellt nicht nur endlos, sobald es an der Tür klingelt, und knurrt alle Leute an oder schnappt nach jedem, der zufällig die Schwelle überschreitet. Peanut lässt ihre schlechte Laune auch an ihren Mitbewohnern aus. Shelley hatte den kleinen Hund vor zehn Jahren von ihrer Familie geschenkt bekommen. Aber als ich den ausgedehnten Gottlieb-Jacobson-Clan kennenlernte, war ausgerechnet dieser kleine Hund im Begriff, die Familie auseinanderzureißen.

Peanuts Territorialverhalten richtete sich vor allem gegen Shelleys Schwager Mike. Sobald er ein Zimmer betrat, begann die Hündin zu bellen und zu knurren und hörte erst auf, wenn er es wieder verließ. Inzwischen konnten sich Mike und Shelley fast nicht mehr im selben Raum aufhalten. Nebeneinander sitzen, zum Beispiel auf demselben Sofa, konnten sie schon gar nicht. Es versteht sich von selbst, dass diese Angelegenheit alle Beteiligten enorm belastete. Hinzu kam ein weiteres Problem. Mikes ruhiger und unterordnungsbereiter gelber Labrador Scout folgte ihm auf Schritt und Tritt. Und sobald Peanut anfing, Mike anzukläffen, ging Scout dazwischen und begann seinerseits, den Chihuahua anzubellen. Der Lärm im Haus war ohrenbetäubend, und die Bewohner waren an der Grenze ihrer Belastungsfähigkeit.

»Ich mache mir Sorgen, dass der Stress zu viel für sie ist«, sagte Shelley über Peanut und bemühte sich, die Tränen zurückzuhalten. »Sie ist nicht mehr die Jüngste, und das ist sicher nicht gut für sie.« Da stimmte ich ihr zu. Ein unerfülltes Tier, das sich ständig in Alarmbereitschaft befindet, ist nicht glücklich. Und Stresshormone schaden dem Hund ebenso sehr wie dem Menschen.

Als ich den Gottlieb-Jacobson-Clan kennenlernte, spürte

ich sofort die Energie eines chaotischen Haushalts. Obwohl die Hausbewohner einander liebten, kamen, gingen und taten sie im Grunde, wie es ihnen passte. Verbindliche Regeln, die für die ganze Familie galten, gab es nicht. Wir vergessen oft, dass sich die Energie der menschlichen Hausbewohner auf die Tiere überträgt, die bei ihnen leben und die sich daraufhin entsprechend anpassen. Wie es schien, war Peanut für diese chaotische Energie besonders empfänglich. Sie schnappte den Stress und die Anspannung aller Bewohner auf und spiegelte sie in ihren dominanten, territorialen Wutausbrüchen unmittelbar wider.

Aber der Ursprung des Problems lag bei Shelley. Sie betrachtete Peanut als *ihren* persönlichen Hund. Außerdem sandte sie ihm eine sehr schwache, zögerliche Energie, als wolle sie vermeiden, ihn aufzuregen. Das verursachte zwei große Probleme. Erstens benahm sich Shelley nicht wie ein Teil des Rudels. Es spielt keine Rolle, wie unabhängig die Mitglieder eines Haushalts sind. Sobald wir einen Hund in eine Wohngemeinschaft einführen, muss er allen Bewohnern gleichermaßen gehören, und alle müssen die Position des Rudelführers ausfüllen. Hunde verstehen das mühelos. Wir müssen es ihnen nur mitteilen.

»Der Hund weiß nicht, dass er ein Geschenk war«, erklärte ich Shelley. »Er weiß nur, dass er in eine bestimmte Umgebung gekommen ist, in der jeder eine andere Energie hat und anderen Beschäftigungen nachgeht. Er denkt sich: ›Jetzt bin ich aber verwirrt! Eigentlich sollte ich doch in einem ausgeglichenen Rudel leben!‹« Peanut war in dem Glauben aufgewachsen, sie und Shelley bildeten ein von den anderen Hausbewohnern getrenntes Rudel. Sie hielt es für ihre Pflicht, Shelley zu beschützen und zu dominieren. Alle anderen empfand sie entweder als Bedrohung oder als Rivalen. Kein Wunder, dass man sie nicht zur beliebtesten Mitbewohnerin kürte! Shelley hatte ein Tier herangezogen, das den Haushalt spaltete, weil es dies als seine Aufgabe empfand.

Als ich mich mit Shelley und Mike – Peanuts Erzfeind – zu einem Gespräch hinsetzte, hielt dieser mit seinen Gefühlen gegenüber der Hündin nicht hinter dem Berg. »Im Augenblick hasse ich sie geradezu«, sagte er. Hunde spiegeln uns das, was sie von uns bekommen, und Mike verschlimmerte die Situation noch, indem er Peanut neckte, wenn sie nach ihm schnappen wollte, und so ihren Frustrations- und Stresspegel in ungeahnte Höhen trieb. Ich erklärte Mike, wenn er mit Scout das Zimmer betrat und dieser versuchte, sich zwischen ihn und Peanut zu stellen, verhielte sich nur einer von ihnen richtig. Und das war Scout. Er spielte den Vermittler. Diese Rolle wird häufig von Hunden in der Mitte der Rudelhierarchie übernommen. Genau wie das mittlere Kind einer Familie fragte sich Scout, weshalb die anderen nicht einfach miteinander auskommen konnten. Während sich Mike und Peanut benahmen, als gehörten sie zwei verschiedenen Rudeln an, versuchte Scout, alle Beteiligten zur Zusammenarbeit zu bewegen. Er war sehr viel klüger als alle menschlichen Hausbewohner, und ich war da, um ihm zu helfen.

So bilden Sie ein Familienrudel

Konstellationen wie im Haus der Gottlieb-Jacobsons sind in Familien mit Hunden häufig, wenn ein Angehöriger das Tier für sich beansprucht. Oft muss ich versuchen, verschiedene »Rudel« unter einem Dach zu einen. Wenn unsere Hunde ruhig und ausgeglichen sein sollen, dürfen wir sie nicht in

So verwandeln Sie eine gespaltene Familie in ein Rudel

- Verlangen Sie, dass sich alle Familienmitglieder konsequent an die Regeln halten.
- Vergewissern Sie sich, dass sich alle an der Versorgung des Hundes beteiligen und ihm Erfüllung schenken.
- Geben Sie allen Angehörigen die Chance, mindestens einmal pro Woche einen längeren Spaziergang mit dem Hund zu machen.
- Wechseln Sie sich von Zeit zu Zeit bei den Pflichten zur Versorgung des Hundes ab.
- Gestatten Sie dem Hund keinesfalls, sich anderen Familienmitgliedern gegenüber »respektlos« zu verhalten.
- Bringen Sie allen Angehörigen bei, eine ruhige und bestimmte Energie auszustrahlen.

Situationen bringen, in denen sie sich für die eine und gegen die andere Seite der Familie entscheiden müssen. Das macht die restlichen Familienmitglieder zu Rivalen oder Angriffszielen und zwingt den Hund, im eigenen Heim stets wachsam zu sein – dem Ort, an dem er in der Lage sein sollte, sich zu entspannen und ruhig und unterordnungsbereit zu bleiben. Natürlich ist es schön, einen Hund zu haben, der uns von allen »am liebsten mag«. Doch das ist weder dem Tier noch dem Wohle des Rudels zuträglich.

Von einem Hund bekommen Sie alles zurück. Wenn Sie ihm Chaos geben, werden Sie ein Vielfaches davon ernten. In Peanuts Fall lehrte ich Mike und Shelley, wie sie zusammenarbeiten und dem Hund die gleiche ruhige und bestimmte Energie schicken konnten. Shelley musste bestimmter, Mike ruhiger werden. Es war an der Zeit, dass alle zu ihren Gefühlen und Energien standen. Mike war wütend und bitter. Shelley fühlte sich frustriert und bezwungen. Für einen Hund sind alle diese Gemütszustände eine unausgeglichene Energie, die er entweder dominieren oder angreifen muss. Shelley musste anfangen, sich als Quelle einer harmonischen und nicht einer chaotischen Energie zu sehen. Mike musste aufhören, sich als Angriffsziel zu fühlen.

Anschließend brachte ich allen Familienangehörigen bei, Peanut zu korrigieren, wenn ihr neurotisches Verhalten auszuufern drohte. Obwohl Peanut schon zehn Jahre alt war, war sie – wie alle Hunde – stets bereit, ins Gleichgewicht zurückzukehren. Shelley und Mike erwiesen sich als hervorragende Schüler. Als das »Dog-Whisperer«-Team und ich Mittagspause hatten, arbeiteten sie weiter mit Peanut und sahen mit eigenen Augen, dass sie den Chihuahua auch ohne den Hundeflüsterer im Griff hatten! Zwei Monate nach meinem Besuch berichtete Familie Gottlieb-Jacobson, der Hund sei wie ausgewechselt und es sei nun viel friedlicher im Haus.

So setzen Sie die Regeln durch

In meinen ersten Büchern *Tipps vom Hundeflüsterer* und *Du bist der Rudelführer* erkläre ich ausführlich, wie man einem Hund Grenzen vermittelt und mit allen Verhaltensauffälligkeiten fertigwird, die auftreten können. Alle Familienmitglieder sollten über die folgenden grundsätzlichen Fähigkeiten verfügen, um das Verhalten eines Hundes jederzeit im Griff zu haben:

- Machen Sie sich eine klare Vorstellung vom erwünschten Verhalten.

- Vermitteln Sie deutlich und konsequent, welches Verhalten Sie erwarten. Energie, Absicht und Körpersprache sind dabei wichtiger (und für Ihren Hund verständlicher) als verbale Kommandos.
- Ignorieren Sie ein geringfügiges Fehlverhalten, indem Sie den Hund weder anfassen noch ansprechen – noch ansehen (wenn die Bestätigung ausbleibt, korrigiert er sich für gewöhnlich selbst).
- Korrigieren Sie offenkundigeres Fehlverhalten umgehend und konsequent.
- Bewahren Sie eine ruhige und bestimmte Energie, wenn Sie Ihren Hund korrigieren. Nehmen Sie sein Fehlverhalten niemals persönlich!
- Bieten Sie einem Hund stets eine akzeptable Alternative, wenn Sie unerwünschtes Verhalten korrigieren.
- Belohnen Sie gutes Benehmen – mit Zuneigung, Leckerbissen, Lob oder einfach Ihrer stillen Freude und Anerkennung, die Ihr Hund sofort spürt und versteht.

Anspringen

Ein Verhalten, das Sie stets unterbinden sollten, ist das Anspringen. Sorgen Sie dafür, dass Ihr Hund es sich nicht zur Gewohnheit macht, an Ihnen, Ihren Kindern oder Gästen hochzuspringen. In der Hundewelt wäre das Anspringen eines Neuankömmlings im Rudel oder des heimkehrenden Rudelführers der Gipfel der Unhöflichkeit und Respektlosigkeit. Trotzdem behaupten meine Klienten stets vehement, ihre Tiere »freuten« sich lediglich, sie zu sehen – obwohl sie ihre Besitzer fast umwerfen, wenn diese am Abend über die Schwelle treten. Falls Ihr Hund alle Menschen anspringt, die zur Haustür hereinkommen, sagt er Ihnen damit, dass er überreizt ist. Vielleicht hat er zu viel aufgestaute Energie und nicht genügend Bewegung. Leider unterstützen die Leute diese Hyperaktivität oft noch, indem sie dem Hund Zuneigung schenken, wenn er sie anspringt, oder indem sie ihm beim Öffnen der Tür zurufen: »Hey, Kumpel, wir sind wieder da!« Wenn ein Hund Sie und Ihre Gäste anspringt, verrät er Ihnen auch, dass ihm die Regeln und Grenzen fehlen, um wirklich friedlich und ausgeglichen leben zu können. Unter Umständen will er auch allen Neuankömmlingen zweifelsfrei mitteilen, dass er hier das Sagen hat.

Hier sind einige Vorschläge, wie Sie dieses unerwünschte Verhalten unterbinden können:

- *Verschaffen Sie Ihrem Hund ausreichend Bewegung.* Das Anspringen kann ein Zeichen von Hyperaktivität sein, was wiederum die Folge aufgestauter Energie ist. Bewegung ist ein geeignetes Ventil.
- *Nicht anfassen, nicht ansprechen, nicht ansehen.* Überschütten Sie Ihren Hund nicht mit Zuneigung, wenn Sie nach Hause kommen. Mit dem Anspringen will er oft nur Ihre Aufmerksamkeit erregen. Wenn Sie ihm diesen Wunsch erfüllen, bestätigen Sie sein Verhalten. Oft ist es eine wirksame Strategie, den Hund zu ignorieren, bis er sich wieder beruhigt hat.
- *Korrigieren Sie ungezogenes Verhalten.* Wenn das Anspringen überhandnimmt, reicht es unter Umständen nicht, das Verhalten nur zu ignorieren. Sie müssen einen Hund immer sofort korrigieren. Streichen Sie keinesfalls den Ausflug in den Hundepark am nächsten Tag und teilen Sie ihm auch nicht mit, dass er später keinen Leckerbissen bekommen wird. Schlagen oder verletzen Sie Ihren Hund

niemals. Korrigieren Sie ihn stattdessen mit einem Geräusch, mit Ihrer Energie, mit Blicken oder einer »Berührung«.

Tischmanieren

In der Welt der Hunde sind Mahlzeiten Rituale mit großer Bedeutung. Wenn sie bei uns leben, können wir diese Zeit gut dazu nutzen, um einerseits Kontakt zu ihnen aufzunehmen und sie andererseits zu gutem Benehmen anzuhalten. Im Hunderudel respektieren niederrangige Rudelmitglieder stets die Nahrung derjenigen, die in der Rangordnung über ihnen stehen. Niemand stört den Rudelführer beim Fressen! Wenn Sie klare Regeln und Grenzen für das Fütterungsritual aufstellen, versorgen Sie Ihren Hund nicht nur mit Nahrung, sondern verhelfen ihm auch zu einem ausgeglicheneren und glücklicheren Leben.

Soziale Umgangsformen

Oft fehlen den schweren Fällen, die ich zur Rehabilitation ins Dog Psychology Center hole, jegliche soziale Umgangsformen. Das heißt, sie sind weder mit den Grundregeln noch der Etikette vertraut, die es ihnen erlaubt, mit anderen Hunden (und manchmal auch Menschen) zusammen zu sein und ihre Gesellschaft zu genießen. Der typische Klient sagt: »Mein Hund ›mag‹ einfach keine anderen Hunde, aber sonst ist er perfekt.« Ich muss ihm dann schonend beibringen, dass ein Hund, der keine Artgenossen »mag«, alles andere als perfekt ist. Mutter Natur hat den Hund als sozi-

Die häufigsten Fehler beim Füttern

- *Der Hund muss nicht für sein Futter arbeiten.* In freier Wildbahn müssen sich alle Tiere Futter und Wasser verdienen. Für Hunde bedeutet das, auf Nahrungssuche umherzustreifen. Sie können diese Erfahrung nachahmen, indem Sie einen langen Spaziergang mit Ihrem Hund unternehmen. Fordern Sie ihn vor dem Füttern ordentlich heraus, sodass er im Einklang mit Mutter Natur leben kann.
- *Die Fütterung wird mit Erregung verknüpft.* Viele Menschen sprechen und gestikulieren aufgeregt, wenn sie ihren Hund füttern. Damit versetzen sie ihn in Erregung und steigern diese sogar noch weiter, was Schwierigkeiten verursachen oder bereits vorhandene Probleme verschärfen kann. Bleiben Sie ruhig und verlangen Sie von Ihrem Hund, vor dem Füttern eine *ruhige* Energie zu bewahren.
- *Negatives Verhalten wird belohnt.* Erregung ist nur einer der Zustände, die man nicht mit Futter belohnen sollte. Die Aussicht auf Nahrung macht Hunde häufig furchtsam, territorial oder aggressiv. Wenn Sie einen Hund füttern, während er ein unschönes Verhalten an den Tag legt, verstärken Sie es – und es wird sich wahrscheinlich wiederholen.
- *Es fehlt die Routine.* Verlangen Sie von Ihrem Hund, ruhig sitzen zu bleiben, während Sie den Napf füllen. Wenn er ruhig dasitzt, eine ruhige und unterordnungsbereite Energie ausstrahlt und keine negativen Verhaltensweisen zeigt, stellen Sie ihm den vollen Napf hin. Einige meiner Klienten finden diese Routine zu starr, aber aus der Perspektive Ihres Hundes betrachtet ist ein solches Verhalten instinktiv. Die Sammlung von Geist und Körper versetzt das Tier in einen natürlicheren, ausgeglicheneren Zustand.

ales Wesen erschaffen. Von gesunden, ausgeglichenen Tieren wird erwartet, dass sie neugierig aufeinander sind. Dass sie einander beschnuppern, um sich einen Eindruck von der Energie, dem Lebensstil und der Geschichte des anderen zu verschaffen. Dass sie miteinander spielen.

Oft verstärken die Besitzer das dissoziale Verhalten ihrer Hunde, indem sie die Tiere trösten, wenn sie Artgenossen anknurren oder sich vor ihnen ducken. Indem sie sie auf den Arm nehmen und aus der Situation mit den anderen Tieren befreien. Oder indem sie dem Kontakt mit Artgenossen gänzlich aus dem Weg gehen. Ein dissozialer Hund ist immer unglücklich und nervös und kann sich nicht daran freuen, ein Hund zu sein, indem er mit seinen Artgenossen hundetypischen Beschäftigungen nachgeht. Wenn Sie das Glück haben, einen Welpen großziehen zu dürfen, können Sie schon früh damit beginnen, ihn mit ausgeglichenen, freundlichen Hunden, unterschiedlichen Menschen und sogar anderen Tieren bekanntzumachen. Doch so mancher Hund aus dem Tierheim oder der Tiernothilfe hat bereits dissoziale Neigungen. Es ist aber fast immer möglich, ihr Sozialverhalten zu normalisieren. Bisweilen erfordert dies jedoch ein wenig Geduld. Ich empfehle folgende Aktivitäten:

- Achten Sie darauf, dass Ihr Hund viel ursprüngliche Bewegung bekommt, bevor Sie ihn mit Artgenossen bekanntmachen. Erweitern Sie bei Bedarf seine Bewegungsroutine und lassen Sie ihn beim Spazierengehen einen Hunderucksack tragen, fahren Sie auf dem Rad neben ihm her, oder gehen Sie mit ihm zum Inlineskaten, damit er sich von aufgestauter, frustrierter Energie befreien kann.
- Wählen Sie nur Spielkameraden, die das gleiche oder ein etwas niedrigeres Energieniveau haben als Ihr Hund. Ver-

gewissern Sie sich, dass der von Ihnen eingeladene Artgenosse energetisch ruhig, unterordnungsbereit und ausgeglichen ist.

- Unternehmen Sie stets einen Rudelspaziergang, ehe Sie zwei Hunde miteinander bekanntmachen. Am Anfang sollte sich der eine rechts, der andere links von Ihnen befinden. Nachdem Sie den gemeinsamen Rhythmus gefunden haben, nehmen Sie beide Leinen in eine Hand, sodass die beiden nebeneinander herlaufen. Der Rudelspaziergang ist die beste Möglichkeit, eine Bindung zwischen Mensch und Hund, aber auch zwischen zwei Hunden herzustellen.
- Falls Ihr Hund dazu neigt, sofort zurückzuweichen oder Artgenossen feindselig anzustarren, sollten Sie ihm helfen, zu einer natürlichen Kommunikation in der Reihenfolge »Nase, Augen, Ohren« zurückzufinden. Bleiben Sie ruhig, behalten Sie die Kontrolle über die Situation und führen Sie die beiden Hunde so, dass der eine das Hinterteil des anderen beschnuppern kann. Dieses Ritual entspricht in etwa der menschlichen Konvention, einander die Hand zu schütteln oder sich zu verbeugen. In der Hundewelt bleiben die Tiere abwechselnd ruhig stehen, ordnen sich dem anderen symbolisch unter und lassen sich von ihm beschnuppern.
- Lassen Sie Ihren Hund angeleint – zumindest am Anfang. So behalten Sie die Kontrolle und können den Tieren gleichzeitig gestatten, sich so zu verhalten, wie es für sie normal ist.
- Achten Sie auf Ihre Energie. Wenn Sie nervös »die Luft anhalten« und sich fragen, was wohl passieren wird, teilen Sie dem Hund mit, dass er ebenfalls angespannt bleiben soll. Akzeptieren Sie, dass Sie nicht gleich beim ersten Mal

Erfolg haben werden. Andererseits hindert Sie auch nichts daran, den Vorgang so oft zu wiederholen, bis Ihr Hund sein naturgegebenes Recht zurückerlangt, sich friedlich mit Artgenossen anzufreunden.

- Wenn Ihr Hund problemlos mit einem Kameraden spielen kann, nehmen Sie allmählich auch weitere Tiere in die »Spielgruppe« auf. Sobald er neue Mitglieder akzeptieren kann, ohne ängstlich zu werden oder sie herauszufordern, können Sie über den Besuch in einem nahegelegenen Hundepark nachdenken. Aber erst nachdem Sie die Lage sondiert und sich vergewissert haben, dass die dortigen Aktivitäten nicht von Hunden oder Besitzern dominiert werden, die völlig außer Rand und Band sind!
- Sorgen Sie dafür, dass sich Ihr Hund nur mit Artgenossen abgibt, die beim Spielen das gleiche Intensitätsniveau haben wie er. Hunde können vier spielerische Intensitätsstufen haben: niedrig, mittel, hoch und sehr hoch. Bei Tieren mit hoher oder sehr hoher Intensität kann das Spiel schnell in Aggression umschlagen, was wiederum in eine Rauferei ausarten kann. Erziehen Sie Ihren Hund möglichst dazu, ein niedriges oder mittleres Spielniveau beizubehalten und sich Gefährten zu suchen, die auf seiner Wellenlänge liegen.

Wenn Sie Ihrem schüchternen oder misstrauischen Hund helfen wollen, sich in der Gesellschaft fremder Menschen wohler zu fühlen, haben Sie einen Vorteil: Sie können Freunde um ihre Unterstützung bitten, denen Sie zuvor beibringen, wie man sich einem Hund richtig nähert. Vor allem aber sollten diese Leute wissen, wie man eine ruhige und bestimmte Energie ausstrahlt und sich an die Regel »Nicht anfassen, nicht ansprechen, nicht ansehen« hält. Bitten Sie

sie, den Hund zu ignorieren, bis seine natürliche Neugier ihn dazu treibt, Nachforschungen anzustellen. Sie können Ihren Freunden Leckerbissen als »Lockmittel« geben. Die sollten sie dem Hund allerdings erst geben, nachdem er bei der Annäherung die Initiative ergriffen hat. Sobald sich Ihr Hund mit einer Gruppe Freunde wohlfühlt, laden Sie alle zu einer Party ein. Weisen Sie sie erneut an, den Hund zu ignorieren. Irgendwann sollten seine angeborenen Instinkte ihn dazu drängen, sich der Gruppe anzuschließen.

Allein zu Hause

In freier Wildbahn sind die Mitglieder eines Hunderudels nur selten voneinander getrennt. Gelegentlich bleiben eine oder zwei »Tanten« oder »Onkel« zurück, um auf die Welpen aufzupassen, während die Mutter mit den erwachsenen Tieren auf die Jagd geht. Dies ist allerdings einer der seltenen Fälle, in denen sich ein Rudel wilder Hunde trennt. Inzwischen leben die Tiere freilich bei uns in unserer modernen, städtischen Welt und müssen häufig allein bleiben, während der Rest des menschlichen Rudels auszieht, um den Lebensunterhalt zu verdienen. Hunde empfinden es als höchst unnatürlich, allein zurückzubleiben. Deshalb leiden sie oft unter Trennungsangst. Sogar die ausgeglichensten Tiere ohne weitere Verhaltensauffälligkeiten können davon betroffen sein. Meine Klienten verursachen oder verschlimmern ihre Trennungsangst meist, indem sie vor dem Verlassen des Hauses sehr viel Wirbel um das Tier machen. Glauben Sie mir, alle Erklärungen der Welt, dass Sie arbeiten müssen, um das Hundefutter zahlen zu können, und dass Sie in ein paar Stunden zurück sein werden, werden die Angst Ihres Hundes nicht lindern. Es wird sie vermutlich sogar noch verstärken. Sie dürfen niemals vergessen, dass es bei der Begegnung mit Ihrem Hund nur auf die Energie ankommt. Wenn das Winseln, Heulen, Kauen und die anderen Symptome von Trennungsangst ein Ende haben sollen, müssen Sie die Kontrolle über die Energie Ihres Hundes übernehmen.

Ein panisches Kerlchen

In der zweiten Staffel der Sendung »Dog Whisperer« wurde ich gebeten, der frisch geschiedenen Mutter Cindy Steiner und ihrer zehnjährigen Tochter Sidney zu helfen. Sie standen wegen des jüngst adoptierten Beagle-Mischlings Fella kurz vor dem Rauswurf aus einer Wohnanlage in Los Angeles. Vom ersten Tag an, als Cindy zur Arbeit ging und Fella allein zu Hause ließ, beschwerten sich die Nachbarn, dass er jeden Tag rund um die Uhr bellte. Nach einigen Monaten stellte die Verwalterin den beiden ein Ultimatum. Sie mochte Cindy und Sidney, aber wenn der Hund so weitermachte, würde sie die Zwangsräumung veranlassen müssen. Natürlich konnten Mutter und Tochter nicht riskieren, das Dach über ihrem Kopf zu verlieren. Andererseits war ihnen auch klar, dass es Fella letztendlich das Leben kosten konnte, wenn sie ihn ins Tierheim zurückbrachten.

Gelegentlich ist Trennungsangst nur das Symptom eines größeren Problems. Im Gespräch mit Cindy und Sidney erfuhr ich, dass Fella auch im Wagen Territorialverhalten zeigte und Artgenossen gegenüber aggressiv war. Am schlimmsten aber war, dass er nur ungefähr fünfzehn Minuten Bewegung am Tag bekam. Fella führte ein höchst langweiliges Leben. Eigentlich sollte jeden Tag beim Erwachen eine neue Herausforderung auf ihn warten. Sein Problem stand in einem unmittelbaren Zusammenhang damit, dass Cindy und Sidney ihm nicht gaben, was er brauchte. Darüber hinaus nahmen sie auch zu Hause keine starke Führungsposition ein. Ich hatte den Eindruck, dass wir die Trennungsangst erst angehen konnten, wenn die Frauen Fellas Gesamtstresspegel mit Bewegung unter Kontrolle gebracht und mir gezeigt hatten, dass sie das Konzept ruhiger und bestimmter Führung verstanden.

Ich gab Cindy und Sidney eine Hausaufgabe: Sie mussten zweimal täglich jeweils mindestens eine halbe Stunde mit ihm Radfahren. Nach zwei Wochen strenger Bewegungsroutine war Fella bei unserem zweiten Termin wie ausgewechselt. Sogar Cindy war verblüfft. »Alle sagen, dass er so ruhig ist und so gut auf mich hört.« Nun konnten wir Fellas Trennungsangst angehen. Nach seinem morgendlichen Training brachte ich Mutter und Tochter bei, den Augenblick ihres Aufbruchs weniger traumatisch zu gestalten. Sie versetzten den Hund immer wieder in einen ruhigen und unterordnungsbereiten Zustand. Anschließend gingen sie kurz aus der Wohnung – zunächst nur für ein paar Minuten, später blieben sie länger fort. Wie bei vielen meiner Klienten, deren Hunde unter diesem Problem leiden, kompensierten Fellas Besitzerinnen ihre Schuldgefühle, indem sie ihren Aufbruch jeden Morgen groß inszenierten und seine Angst dadurch zu lindern versuchten, dass sie flöteten: »Alles in Ordnung, Fella. Wir sind bald wieder da.« Doch statt seine Nerven zu beruhigen, steigerte dieses Verhalten seine Angst und seine Erregung noch weiter.

Schließlich brachten wir dem Beagle bei, sich jeden Morgen nach seiner Trainingseinheit und seinem Frühstück in die Box zu legen. Die zehnjährige Sidney kam ganz allein

So beugen Sie Trennungsangst vor

- *Verschaffen Sie Ihrem Hund reichlich Bewegung, bevor Sie ihn allein lassen.* Ich denke da an einen schönen, langen Spaziergang oder eine anstrengende Laufeinheit. Achten Sie prinzipiell darauf, dass Ihr Hund viel Bewegung bekommt und rechtschaffen müde ist.
- *Versorgen Sie ihn nach dem Sport mit Wasser und Futter.* Manche Tiere müssen sich vor dem Fressen erst etwas ausruhen, damit sie keine Blähungen bekommen. Das Wasser können Sie ihm aber sofort geben. Nach dem Sport brauchen Hunde unterschiedlich viel Ruhe. Mit der Zeit werden Sie die bevorzugte Routine Ihres Freundes kennen. Die Mischung aus Bewegung und Futter versetzt das Tier automatisch in einen ruhigen und unterordnungsbereiten Zustand. Geben Sie ihm nach etwa fünfzehn bis zwanzig Minuten noch einmal die Gelegenheit, sein Geschäft zu verrichten, ehe Sie endgültig das Haus verlassen.
- *Nicht anfassen, nicht ansprechen, nicht ansehen:* Das ist die beste Methode, um einen Hund allein zu lassen und zu ihm zurückzukehren. Wenn Sie ein überreiztes Tier auch nur ansprechen, steigern Sie seine Hysterie. Warten Sie, bis der Hund ruhig und unterordnungsbereit ist. Dann können Sie Kontakt aufnehmen.
- *Machen Sie keine große Sache daraus, wenn Sie gehen!* Gestatten Sie Ihrem Hund, nach dem Spaziergang und der Fütterung ruhig und unterordnungsbereit zu bleiben.
- *Geben Sie Ihrem Hund niemals die Schuld für destruktives Verhalten während Ihrer Abwesenheit.* Es ist nicht persönlich gemeint. Er ist einfach nur frustriert. Überdenken Sie stattdessen noch einmal Ihr Vorgehen, wenn Sie ihn allein lassen. Ziehen Sie in Betracht, ihm beizubringen, in einem kleinen Raum oder einer Hundebox zu bleiben.

auf die Idee, ihr T-Shirt hineinzulegen, damit ihr Geruch ihn tröstete. Drei Monate nach meinem Gastspiel war Fella nicht mehr die Geißel des Apartmentkomplexes. Er verstand, dass er sich nach dem Sport und dem Füttern ein paar Stunden in seiner Hundebox ausruhen musste. Sogar die Nachbarn waren einverstanden. »Ich habe sie gefragt: ›Habt ihr den Hund gehört?‹«, erzählte Cindy. »Und sie sagten: ›Nein, wir hören ihn schon seit Monaten nicht mehr.‹«

Hunde reagieren am besten auf meine dreiteilige Formel aus Bewegung, Disziplin und Zuneigung – in dieser Reihenfolge. Beschließen Sie eine Hausordnung und sorgen Sie konsequent für ihre Einhaltung. Auf diese Weise tragen Sie dazu bei, dass Ihr Hund ein glückliches, erfülltes Leben voller Herausforderungen führt.

Im Auto unterwegs

6

Weit weg von allem

So verreisen Sie mit oder ohne Hund

Gelegentlich zwingen uns der Beruf und die anderen Verpflichtungen im Leben eines Menschen, in weite Ferne zu reisen. Manchmal sind wir einfach nur urlaubsreif. Wenn man einen Hund (und keine Katze) hält, hat das den Vorteil, dass er aufblüht, wenn er neue Orte bereisen und sich neuen Abenteuern stellen kann. Damit das Verreisen mit dem Hund zu einer positiven, glücklichen Erfahrung wird, müssen Sie vorausplanen und nicht nur für ihn, sondern auch für sich und die anderen Mitreisenden Regeln und Grenzen festlegen!

Vor dem Aufbruch

Lassen Sie Ihren Hund vor jeder Reise tierärztlich untersuchen, um sicher sein zu können, dass er gesund ist. Des Weiteren ist es sinnvoll, Kopien seiner Krankenakte zur Hand zu haben. Falls Sie mit ihm in andere Länder reisen wollen, brauchen Sie möglicherweise ein aktuelles Gesundheitszeugnis sowie eine tierärztliche Bescheinigung der Tollwutimpfung. Da in anderen Ländern andere Vorschriften und Bestimmungen gelten (in Hawaii zum Beispiel eine Quarantäne von 120 Tagen), sollten Sie sich schon lange vor dem Kofferpacken darüber informieren.

Vor einer Dienstreise, einem Urlaub oder einem Umzug über weite Entfernungen kann das Leben hektisch werden. Denken Sie bitte trotzdem daran, dass sich dieser Stress auch auf Ihren Hund überträgt. Vergessen Sie nicht, die Routine aus Bewegung, Disziplin und Zuneigung auch im Vorfeld der Reise konsequent einzuhalten. Versuchen Sie, die eigene Nervosität nicht auf den Hund zu projizieren. Hunde können lernen, an allen Dingen Freude zu haben, solange sie diese mit etwas Positivem assoziieren. Falls es Ihnen also vor dem alljährlichen Besuch bei der Schwiegermutter oder der Fahrt durchs ganze Land zum Klassentreffen graut, dürfen Sie sich nicht wundern, wenn Ihr Hund vor Reiseantritt »mysteriöserweise« verrücktspielt.

Mit dem Wagen verreisen

Viele Hunde fahren tatsächlich gern Auto. Sie genießen es, den Kopf aus dem Fenster zu stecken und sich an dem psychedelischen Duftreigen zu erfreuen, der sie im Vorüberfahren bombardiert. Obwohl dies dem Hund sehr gefällt, birgt es meiner Ansicht nach ein echtes Sicherheitsrisiko für ihn. Es genügt, wenn Sie das Fenster einen Spalt öffnen. So bekommt er eine Ahnung von der Welt dort draußen, ohne Gefahr zu laufen, von fliegenden Schmutzteilchen verletzt zu werden oder zu erkranken, weil kalte Luft in seine Lungen gedrückt wird. Aus Sicherheitsgründen ist es auch keine gute Idee, den Hund auf dem Beifahrersitz unterzubringen, wo ihn ein explodierender Airbag verletzen könnte. Ich schlage vor, ihn im Kofferraum eines Kombis oder Geländewagens oder aber auf dem Rücksitz unterzubringen. Transportieren Sie den Hund niemals auf der offenen Ladefläche eines Pick-ups! Viele Tierhandlungen bieten eine große Auswahl an Sicherheitsgeschirren, die sich an den meisten Standardsicherheitsgurten befestigen lassen, damit Ihr Kamerad gut geschützt ist.

Natürlich gibt es auch Hunde, denen auf langen Fahrten übel wird oder die die großartige Erfindung des Automobils nicht in gleichem Maße zu schätzen wissen wie Sie. Falls Ihr Hund Probleme mit dem Autofahren hat, sollten Sie sich lange vor der ersten Fahrt von über einer Stunde die Zeit nehmen, ihn daran zu gewöhnen. Verschaffen Sie ihm vorab reichlich Bewegung, damit er sich dann in seinem Transportkäfig oder seiner Transportbox zusammenrollen und ein Nickerchen machen kann. Geben Sie ihm während der Fahrt reichlich Wasser und ein paar Kekse, um seinen Magen zu beruhigen, sowie ein Kauspielzeug gegen die Angst. In schweren Fällen kann Dramamine oder ein stärkeres, vom Tierarzt verschriebenes Medikament gegen Reisekrankheit helfen. Ich persönlich würde allerdings ein homöopathisches Präparat vorziehen und eine der Bachblütenmischungen wie zum Beispiel Notfalltropfen, Ingwerwurzel oder Pfefferminz verwenden, die der ganzheitliche Tierarzt Dr. Marty Goldstein empfiehlt. Geben Sie dem Hund vor der Fahrt ein paar Tropfen Kräutertinktur oder einfach ein wenig naturbelassenen Honig. Sie können ihm sogar einen Tee kochen.

Lassen Sie den Hund niemals allein in einem parkenden Wagen. An warmen Tagen kann die Innentemperatur sogar bei leicht geöffneten Fenstern in wenigen Minuten auf über 50 Grad Celsius ansteigen.

Wenn Sie eine wirklich gute Beziehung zu Ihrem Hund haben, reisen Sie am besten nachts, dann ist er eher geneigt, sich auszuruhen und zu entspannen. Falls Sie tagsüber fahren möchten, sollten Sie bedenken: Ihre Kinder wissen, dass dies ein Urlaub und heute alles anders ist, aber Ihr Hund kann sich die Situation nicht so erklären. Hunde lieben Abenteuer, brauchen aber auch ihre Routine. Fragen Sie sich auf einer langen Fahrt: »Was würde mein Hund normalerweise um 7.00 Uhr tun? Was würde er normalerweise um 10.00 Uhr tun? Was würde er normalerweise um die Mittagszeit tun?« Versuchen Sie, zum entsprechenden Zeitpunkt eine ähnliche Beschäftigung einzuplanen.

Ich habe es mir zur Regel gemacht, möglichst alle vier Stunden anzuhalten und meinem Hund wenigstens fünfzehn bis zwanzig Minuten Gelegenheit zu geben, sich zu strecken, Kot und Urin abzusetzen und vielleicht einen winzigen Spaziergang zu unternehmen. Mit einem verspielten Hund spiele ich Ball oder etwas anderes, baue ein wenig Energie ab und gebe ihm etwas Wasser. Da wir gerade beim Thema Wasser sind: Vor der ersten langen Fahrt sollten Sie wissen, wie Ihr Hund Ihnen zu verstehen gibt: »Ich muss mal!« Ich kenne tatsächlich Hunde, die bei Lkw-Fahrern leben und ganz genau wissen, wann die nächste Pause kommt. Sie können es riechen: »Ach, wir kommen nach Camarillo. In ein paar Minuten halten wir an.« Es hat allerdings eine Weile gedauert, bis sich die Tiere an dieses Leben gewöhnt hatten.

Ich bin sehr gern mit meiner Frau, meinen Kindern und meinen Hunden in den USA oder in Kalifornien unterwegs. Ich finde, gemeinsame Reisen schweißen alle Beteiligten auf angenehme Art und Weise zusammen. Gleichzeitig versuche ich, die individuellen Bedürfnisse aller Familienmitglieder zu berücksichtigen, was Toilettenpausen, Nahrungsaufnahme und ein wenig Zeit angeht, sich zu strecken und die Füße zu vertreten. Natürlich zählen auch die Hunde zu den Familienmitgliedern!

Flugreisen

Viele Fluggesellschaften (aber nicht alle – ziehen Sie vorher Erkundigungen ein) sind auf Haustiere vorbereitet, werden Ihren Hund aber nicht umsonst transportieren. Chartergesellschaften lehnen die Mitnahme von Tieren meist generell ab. Manche Fluggesellschaften gestatten, kleine Tiere in die Flugzeugkabine mitzunehmen. In den meisten Fällen sind aber nur ein Handgepäckstück und ein persönlicher Gegenstand erlaubt. Ebenso lassen manche Gesellschaften nur ein Tier im Passagierraum zu. Lassen Sie sich also schon frühzeitig in Ihrem Reisebüro beraten.[1]

Kleine Hunde haben oft keine Probleme damit, in der Kabine mit der Familie zu fliegen. Sie wissen meist schon, wie es ist, in Autos oder kleinen Transporttaschen befördert zu werden. Außerdem ist die Temperatur in der Kabine reguliert und die Energie der Menschen in ihrem Umfeld meist entspannt, da sie sich in einem ruhigen und unterordnungsbereiten Zustand befinden – sie sehen sich einen Film an, lesen ein Buch oder machen ein Nickerchen. Die Erfahrung ist nicht völlig unnatürlich. Achten Sie im Interesse Ihres Hundes und Ihrer Mitreisenden aber bitte darauf, dass er nicht erst auf dem Flug lernt, wie es ist, längere Zeit in einer Transporttasche zu verbringen! Schließlich wollen Sie keinen winselnden, bellenden Reisegefährten. Unternehmen Sie vorher ein paar Ausflüge mit dem Wagen, bis er weiß, dass die Transporttasche Entspannung bedeutet. Und gehen Sie vor dem Flug lange mit ihm spazieren, damit er es als natürlich empfindet, eine Weile zu ruhen.

Wertvolle Fracht

Viele Fluggesellschaften bieten zwei Transportmöglichkeiten. Sie können Ihren Hund erstens als »Reisegepäck« mit den aufgegebenen Koffern in einen klimatisierten Teil des Frachtraums verladen lassen. Das ist nur möglich, wenn Sie denselben Flug nehmen. Buchen Sie dies möglichst rechtzeitig, denn der Platz ist hier begrenzt. Oder Sie können ihn zweitens in einer Frachtmaschine unterbringen. Das Tier wird dann möglicherweise ohne Begleitung über die üblichen Frachtkanäle befördert. Viele Fluggesellschaften haben für diesen Fall allerdings einen besonderen Service entwickelt. Tiere, die im Frachtsystem befördert werden, werden genau wie Hunde, die zum Reisegepäck zählen, in klimatisierten Frachträumen untergebracht. Falls Sie eine dieser Möglichkeiten in Betracht ziehen, sollten Sie sich unbedingt vom Tierarzt beraten lassen, damit Sie sicher sein können, dass Ihr Hund auch reisetauglich ist. Ältere Hunde (über siebeneinhalb Jahren) müssen gegebenenfalls umfassender untersucht werden (inklusive Leber- und Nierenuntersuchungen). Einige Rassen – zum Beispiel Hunde mit flacher Nase (wie Englische Bulldoggen und Möpse) – sind fürs Fliegen grundsätzlich schlecht geeignet, da ihnen das Atmen zuweilen schon unter normalen Bedingungen schwerfällt.

Sie müssen auch ein aktuelles Gesundheitszeugnis bzw. einen internationalen Impfpass haben, aus dem hervorgeht, wie lange die letzte Tollwutimpfung zurückliegt.

Ich persönlich empfehle, Hunde nur dann im Frachtraum zu befördern, falls Sie keine andere Wahl haben. Wenn ich mit Daddy oder anderen Mitgliedern meines Rudels zu Aufnahmen für die Sendung »Dog Whisperer« in die verschiedenen Winkel Amerikas reise, sind die Hunde meist mit unserem Mitarbeiter Rojo im Wohnmobil unterwegs oder werden von einem Produktionsassistenten im Wagen gefahren. Alle sind gern mit Daddy unterwegs. Morgens begrüßt er den Tag, indem er seinem Reisegefährten ein Spielzeug als Freundschaftsgabe bringt, um den Beginn eines neuen Abenteuers zu feiern! Eine Fahrt über Land ist natürlich logistisch anspruchsvoller und erfordert mehr Planung, als zu fliegen. Aber ich habe einfach kein Vertrauen in die unvorhersehbaren Temperaturbedingungen in den Frachträumen. Ganz zu schweigen davon, dass niemand auf die Tiere aufpasst.

Mir ist klar, dass viele Reisende keine Wahl haben und manchmal gezwungen sind, ihre Hunde als Gepäck oder Fracht aufzugeben. In diesem Fall sollten Sie sich die Zeit nehmen, Ihren Hund körperlich und psychisch auf den Flug vorzubereiten. Die NASA holt für die Astronautenausbildung ja auch nicht einfach irgendwelche Leute von der Straße, steckt sie in eine Kapsel und schickt sie in den Weltraum! Neue Astronauten werden jahrelang geschult und langsam an die neuen Erfahrungen gewöhnt, die der menschliche Körper in der Schwerelosigkeit machen wird. Wenn ich meinem Hund einen langen Flug zumute, bereite ich ihn vor, als wollte ich ihn zu einer Art Astronaut ausbilden. Ich gewöhne ihn langsam daran, immer länger in seiner Box zu bleiben. Ich kaufe eine Box mit Rollen, damit er spüren kann, wie es ist, herumgeschoben zu werden, bis er auch in dieser Situation entspannt ist und sich wohlfühlt. Ich bringe ihn in seiner Box zum Flughafen, damit er sich an den Lärm startender und landender Flugzeuge gewöhnen kann. Ich gehe mit ihm zum Schwimmen und lasse ihn im Wasser schweben, damit er eine Situation veränderter Schwerkraft erleben kann. Alle diese Maßnahmen sollen sein Gehirn darauf konditionieren, unterschiedliche Empfindungen kennenzulernen, damit er sie im Frachtraum zu einem Gesamtbild zusammenfügen kann: »Also gut, ich war schon einmal in einer Transportbox, und alles war in Ordnung. Ich kenne auch dieses Gefühl, zu schweben, und auch das war in Ordnung.«

Ich beginne meist mindestens einen Monat vor dem Flug mit dem vorbereitenden Training. Natürlich bedürfen alle weiteren Flüge nicht mehr des gleichen intensiven Trainings, aber beim ersten Mal möchte ich die Belastung so gering wie möglich halten, damit das Reisen keinen negativen Beigeschmack bekommt.

Gönnen Sie Ihrem Hund vor dem eigentlichen Flug eine letzte Trainingseinheit – gehen Sie zum Beispiel lange mit ihm zum Inlineskaten oder lassen Sie ihn neben dem Rad herlaufen –, damit er schön müde wird. Falls Ihr Tierarzt mit Akupunktur oder homöopathischen Mitteln vertraut ist, können Sie um eine flugvorbereitende Behandlung oder natürliche Mittel zur Beruhigung bitten. Ich halte dies für weit besser, als medizinische Beruhigungsmittel zu verabreichen, die ich meinen Hunden vor dem Flug niemals geben würde. Die meisten Tierärzte raten wegen der unberechenbaren Wirkung von Beruhigungsmitteln auf Tiere in größeren Höhen davon ab, sie ruhigzustellen. Wählen Sie einen Direktflug ohne Zwischenlandung und umgehen Sie den Stress, an Feiertagen oder am Wochenende zu reisen. Vermeiden Sie Temperaturextreme auf Reisen. Im Sommer sind Früh- oder Abendflüge vorzuziehen.

Zug- oder Schiffsreisen

Mit Ausnahme von Assistenzhunden gestatten nur wenige Kreuzfahrtlinien Haustiere an Bord – und dann meist nur bei Atlantik- oder Pazifiküberfahrten. Bei einigen Gesellschaften sind Haustiere in Privatkabinen erlaubt, meist müssen die Tiere aber im Zwinger bleiben. Erkundigen Sie sich rechtzeitig nach der Regelung Ihrer Kreuzfahrtgesellschaft und danach, welche Schiffe über einen Zwinger verfügen. Wenn Sie dieses Angebot nutzen müssen, sollten Sie sich vergewissern, dass der Zwinger vor den Elementen geschützt ist. Ich musste auch schon einige Male mit Hunden eine Fähre benutzen. Damals war vorgeschrieben, dass Hunde im Wagen zu bleiben hatten. Mir selbst stand es frei, ob ich ihnen während der Überfahrt dort Gesellschaft leisten wollte. Falls Sie mit der ganzen Familie unterwegs sind, schlage ich vor, einen Plan aufzustellen und bis zur Ankunft abwechselnd auf die Hunde aufzupassen.

Was die Züge angeht, sind in den Vereinigten Staaten bei Amtrak derzeit bis auf Assistenzhunde keine Haustiere erlaubt. (Eventuell gestattet die eine oder andere kleinere US-Eisenbahngesellschaft die Mitnahme von Tieren.) In Europa dürfen Haustiere in der Regel mitreisen. Wenn Sie Ihre Hunde im Zug mitnehmen möchten, rate ich Ihnen, sie auf dieses Transportmittel vorzubereiten. Besuchen Sie mit Ihrem Hund ganz zwanglos einen Bahnhof, damit er sich an die Geräusche und Gerüche beim Bahnfahren gewöhnt.

Der Aufenthalt im Hotel

Laut Tracey Thompson, der Betreiberin der Internetseite petfriendlytravel.com, nehmen immer mehr US-Hotels auch Reisende mit Haustieren auf. »Früher durften Hunde nur in den weniger guten Motels mit ins Zimmer«, sagt sie. »Seit einiger Zeit springen aber auch Hotels mit vier oder mehr Sternen auf diesen Zug auf. In den letzten fünf Jahren hat sich der Trend wirklich … nun, es ist kein Trend mehr. Es ist eine Lebensart.« Aber Tracey erinnert auch daran, dass in jedem Haus andere Einschränkungen gelten. Ziehen Sie deshalb, bevor Sie beispielsweise in die USA reisen, stets Erkundigungen ein, bevor Sie sich auf den Weg machen. »Der Vor- und Nachteil des Internets ist, dass man viele Informationen bekommt, die allerdings nicht immer richtig sein müssen. Trauen Sie keiner Internetseite und keinem Chat, nur weil es dort heißt, in diesem oder jenem Hotel seien Hunde erlaubt. Rufen Sie immer persönlich dort an und informieren Sie sich über die Einzelheiten.«

Ich übernachte mit meinen Hunden ständig in Hotels. Dabei habe ich Folgendes gelernt: Sie als Halter haben die Aufgabe, Ihrem Hund beizubringen, Gefallen an seiner neuen Umgebung zu finden und sie zu respektieren. Sie werden keinen angenehmen Aufenthalt haben, wenn Ihr Hund nicht an fremde Umgebungen, fremde Menschen und möglicherweise sogar fremde Hunde gewöhnt ist. Zunächst will er verstehen, wo er ist. Gehen Sie mit ihm in der Nachbarschaft spazieren, machen Sie ihn mit den Türstehern, den

Damen an der Rezeption und dem Reinigungspersonal bekannt. Gehen Sie dabei nach der Regel »Nicht anfassen, nicht ansprechen, nicht ansehen« vor. Wenn Sie es richtig anstellen, wird er sich schnell eingewöhnen. Vlies-Pads sind eine wunderbare Erfindung für den Aufenthalt in Hotels oder Ferienhäusern. Ist Ihr Hund daran gewöhnt, können Sie damit ein Malheur und mögliche Schäden am Quartier vermeiden. Am wichtigsten ist meiner Ansicht nach freilich, dass Sie Ihren Hund sofort an den neuen Zeitplan gewöhnen, den er während seiner Abwesenheit von zu Hause einhalten muss. Sobald er die neue Routine kennt, kann er sich anpassen. Ist er dagegen verwirrt, wird er sich fragen, wie er diese Energie kanalisieren kann, und wenn Sie ihm die nötige Führung verweigern, könnte er sie durchaus auf negative Weise zum Ausdruck bringen.

Regeln rund um die Entspannung

Oft beklagen sich die Leute mir gegenüber, Ihre Hunde seien im Urlaub »außer Rand und Band«. Dazu kommt es meiner Ansicht nach nur, weil wir vergessen, dass unsere Hunde eine andere Einstellung zu Ferien haben als wir. Der Mensch will sich im Urlaub meist entspannen, nichts tun und sich an keine Pläne halten müssen. Oder er will etwas anderes, etwas Neues kennenlernen und nicht an den Hund denken müssen. Ich sage Ihnen, dass Sie im Urlaub Ihre Arbeit und vielleicht sogar Ihre Ernährungsvorschriften und Ihren Sportplan vergessen können. Aber der Verantwortung als Rudelführer Ihres Hundes können Sie sich nicht entziehen! Selbst wenn der Zeitplan völlig von den heimischen Abläufen abweicht, müssen Sie sich eine geeignete Routine für

Ihren Hund ausdenken und sicherstellen, dass er sich von Anfang an damit wohlfühlt.

Vor kurzem lieferte mir das eigene Familienleben ein neues Bild dafür, wie sich Hunde an ein neues Umfeld und neue Regeln gewöhnen. Als meine Kinder im letzten Frühling Ferien hatten, fuhren Ilusion und ich mit ihnen in den Club Med in Punta Cana in der Dominikanischen Republik. Bei der Ankunft waren wir ein wenig orientierungslos. Wir hatten den Eindruck, alle anderen kämen blendend zurecht – nur wir nicht. Doch dann erschienen die Organisatoren und überreichten uns unseren Plan. Die Zeiten unterschieden sich völlig von dem, was wir von zu Hause gewohnt waren. Deshalb dauerte es eine Weile, bis wir uns an die neuen Regeln gewöhnt hatten. Wann gibt es Frühstück? Wie informiert man sich über die verschiedenen Aktivitäten? Wie bekommt man seine Handtücher am Swimmingpool? Sobald wir Bescheid wussten, konnten wir uns in die Gruppe einfügen und die neue Routine genießen. Am Ende hatten wir eine herrliche Zeit und wollen bald wieder dort gemeinsam Urlaub machen.

Wenn Sie mit Ihrem Hund verreisen, sollten Sie sich als Animateur verstehen. Zuerst müssen Sie das Tier mit der neuen Umgebung vertraut machen. Unternehmen Sie einen Rundgang und zeigen Sie ihm, wo es fressen und schlafen wird. Stellen Sie anschließend einen Tagesplan auf, der sich so weit wie möglich mit den heimischen Abläufen deckt. Fügen Sie neue Aktivitäten hinzu. Heute gehen wir zum Schwimmen. Heute fahren wir Kajak. Heute gehen wir auf Erkundungstour. Unter Umständen möchten Sie auch einmal etwas nur mit der Familie und ohne den Hund unternehmen. In diesem Fall müssen Sie dafür sorgen, dass er müde ist, seinen Schlafplatz kennt und nicht die Spur von Aufregung zeigt, wenn Sie die Tür hinter sich schließen und ihn allein lassen. Im Grunde erinnern Sie ihn an all die Dinge, die er von zu Hause kennt, aber nicht zwangsläufig auf diesen neuen Ort mit seinen neuen Gerüchen und seiner neuen Energie übertragen kann. Unsere Aufgabe ist es einfach, dem Hund beizubringen: »Hör zu, wir müssen uns hier genauso benehmen, wie wir das normalerweise auch dort tun.«

Für den Menschen ist der Urlaub eine Auszeit von der Disziplin. Sobald aber auch unsere Hunde den Mangel an Regeln und Grenzen zu spüren bekommen, handeln wir uns große Schwierigkeiten ein. Einige meiner Klienten schlafen im Urlaub gern aus. Trotzdem muss ich ihnen beibringen, dass sie den Zeitpunkt des Aufstehens nicht allzu weit hinausschieben können, wenn sie ihre Hunde mitnehmen. Die Tiere brauchen Beständigkeit – vor allem, was den Morgenspaziergang angeht. Falls jemand normalerweise um 6.00 Uhr aufsteht, in den Ferien aber bis 10.00 Uhr schlafen will, wird es mehrere Tage dauern, bis sich die Hunde an das Wecken um 10.00 Uhr gewöhnt haben. Ist es dann Zeit, nach Hause zurückzukehren, werden erneut ein paar Tage vergehen, bis sie sich wieder auf 6.00 Uhr eingestellt haben. Warum sollten Sie sich die Mühe machen, eine Gewohnheit zu brechen, die so gut ist für Ihren Hund? Ich persönlich würde im Urlaub lieber zur gewohnten Zeit aufstehen, mit den Hunden spazieren gehen, sie füttern und mich anschließend noch einmal hinlegen – oder später am Strand ein Nickerchen machen. Es ist für alle Beteiligten besser, wenn ich das dem Rudel zuliebe auf mich nehme.

Wenn der Hund zu Hause bleibt

Auch wenn Sie den Hund nicht mitnehmen können, haben Sie mehrere Möglichkeiten. Vielleicht gibt es Freunde oder Angehörige, bei denen sich Ihr Hund wohlfühlt und die Erfahrung sowie ein gutes Gespür für die Betreuung von Tieren haben. Sie könnten also zum einen in Betracht ziehen, Ihren Hund bei diesen Leuten zu lassen. Falls Sie diese Möglichkeit haben, sollten Sie Ihrem vierbeinigen Kameraden Gelegenheit geben, Menschen und Umgebung bei einem Probedurchlauf kennenzulernen. Überreichen Sie den Leuten eine Liste mit den Regeln, die für Ihren Hund gelten, sowie seinen Tagesplan (und versichern Sie sich, dass Sie ihn auch einhalten wollen und können!). Lassen Sie den Hund eine oder zwei Nächte dort. Jedes Mal, wenn Sie sich die Zeit nehmen, Ihren Hund an eine neue Situation zu gewöhnen, ist das für alle Beteiligten von Vorteil.

Andere Möglichkeiten sind professionelle Tagesbetreuungen für Tiere, Hundepensionen und Hundesitter.

Tagesbetreuung und Hundepensionen

Wer gewerbsmäßig Wirbeltiere halten, zum Beispiel eine Hundepension eröffnen oder als gewerblicher Tiersitter Hunde von Dritten aufnehmen will (Dogsitter bzw. Hundetagesstätten), braucht nach dem Tierschutzgesetz eine Erlaubnis. Es reicht also nicht aus, einfach nur zum Gewerbeamt zu gehen. Informieren Sie sich zunächst, ob die in Betracht kommende Einrichtung eine Zulassung und Bescheinigung vorweisen kann, dass die vorgeschriebenen veterinäramtlichen Standards eingehalten werden.

Bringen Sie Ihren Hund niemals in einer Einrichtung unter, die Sie nicht persönlich eingehend auf Sauberkeit, Belüftung sowie Einstellung und Energie des Personals geprüft haben. Vergewissern Sie sich, dass alle Tiere ausreichend Bewegung bekommen. Belassen Sie es nicht bei einem Rundgang. Fragen Sie, ob Sie ein paar Stunden zusehen dürfen, um sich ein Bild vom durchschnittlichen Tagesablauf machen zu können. Sie sollten auch wissen, dass einige Betreuungseinrichtungen die Impfung gegen Zwingerhusten verlangen. Falls Sie Ihren Hund einige Tage bei der Tagesbetreuung lassen möchten, sollte er sozialisiert, ruhig und unterordnungsbereit genug sein, um sich in dieses Umfeld einzufügen. Verbringen Sie einen Tag in der Einrichtung, um sich die Abläufe anzusehen. Falls die Betreiber nicht wollen, dass Sie sich als stiller und respektvoller Beobachter dort aufhalten, ist diese Einrichtung nicht die richtige für Sie. Es gibt aber viele hervorragende Unterbringungsmöglichkeiten.

Hundesitter

Sie können Ihren Hund auch zu Hause lassen, wenn Sie einen Hundesitter Ihres Vertrauens finden. Gute Sitter fahren nicht nur kurz bei den Klienten vorbei, um die Tiere zu füttern und mit ihnen Gassi zu gehen. Sie verbringen wertvolle Zeit mit ihnen, verschaffen ihnen Bewegung und haben ein Auge auf ihre Gesundheit. Viele Hundesitter bieten auch Zusatzdienste an und bringen zum Beispiel Post und Zeitungen ins Haus oder gießen die Blumen. Einige wohnen sogar für die Dauer Ihrer Abwesenheit bei dem Tier. In den USA nehmen die National Association of Professional Pet Sitters (US-Verband professioneller Tiersitter) und Pet Sitters International nur Mitglieder auf, die professionelle Erfahrung vorweisen können, Seminare in Haustierpflege absolvieren, an professionellen Konferenzen teilnehmen und sich an den Moralkodex der Organisationen halten. In Deutschland ist die Ausbildung nicht geregelt.

Wenn Sie einen Hundesitter gefunden haben, der Ihnen zusagt, sollten Sie unbedingt verlangen, dass er zu Ihnen nach Hause kommt und sich mit dem Tier anfreundet. Auf diese Weise können Sie sehen, wie die beiden miteinander auskommen. Falls etwas nicht in Ordnung zu sein scheint (abgesehen davon, dass Ihr Hund bei der ersten Begegnung mit dem neuen Menschen etwas unsicher wirkt), vertrauen Sie den Instinkten Ihres Hundes.

Es gibt auch Hundesitter, die das Tier bei sich zu Hause aufnehmen. In diesem Fall sollten Sie sich vergewissern, dass dort keine Tiere mit Aggressionsproblemen untergebracht sind, die Ihrem Hund gefährlich werden könnten. Lassen Sie sich garantieren, dass alle Pensionsgäste im Haus des Hundesitters gegen Parvovirose, Staupe und Tollwut geimpft sind.

Natürlich hat es selbst der vertrauenswürdigste und erfahrenste Hundesitter schwer, wenn Sie Ihren Teil der Abmachung nicht einhalten. Dies sind Ihre Pflichten:

- Melden Sie sich rechtzeitig bei Ihrem Hundesitter an – vor allem in den Ferien.
- Sorgen Sie dafür, dass Ihr Hund gut sozialisiert ist und sich von Fremden anfassen lässt.
- Versehen Sie das Halsband Ihres Hundes mit einem aktuellen Adressanhänger.

- Lassen Sie Ihrem Hund einen Mikrochip-Transponder zur Identifikation einpflanzen.
- Bleiben Sie mit den Impfungen auf dem Laufenden.
- Hinterlassen Sie klare Anweisungen mit genauen Angaben hinsichtlich der Versorgung Ihres Hundes sowie Kontaktinformationen, wie Sie und Ihr Tierarzt im Notfall zu erreichen sind.
- Stellen Sie Futter und Vorräte an einem bestimmten Ort bereit.
- Legen Sie zusätzliche Vorräte an, falls Sie länger fortbleiben als geplant.[2]

Ich stehe meiner Mutter in Mexiko sehr nahe. So nahe, dass sie mich anruft, wenn ich mich nicht wohlfühle oder im Beruf eine schwere Zeit durchmache. Sie behauptet dann, sie hätte gespürt, dass etwas nicht in Ordnung sei. Darüber hinaus habe ich die Erfahrung gemacht, dass auch meine Hunde spüren können, wenn ich auf Reisen gehe und mit dem für sie getroffenen Arrangement nicht zufrieden bin, was die Sache für sie noch verschlimmert. Deshalb ist es so wichtig, bei einer bevorstehenden Reise mit der Entscheidung bezüglich des Hundes nicht bis zur letzten Minute zu warten. Finden Sie lange vor dem möglichen Reisetermin Antworten auf die verschiedenen Fragen von Impfungen und Transportkäfigen oder -boxen bis hin zu einem Hundesitter, dem Sie voll vertrauen. Eine gute Planung ist der Schlüssel zu einer glücklichen Reise, ob mit oder ohne Hund, und einem ruhigen Gewissen, ob Sie zusammen sind oder nicht.

Barnes springt dem Ball hinterher in ein Wasserbecken.

7

Ein Quäntchen Vorsorge

Grundlagen der Gesundheitsvorsorge für Ihren Hund

Von dem Tag an, an dem Sie einen Hund in Ihr Leben holen, sind Sie für seine Ernährung, seine Sicherheit und seine Gesundheit verantwortlich. Im Dog Psychology Center kümmere ich mich um ein vierzig bis fünfzig Hunde starkes Rudel. Ich wache über das körperliche Wohlbefinden von Tieren, die noch keinen Tag krank waren, von älteren Hunden mit den üblichen Altersbeschwerden sowie von solchen mit genetischen und nervlichen Störungen, die nicht mehr vollständig heilbar sind. In all den Jahren hatte ich die verschiedensten »Patienten« und bin daher inzwischen halbwegs mit den Grundlagen der Gesundheitsvorsorge für Hunde vertraut. Trotzdem verlasse ich mich wie jeder andere Hundebesitzer auf professionelle Tierärzte meines Vertrauens. Sie spielen hinsichtlich der Gesundheit und des Wohlergehens meines Rudels die tragende Rolle. Inzwischen arbeite ich seit beinah zwanzig Jahren mit Hunden. In dieser Zeit hatte ich das große Glück, viele außergewöhnliche Tiergesundheitsexperten kennenlernen und um Hilfe bitten zu dürfen.

Einen hervorragenden Tierarzt findet man freilich nicht per Zufall. Ich rate allen Klienten, sich mit den infrage kommenden Tierärzten zu treffen und zu unterhalten, lange bevor sie einen neuen Hund oder Welpen zu sich holen. Sie dürfen keinesfalls warten, bis ein Notfall eintritt, bevor Sie überlegen, ob sich jemand finden lässt, dem sie das Leben Ihres Hundes anvertrauen möchten. Einen erwachsenen Hund oder einen Welpen werden Sie vermutlich schon relativ bald zum Impfen oder zur Kontrolluntersuchung zum Tierarzt bringen müssen. Wenn Sie auch nur den geringsten Zweifel an dem fremden Herrn oder der fremden Dame im weißen Kittel haben, wird Ihr Hund dies zweifellos sofort aufschnappen – zusätzlich zu der Angst oder Furcht, die er unter Umständen bereits empfindet. Entlasten Sie daher Ihre Familie und Ihren Hund, indem Sie sich bereits ein paar Wochen vorher mit Tierärzten treffen und mit ihnen reden.

Ich glaube, die Wahl des richtigen Tierarztes für den Hund sollte große Ähnlichkeit mit der Wahl des richtigen Kinderarztes haben. Er sollte auch über die richtige Energie verfügen, um sich um Ihre Lieben zu kümmern. Als ich nach Los Angeles kam, brauchte ich sofort einen Tierarzt, da Gracie – einer meiner Rottweiler – einen Anfall hatte. Ich hatte keine Empfehlungen, deshalb prüfte ich mehrere Kliniken in meiner Nähe. Ich suchte einen Menschen, der ehrlich wirkte und mir das Gefühl gab, willkommen zu sein. Aber anfangs schienen viele Ärzte, denen ich begegnete, eine gewisse Überheblichkeit auszustrahlen. Mit anderen Worten: »Ich bin der Arzt und äußerst wichtig. Sie sind der mexikanische Einwanderer. Wenn Sie großes Glück haben, werde ich Ihren Hund vielleicht behandeln.« Das ist nicht die Art von heilender Energie, die ich mir für meine Familie oder meine Hunde wünsche. Für mich ist ein echter Heiler jemand, der direkt auf seine Patienten zugeht, von Mensch zu Mensch oder von Mensch zu Hund. Mag sein, dass der oben beschriebene Arzt Ihren Hund retten kann. Aber kann er Ihnen auch echte Hoffnung und Unterstützung geben? Meiner Ansicht nach ist Hoffnung das wichtigste Geschenk, das uns ein Arzt machen kann. Außerdem gibt es da noch etwas, ein Diplom anderer Art, das nur ein Hund verleihen kann. Wenn Hunde einem Menschen vertrauen, ihn respektieren und sich in seiner Nähe entspannen können, wenn ein Mensch die Angst eines nervösen Tieres lindern oder sich das Vertrauen oder die Achtung eines dominanten, territorialen oder aggressiven Hundes verdienen kann, ist dies ein Zeugnis, das kein Stück Papier zu bescheinigen vermag.

Zum Glück erfuhr ein Freund und Tierarzthelfer von meiner frustrierenden Suche nach dem perfekten Veterinär und empfahl mir Dr. med. vet. Brij Rawat von der Hollypark Pet Clinic in Gardena, Kalifornien. Ich fuhr hin und bat um ein Gespräch. Dr. Rawat stammt aus Indien, ich aus Mexiko, und wir waren beide aus Liebe zu den Tieren in die Vereinigten Staaten gekommen. Schon deshalb hatten wir sofort etwas gemeinsam. Damals war ich ein »Niemand«, aber Dr. Rawat behandelte mich nicht so. Er begrüßte mich und berichtete ausführlich von seiner Hundephilosophie, die sich perfekt mit der meinen deckte. Mir war klar, dass Dr. Rawat seinen Beruf nicht ausübte, um reich zu werden, sondern weil er dies als seine Lebensaufgabe betrachtete. Er hatte wie ich eine große Leidenschaft für Tiere und den Wunsch, ihr Leben zu verbessern. Damals lebte ich von der Hand in den Mund, aber Dr. Rawat war in finanziellen Angelegenheiten ausgesprochen entgegenkommend. Bei Notfällen, für die ich keine Rücklagen hatte, durfte ich die Rechnung in Raten zahlen. Ich bin der Ansicht, dass man so viel Ehrlichkeit und

Integrität stets mit Loyalität vergelten sollte. Deshalb werde ich ihm immer dankbar sein und lasse alle meine Hunde in der Hollypark Pet Clinic kastrieren und sterilisieren.

Dr. Rawat nimmt nie einen Eingriff oder Test vor, den er für unnötig hält – selbst wenn er damit mehr Geld verdienen könnte. Falls eine Situation oder ein Eingriff nicht sein Spezialgebiet sind, hole ich zuerst seinen Rat ein und höre mir seine Empfehlungen bezüglich eines Spezialisten an. Er ist in seiner Gemeinde engagiert und kommt nicht nur im Krankheitsfall mit den Hunden und ihren Besitzern zusammen, sondern sieht sie auch, wenn sie gesund sind. Das allgemeine Wohlbefinden und die Ausgeglichenheit der Hunde und Menschen in seiner Umgebung liegen ihm am Herzen. Für mich ist dies der entscheidende Faktor, an dem man einen großartigen, engagierten Tierarzt erkennt.

Tipps für die Wahl des richtigen Tierarztes

- Berufen Sie noch einmal den Familienrat ein. Diskutieren Sie, welche Eigenschaften Ihnen bei einem Arzt oder Therapeuten wichtig sind. Erstellen Sie eine Liste mit Ihren Fragen und Anliegen, die Sie anschließend mit allen Tierärzten im Gespräch klären.
- Bitten Sie Züchter, Tierheime, Tierschutzorganisationen oder andere Hundebesitzer um Empfehlungen.
- Erkundigen Sie sich nach Ausbildung und Erfahrung des Tierarztes.
- Finden Sie heraus, ob sich der Tierarzt in seiner Nachbarschaft und seiner Gemeinde engagiert. Befürwortet er den sozialen Kontakt zwischen Hunden und Hundebesitzern sowie Praxis und Personal in guten wie in schlechten Zeiten?
- Erkundigen Sie sich nach den Zielen und der Philosophie des Arztes. Decken sie sich mit den Ihren? Wie reagiert er auf Ihre

Fragen und Anliegen? Wirkt er wie ein Mensch, mit dem Sie kommunizieren können? Wie jemand, der offen dafür ist, sich am Geben und Nehmen in einem Gespräch zu beteiligen?

- Sprechen Sie über die Möglichkeiten der Kontaktaufnahme. Wann ist die Praxis geöffnet? Wird umgehend ein Arzt oder Helfer zurückrufen und Ihre medizinischen Fragen beantworten? Können Sie so oft anrufen, wie Sie möchten, um sich nach dem Zustand Ihres Tieres zu erkundigen, wenn es in der Praxis bleiben muss?
- Erkundigen Sie sich nach den Bereichen der Gesundheitsfürsorge, die für Ihren Hund besonders wichtig sind. Bieten der Arzt/die Praxis diese Sonderleistungen an?
- Beobachten Sie, wie der Arzt mit den Tieren in seiner Praxis umgeht. Strahlt er eine ruhige und bestimmte Energie aus? Stellen Sie ihm den Hund falls möglich in einem beiläufigen, freundschaftlichen Zusammenhang – und lange vor dem nächsten Untersuchungstermin – vor. Was kann Ihnen Ihr Hund über diesen Menschen verraten, der möglicherweise bald eng mit Ihrem Familienleben verbunden sein wird?
- Wie steht es um die Assistenten, Helfer und das andere Personal der Praxis? Machen sie einen sachkundigen Eindruck und wirken sie, als hätten sie ein Gefühl für Tiere? Erkundigen Sie sich nach der Fluktuation der medizinischen Angestellten und des Pflegepersonals. Wenn Beschäftigte das Gefühl haben, eine gute medizinische Versorgung und Pflege zu leisten, bleiben sie meist länger in einer Praxis.
- Lassen Sie sich die Praxis, Klinik oder Einrichtung bei einem Rundgang zeigen. Herrscht eine angenehme Atmosphäre? Ist es sauber, gepflegt und geräumig? Eine gute Klinik sollte Röntgenaufnahmen, Ultraschall, Zahnbehandlungen, Labortests und Infusionen machen, Blutdruck und Augendruck untersuchen, Material an Labors schicken und Tiere an Spezialisten überweisen können.

Der alljährliche Besuch

Ein Tierarztstudium kostet in den USA über 100 000 Dollar, dauert mindestens vier Jahre, ist harte Arbeit und erfordert große Hingabe.[1] Der Beruf zieht viele hervorragende Köpfe an, denen das Wohlergehen der Tiere am Herzen liegt. Ähnlich ist es auch in anderen Ländern, zum Beispiel europäischen.

Sobald Sie sich für jemanden entschieden haben, mit dem Sie zufrieden sind, müssen Sie üblicherweise einmal im Jahr – bei älteren Tieren oder Hunden mit besonderen Gesundheitsproblemen auch häufiger – einen Termin für die Routineuntersuchung vereinbaren. Die Empfehlungen der einzelnen Ärzte unterscheiden sich geringfügig, meist setzt sich die jährliche Kontrolluntersuchung aber aus folgenden Elementen zusammen: Blutuntersuchung und andere Labortests, Wiegen, Untersuchung von Augen, Ohren und Maul, präventive Gabe von Medikamenten, Überprüfung einer Stuhlprobe auf Parasiten sowie alle Impfungen, die bei Ihrem Hund gerade anstehen.

Der wichtigste Teil des alljährlichen Arztbesuchs ist die Untersuchung durch den Veterinär. Vor allem ältere Tiere haben oft Leiden, die eine ärztliche Untersuchung ans Licht bringt, sodass ein rechtzeitiges Eingreifen möglich wird. Die Labortests sind das zweitwichtigste Element beim regelmäßigen Check-up eines erwachsenen Hundes. Ein Blutbild hilft, heimliche Schwachstellen rechtzeitig zu erkennen, um ernsthafte Erkrankungen zu verhindern. Darüber hinaus liefert es »Normalwerte« für den künftigen Vergleich. Eine Herzwurmerkrankung sollte vor allem in gefährdeten Gebieten präventiv verhindert werden. Als das Dog Psychology Center 2005 nach Hurrikan Katrina drei Hunde rehabilitierte, hatten sich alle drei bei ihrer Tortur in den schlammigen Fluten von New Orleans mit Herzwürmern infiziert. Eine regelmäßige Stuhluntersuchung ist ebenfalls erforderlich. Damit können Parasiten nachgewiesen werden, die nicht nur Ihrem Hund, sondern ebenso Ihren Kindern gefährlich werden können.

Auch die Zahnpflege sollte einen großen Teil der jährlichen Gesundheitsvorsorge ausmachen – vor allem dann, wenn es sich bei dem Tier um eine kleinere Rasse handelt. Saubere, gesunde Zähne tragen viel dazu bei, Ihren Hund von hartnäckigem »Mundgeruch« zu befreien. Zahnbeläge können Infektionen verursachen, die auf das ganze System übergreifen und Herz- oder Nierenerkrankungen hervorrufen können. Wenn Sie darauf achten, dass der Hund etwas zum Kauen hat, das seine Zähne reinigt, und Sie ihm diese – falls möglich – sogar putzen, kann das die Entstehung von Maulproblemen hinauszögern.

So vermeiden Sie unangenehme finanzielle Überraschungen

Im Vergleich zu den explodierenden Kosten für die menschliche Gesundheitsfürsorge sind die Preise für die tierärztliche »Grundversorgung« von Haustieren in den Vereinigten Staaten relativ stabil geblieben.[2] Da wir Hunde jedoch weiterhin nicht nur als »Haustiere«, sondern als geschätzte Familienmitglieder betrachten, sind immer mehr meiner Klienten bereit, auch teure Behandlungen und Eingriffe in Erwägung zu ziehen, um das Leben ihres Lieblings zu retten oder zu verlängern. Ich rate Familien stets zu einer ehrlichen Einschätzung ihrer finanziellen Situation, lange bevor die Entscheidung fällt, einen Hund ins Haus zu holen. Erweitern Sie den Haushaltsplan um einen Abschnitt für Ihren Hund, der die jährlichen Ausgaben für Tierarzt, Futter und Gesundheitsvorsorge einschließt. Es ist heutzutage nicht leicht, ein wenig Geld zu sparen. Tun Sie trotzdem Ihr Möglichstes, um eine ausreichende Summe für mögliche medizinische Notfälle Ihres Hundes beiseitezulegen.

Wenn Sie nur wenig Geld zur Verfügung haben, informieren Sie Ihren Tierarzt von Anfang an ehrlich über Ihre finanziellen Grenzen. Bitten Sie ihn, die für die Jahresuntersuchung Ihres Hundes empfohlenen Tests nach Prioritäten zu ordnen. Lassen Sie das Tier regelmäßig untersuchen, um Probleme frühzeitig aufzudecken. Bringen Sie es im Notfall sofort zum Tierarzt und warten Sie nicht, bis es ihm allzu schlechtgeht. Auf diese Weise lässt sich ein kostspieliger Aufenthalt oft vermeiden. Es ist auch keine gute Idee, bis zum Abend zu warten, wenn das Problem bereits seit dem Morgen des Vortags besteht. »Nichts ist frustrierender für einen Tierarzt, als gegen Ende der Geschäftszeiten einen Anruf wegen eines Hundes zu bekommen, der sich schon seit der letzten Nacht erbricht«, erinnert uns Dr. Charlie Rinehimer, Dozent für Biologie und Veterinärtechnik am Northampton Community College und selbst praktizierender Tierarzt. »Denn dann muss er länger bleiben und auch das Personal dabehalten, was die Behandlungskosten in die Höhe treibt.«

Wer die Sterilisation seiner Hunde vor sich herschiebt und sie nicht frühzeitig vornehmen lässt, wird feststellen, dass die Operation bei einem älteren Tier ausführlichere Bluttests sowie eine gründlichere Narkoseüberwachung erfordert und somit teurer wird. Auch gute, ehrliche Informationen zur Vorgeschichte tragen dazu bei, die Kosten niedrig zu halten. »Wenn Sie zugeben, dass Sie dem Hund einen Haufen Schinkenreste gegeben haben, erspart uns das eventuell eine Röntgen- oder Ultraschalluntersuchung, um Blockaden durch Fremdkörper ausschließen zu können«, erklärt Dr. Rinehimer. »Sobald Sie sagen, dass ein Problem bereits seit einiger Zeit besteht, verändert das die Diagnosestrategie, und der Arzt kann gegebenenfalls auf drastische Maßnahmen verzichten.«

Es gibt auch Krankenversicherungen für Haustiere, und wenn die Bedingungen fair sind, ist das meiner Ansicht nach ein Schritt in die richtige Richtung. Einige decken Vorsorgebehandlungen, andere nur größere medizinische Untersuchungen ab. Kürzlich habe ich allerdings mit Versicherungsgesellschaften gesprochen, die einen umfassenderen Ansatz planen und auch Verhaltenstherapie und alternative Behandlungen in den Leistungskatalog aufnehmen wollen. Die beste Möglichkeit, eine Versicherung zu finden, ist folgende: Bitten Sie um einen Leistungskatalog und prüfen Sie dann, welche Gesellschaft Ihren Vorstellungen am ehesten entspricht.

Ganz gleich, ob es um finanzielle Arrangements oder die besonderen Marotten Ihres Hundes geht – die Kommunikation zwischen Ihnen und Ihrem Tierarzt sollte stets offen bleiben. Ich rate meinen Klienten, sich zwischen den Untersuchungsterminen sowie im Lauf des Jahres ausführliche Notizen zum körperlichen Wohlbefinden und dem Verhalten Ihres Hundes zu machen. Dabei sollen sie ihr Augenmerk vor allem auf mögliche Veränderungen seit dem letzten Termin legen. Informieren Sie Ihren Tierarzt unbedingt bei jedem Gespräch über alle – positiven wie negativen – Entwicklungen. Vergessen Sie dabei nicht, dass er auch an den guten Nachrichten interessiert ist. Um es mit Dr. Rinehimer zu sagen: »Wenn es nicht gut läuft, rufen die Leute sofort an. Positive Rückmeldung bekommt man dagegen selten.«

Erinnern Sie sich zu guter Letzt an das berühmte Sprichwort »Vorbeugen ist besser als heilen«. Sorgen Sie dafür, dass Ihr Hund das ganze Jahr über in bester Verfassung ist. Das ist der sicherste Weg, die Praxis Ihres Tierarztes nicht allzu häufig betreten zu müssen und hohe Rechnungen zu vermeiden.

Sterilisation und Kastration

In der amerikanischen Sendung »The Price is Right« (»Der Preis ist heiß«) verabschiedete sich Bob Barker, der Moderator mit dem schönen Namen (*to bark* heißt »bellen«), jedes Mal mit den Worten: »Helfen Sie mit, die unkontrollierte Vermehrung von Tieren zu verhindern. Lassen Sie Haustiere sterilisieren oder kastrieren!« Genau wie Bob wiederhole auch ich die folgende Botschaft wie eine defekte Schallplatte: »Wenn Sie kein professioneller Züchter sind oder das wohlrecherchierte und geplante Vorhaben verfolgen, Ihren Hund zur Zucht einzusetzen, sollte er sterilisiert oder kastriert werden. Das trägt dazu bei, die unkontrollierte Vermehrung von Tieren zu verhindern, und hat zudem gesundheitliche Vorteile für Ihren Hund.

Beim Rüden löst die sexuelle Reife eine Flut von Hormonen aus, die sein Verhalten unberechenbar machen können. Männchen, die über die entsprechende körperliche Reife verfügen und sich nicht paaren dürfen, werden frustriert. Energie staut sich auf, was wiederum zerstörerisches Verhalten verursachen kann. Werden Männchen von läufigen

Hündinnen ferngehalten, entwickeln sie bisweilen ein Dominanz- und Aggressionsverhalten im heimischen Rudel. Andererseits produzieren nicht-sterilisierte läufige Weibchen bestimmte Hormone und ziehen damit die Aufmerksamkeit jedes unkastrierten Rüden in Riechweite auf sich. Falls Sie einen nicht-sterilisierten weiblichen Welpen von sechs Monaten oder älter haben, kann jede Zufallsbegegnung mit einem unkastrierten Männchen dazu führen, dass sie das Äquivalent einer unverheirateten minderjährigen Mutter wird.

Psychisch betrachtet dämpft die Sterilisation die schwer kalkulierbaren Folgen hormoneller Veränderungen in männlichen wie weiblichen Tieren. Die von den Hormonen aufgewühlte nervöse Energie wird beseitigt, und die Hunde haben nicht mehr so sehr den Drang, herumzustreifen und ihr Revier zu markieren. Aggression und Angst infolge hormoneller Schwankungen sind kein Thema.

Es ranken sich viele Mythen um die vermeintlichen gesundheitlichen Folgen einer frühen Sterilisation, wie zum Beispiel die Gefahr der unkontrollierten Gewichtszunahme und der Melancholie wegen des Verlusts der Fortpflanzungsfähigkeit. Ein Hund, dessen Energieniveau aufgrund von Sexualhormonen extrem hoch ist, wird sterilisiert oder kastriert. Er beruhigt sich und pendelt sich auf einem hohen oder mittleren Energieniveau ein. Ein solches Tier läuft keineswegs Gefahr, unkontrolliert zuzunehmen, wenn sein Besitzer Ernährung und Bewegungsumfang dem neuen Lebensstil anpasst. Übergewicht bei Hunden ist oft die Folge von zu viel Futter und zu wenig Bewegung, *nicht* der Sterilisation. Sie müssen auch nicht fürchten, Ihr Hund würde »Trübsal blasen« oder den Verlust seiner Fortpflanzungsfähigkeit betrauern. Nur der Mensch kennt Gedanken wie »Hätte ich doch nur …« und »Was wäre, wenn …?«. Hunde und andere

Tiere leben im Augenblick; und wenn keine Hormone sie zur Paarung treiben, ist dieser Wunsch eben einfach nicht mehr vorhanden.

Im Gegensatz zu manchen Behauptungen kann die Sterilisation sogar erhebliche gesundheitliche Vorteile für Ihren Hund haben.[3] Kastrierte Rüden haben ein sehr viel niedrigeres Risiko, an Prostatakrebs zu erkranken, und sterilisierte Hündinnen sind in späteren Jahren weniger anfällig für Gebärmutter-, Eierstock- oder Brustkrebs. Sie entgehen auch potenziell tödlichen Infektionen und Scheinschwangerschaften.

Einigen Studien zufolge kann es bei der Sterilisation von Hunden unter sechs Monaten Komplikationen geben. Wird der Eingriff allerdings in diesem Alter oder später vorgenommen, kann er das Tier langfristig gesünder und folgsamer machen. Ihr Tierarzt wird Sie über den richtigen Zeitpunkt für die Sterilisation eines Hundes oder Welpen informieren. Denken Sie an diesem Tag daran, dass *Ihre* Energie darüber entscheidet, wie Ihr Hund auf den Eingriff reagiert. Sorgen Sie dafür, dass der Hund oder Welpe vor der Operation ruhig und unterordnungsbereit ist. Denn wenn er aus der Narkose erwacht, wird er in derselben Verfassung sein wie beim Einschlafen. Meiner Ansicht nach reagiert ein Hund, der nach der Kastration oder der Sterilisation einen depressiven Eindruck macht, oft auf die Einstellung seines Besitzers zu dem Ereignis. Haben Sie kein Mitleid mit Ihrem Tier – bewahren Sie eine optimistische, ruhige und bestimmte Haltung. Sie nehmen ihm nichts weg, sondern schenken ihm ein Leben frei von sexueller Frustration.

Du bist, was du isst

Als ich als Neuankömmling in Los Angeles mit der Arbeit mit Hunden begann, nahm ich die Versprechen der Fernsehwerbung meist für bare Münze: dass die beste Nahrung der Welt für meine Hunde in den Regalen von Supermärkten oder Tierhandlungen zu finden war. Es gelang mir auch stets, einmal die Woche das Geld für ein großes Stück rohes Fleisch aufzutreiben. Aber darüber hinaus machte ich mir kaum Gedanken über die Ernährung. Die Hundetrainer sprachen immer darüber, womit sie ihre Tiere fütterten, deshalb wurde ich reichlich mit Informationen versorgt. Doch Dr. Palmquist vom Centinela Animal Hospital sprach zuerst von den verschiedenen Bestandteilen des Hundefutters und riet mir, nach den mysteriösen »tierischen Nebenprodukten« auf dem Etikett Ausschau zu halten. Damals wechselte ich von einem Futter mit Hühnernebenprodukten zu einer Nahrung auf der Basis von Lamm und Reis.

Inzwischen habe ich glücklicherweise Zugang zu einigen der weltweit besten Studien über jenen blühenden Wissenschaftszweig, der sich mit der Erzeugung erstklassiger Tiernahrung beschäftigt. Die zweifellos wichtigste Erkenntnis, die ich daraus gewonnen habe, lautet: Die Gesundheit Ihres Hundes beginnt bei der richtigen Ernährung. Den größten Einfluss auf sein Wohlergehen hat das Futter, das Sie ihm geben. Ihre Wahl in Sachen Ernährung kann darüber entscheiden, ob sich Ihr bester Freund im Alter von zehn Jahren in einen unleidlichen, alten Hund oder in einen agilen und aktiven Senior verwandelt, wie mein Pitbull Daddy es ist!

Im März 2007 mussten Tierbesitzer in den Vereinigten

Staaten zu ihrem Entsetzen erfahren, dass verseuchtes Tierfutter aus China ihre Lieblinge vergiftete. Viele Tiere erkrankten oder starben, weil sie verdorbenes Futter gefressen hatten. Die Nachforschungen der Food and Drug Administration (FDA) und des United States Department of Agriculture (USDA) ergaben, dass die Ursache der Erkrankung in Weizengluten zu finden war, die mit dem Gift Melamin verseucht waren. Es gab eine riesige Rückrufaktion für Hundefutter, und mehrere Hunde- und Katzenfuttermarken verschwanden aus den Supermarktregalen. Aufgrund der Ermittlungsergebnisse von FDA und USDA wurde der hauptverantwortliche Hersteller dieser Produkte mit Klagen überzogen.

Schon lange vor der Rückrufaktion im Jahr 2007 forderten ganzheitliche Tierärzte wie Dr. Paula Terifaj und Dr. Marty Goldstein, natürliches, biologisches Futter ohne Konservierungsstoffe an Haustiere zu verfüttern. Sie verlangten dies, da wissenschaftliche Tests und die gründliche Prüfung durch neutrale Organisationen wie das Animal Protection Institute (ein Institut zum Schutz von Tieren) immer wieder zeigen, dass die kommerzielle Tiernahrungsindustrie nicht im Interesse der Hunde handelt! Die Richtlinien für die als Tierfutter zugelassenen Zutaten werden in den USA nicht von der Food and Drug Administration (FDA), sondern der Association of American Feed Control Officials (AAFCO, Verband der amerikanischen Futterkontrolleure) erlassen. Die Bestimmungen garantieren lediglich, dass das Futter ein Minimum an wichtigen Nährstoffen enthält. In *How to Feed Your Dog If You Fluked Rocket Science*, einem Buch aus der Handbuchreihe von Paula Terifaj, weist die Autorin darauf hin, dass diese Richtlinien nichts darüber aussagen, wie es um die Qualität der verwendeten Zutaten steht, ob die Eiweiß- und Kohlehydratquellen auf ihre Verdaulichkeit getestet wurden oder wie gut die Nährstoffe vom Darm aufgenommen werden.[4]

Die Amerikaner behaupten, ihre Haustiere ebenso sehr zu lieben wie ihre Familie. Aber sie geben ihnen ein Futter, das häufig mit dem Vermerk versehen ist: »Für den menschlichen Verzehr nicht geeignet« und nicht in den gleichen Fabriken verarbeitet werden darf wie menschliche Nahrung! Zu den Zutaten des köstlich aussehenden Tierfutters, das in einem mehrere Millionen teuren Fernsehspot serviert wird, gehören auch sogenannte »Fleischnebenprodukte«. Dahinter kann sich Problemfleisch verbergen – Fleisch von toten, sterbenden, kranken und behinderten Tieren, die oft Krebsgeschwüre hatten, deren Organe von Würmern zerfressen oder deren Körper von Antibiotika und anderen, weit giftigeren Medikamenten gezeichnet waren. Noch beunruhigender aber ist, dass es in zwanzig US-Bundesstaaten erlaubt ist, die Körper von eingeschläferten Haustieren, nicht vermittelbaren Tierheimtieren und Zootieren als »Fleischnebenprodukte« wiederzuverwerten. Diesen Tieren wurde eine Substanz verabreicht, die medizinische Behörden als gefährlich oder tödlich einstufen – und das gilt auch dann noch, wenn sie Tage oder Wochen später indirekt aufgenommen werden. Die Konservierungsstoffe, die beim Abpacken dieser Futtermittel verwendet werden, stammen unter anderem aus der Plastik- und Gummikonservierung und verursachen nachweislich Erkrankungen von Leberschäden über Unfruchtbarkeit bis hin zu Verhaltensstörungen.[5]

Auch wenn in anderen Ländern bessere Verhältnisse herrschen mögen, die Wahrheit ist: Mutter Natur hat Hunde nicht geschaffen, damit sie aus Dosen fressen. Es ist auch nicht vorgesehen, dass Sie tagein, tagaus das gleiche Futter verzehren. Wenn Sie frisch für Ihre Haustiere kochen, können Sie alle potenziellen Gesundheitskatastrophen umgehen, die in der Verwendung kommerziellen Tierfutters lauern. Dr. Terifaj empfiehlt, Kombinationen aus frischem Eiweiß, Kohlenhydraten und Gemüse zu sautieren oder zu kochen. Aber die meisten meiner Klienten haben kaum die Zeit, für sich selbst zu kochen, geschweige denn für ihre Hunde. Ihnen empfehle ich die kleine, aber feine Zahl hervorragender, natürlicher, biologischer Hundefuttersorten, die von kleineren Unternehmen hergestellt und abgepackt werden. Manchmal findet man diese Produkte nicht in den Regalen des örtlichen Supermarktes oder Discounters. Suchen Sie dieses besondere Hundefutter dann in Tierhandlungen oder Naturkostläden und lernen Sie vor dem Kauf, die Zutatenliste auf den Etiketten für Tiernahrung zu lesen. Entscheidend sind die ersten drei Zutaten, da sie den Großteil dessen ausmachen, was Ihr Hund fressen wird. Achten Sie darauf, welches Fleisch als tierisches Protein ausgewiesen ist. Kaufen Sie wenig oder gar kein Futter, das billige, verarbeitete Getreideprodukte enthält. Lehnen Sie grundsätzlich alle Produkte mit künstlichen Konservierungsstoffen, Farbstoffen und Fleisch- oder Getreidenebenprodukten ab. Besprechen Sie eine Veränderung der Ernährung Ihres Hundes mit Ihrem Tierarzt.

In den Vereinigten Staaten wie in vielen europäischen Ländern, die im Überfluss leben, ist Übergewicht ein großes Problem – bei Menschen wie Hunden. Bei Letzteren kann es Gelenk- und Hautprobleme, Verstopfung der Analdrüsen, Herzerkrankungen und viele weitere potenziell lebensbedrohliche Leiden nach sich ziehen. Wenn Sie meine Richtlinien zu Bewegung, Disziplin und Zuneigung befolgen und Ihren Hund mäßig, aber nahrhaft ernähren, sollten Sie ihm damit jenen ausgeglichenen Lebensstil ermöglichen, der Übergewicht verhindert.

Im Kampf gegen Flöhe

Ich musste mit dem Dog Psychology Center viel Lehrgeld zahlen, bis ich begriffen hatte, dass die meisten rezeptfrei erhältlichen Mittel gegen Flöhe nicht funktionieren. Bei der Beseitigung von Flöhen müssen Sie sich auf drei Bereiche konzentrieren: das Tier, das Haus und den Garten. Wenn Sie das Haus aggressiv genug angehen, können Sie die beiden anderen Punkte gelegentlich ignorieren. Am Anfang sollten Sie jedoch mit allen drei beginnen.

Der Garten ist am schwierigsten, sofern die Hunde nicht in einem Gehege gehalten werden, denn dort könnte Zedernholz dazu beitragen, die Flöhe abzuwehren. Aber Vorsicht: Viele Hunde reagieren allergisch darauf. Auch Sprays können helfen, die Anzahl der Flöhe im Garten zu verringern. Ein normal großer Garten mit Rasen oder Bäumen spielt bei dem Problem oft keine entscheidende Rolle und kann ignoriert werden.

Falls Ihre Tiere viel Zeit im Haus verbringen, ist dies üblicherweise auch die wichtigste Front in Ihrem Kampf gegen die Flöhe. Am besten ist es, alle Flächen mit Borsäure zu behandeln, auf denen sich Ihr Hund aufhält. Das schließt alles ein – Teppich, Sofas und Hartholzboden. Borsäure ist sicher, effektiv und hält jahrelang.

Hausmittel wie Bierhefe oder Knoblauch werden seit Jahren zur Abwehr der Schmarotzer eingesetzt. Aber ihre Wirkung wurde nie nachgewiesen.

Denken Sie daran, dass es keine Rolle spielt, mit welchem Produkt Sie bei Ihrem Hund arbeiten – wenn in seiner Umgebung noch Flöhe übrig sind, werden sie ihn erneut befallen. Ziehen Sie Erkundigungen ein, verwenden Sie unbedenkliche

Chemikalien und behandeln Sie die drei genannten Bereiche. Damit dürfte es Ihnen gelingen, den Teufelskreis des häuslichen Flohbefalls zu durchbrechen.

Die Impfkontroverse

Als ich in den Vereinigten Staaten ankam, wusste ich nicht viel über die Gesundheitsversorgung von Haustieren. Auf der Farm meines Großvaters in Mexiko fütterten wir die Hunde mit Tortillas und Milch und allen Resten, die wir erübrigen konnten. Außerdem jagten sie selbstständig Eichhörnchen, Eidechsen und Leguane. Die Hunde waren mager und nicht besonders gepflegt, aber sie waren Menschen gegenüber ruhig und unterordnungsbereit und wurden auch ohne nennenswerte tierärztliche Versorgung meist um die zehn Jahre alt. Als ich meinen ersten Job in den Vereinigten Staaten hatte und in San Diego als Hundefriseur arbeitete, war ich sofort von den wohlgenährten Körpern und dem gesunden, glänzenden Fell der Tiere begeistert. Ich ging davon aus, die Amerikaner besäßen das magische Geheimnis, wie man sich um die körperlichen Bedürfnisse von Hunden kümmern müsse. Nachdem ich das Dog Psychology Center im Süden von Los Angeles eröffnet hatte und mit der Rehabilitation von Hunden begann, vertraute ich den Impfrichtlinien, die ich bekam. Damals glaubte ich wirklich, meinen Hunden das bestmögliche Leben zu schenken. Heute denke ich zurück und frage mich, ob ich ihnen nicht trotz meiner guten Absichten und der – wie ich meinte – korrekten Informationen unbewusst geschadet habe.

Seit der Einführung der Pockenimpfung im Jahr 1796 sind Routineimpfungen gleichbedeutend mit Gesundheit bei

Mensch und Tier. Impfungen funktionieren nach dem Prinzip, dass der Organismus bewusst einer Form von Krankheit oder Infektion (dem Antigen) ausgesetzt wird, um eine andere (das Pathogen) abzuwehren. Aber bereits Mitte der Achtzigerjahre meldeten sich einige mutige tiermedizinische Forscher unter der Führung der Hämatologin Dr. Jean Dodds zu Wort und stellten die gängige Meinung infrage. Im Jahr 1991 gab das angesehene *Journal of the American Veterinary Association* (Fachblatt der tierärztlichen Vereinigung der USA) eine Warnung an alle heraus, die im Bereich der Gesundheitsversorgung von Tieren arbeiteten. Darin hieß es, es fehle nicht nur der Beweis, dass jährliche Impfungen nötig seien. In vielen Fällen bewirkten die zu einem frühen Zeitpunkt erfolgten Impfungen sogar eine lebenslange Immunität und müssten daher nicht zwangsläufig wiederholt werden.[6] Im Juli 1997 kamen über fünfhundert Tierärzte, Wissenschaftler, Ärzte, Immunologen und Epidemiologen zum ersten Symposium »Veterinary Vaccinces and Diagnostics« (»Tierimpfstoffe und Diagnostik«) zusammen. Sie kamen zu dem Ergebnis, dass Impfungen maximal alle drei Jahre aufgefrischt werden sollten.[7] Nach über 25-jähriger Forschungsarbeit präsentierte Dr. Ronald Schultz, Veterinärimmunologe und Professor an der Tierärztlichen Fakultät der Universität von Wisconsin, den Nachweis dafür, dass zusätzliche Impfungen nach dem ersten Lebensjahr eines Hundes wahrscheinlich unnötig und eventuell sogar schädlich sind.[8] Eine wachsende Zahl wissenschaftlicher Forschungen deutet darauf hin, dass die jährliche Impfung überflüssig und möglicherweise schädlich sein könnte. Dennoch hatte es den Anschein, als sei die Gemeinschaft der Tierärzte gegen die Einführung neuer Richtlinien »immun«. Fast alle 65 000 amerikanischen Tierärzte befürworten die jährliche Impfung noch immer.[9] Weshalb?

Laut Marty Goldstein, einem der angesehensten ganzheitlichen Tierärzte in den Vereinigten Staaten, verdient eine Handvoll multinationaler Pharmakonzerne, die einen Anteil an diesem Markt hat, mehrere Milliarden Dollar mit der Herstellung von Tierimpfungen. »Anfangs reagierten diese Unternehmen möglicherweise tatsächlich auf bewundernswerte Weise auf Epidemien. Aber im Laufe der Zeit wurden sie genau wie alle anderen. Sie drängen auf den Verkauf der verschiedensten Produkte und wetteifern um Marktanteile. Sie schaffen neue Märkte, indem sie gelegentlich sogar Impfstoffe gegen weniger gefährliche Krankheiten anbieten, bei denen eine Behandlung sinnvoller wäre. Und die Tierärzte, so gut ihre Absichten auch sein mögen, profitieren ebenfalls davon.«[10] Laut Dr. Jean Dodds, der Gründerin von Hemopet, einer Blutbank für Tiere, haben sie irgendwann »aufgehört, Mediziner zu sein, und angefangen, Impfungen und Pillen zu verkaufen«.[11]

Die Begegnung mit Dr. Marty

Als ich im April 2006 in der »Martha Stewart Show« auftrat, berichtete Martha von ihrer Zuneigung und Liebe für ihre geschätzten Chow Chows und ihrer ebenso tiefen Verehrung für ihren ganzheitlichen Tierarzt Dr. Martin »Marty« Goldstein. Ich war fasziniert, weil ich den gesunden Lebensstil meiner Hunde seit vielen Jahren um immer mehr »alternative« Behandlungsmethoden wie Massage und Akupunktur erweiterte. Dr. Marty hatte an der renommierten Tiermedizinischen Fakultät der Cornell University studiert und vertrat eine Philosophie, die offenbar gut mit der meinen zu vereinbaren war. Ehrlich gesagt, finde ich es ironisch, dass wir diese Art der Gesundheitspflege als »alternativ« bezeichnen. Schließlich arbeitet die Menschheit seit Jahrtausenden mit diesen Methoden, die im Laufe dieser Zeit ihre Wirksamkeit bewiesen haben – im Gegensatz zur westlichen Schulmedizin, die es erst seit einigen hundert Jahren gibt.

Dr. Marty hat auf Sirius Satellite Network eine Radiosendung mit dem Namen »Ask Martha's Vet« (»Fragen Sie Marthas Tierarzt«). Er nahm Kontakt mit mir auf, um mich zu einem Gespräch in eine seiner Sendungen einzuladen. Im Laufe dieser Unterhaltung entdeckten wir unsere gemeinsame Leidenschaft dafür, unseren Tierkameraden ein Leben zu ermöglichen, das – körperlich wie geistig – so weit wie möglich dem entspricht, was Mutter Natur für sie vorgesehen hat. Meine erste persönliche Begegnung mit Dr. Marty fand statt, nachdem Daddy im September 2006 am Sticker-Sarkom erkrankt und behandelt worden war. Er hatte die Chemotherapie mit Bravour überstanden, war endlich kastriert und für krebsfrei erklärt worden. Ich wusste, dass ihm die Behandlungen das Leben gerettet hatten, aber sie waren auch sehr giftig für seinen Körper gewesen. Als Daddy zu Aufnahmen für einige »Dog-Whisperer«-Folgen an die Ostküste gebracht wurde, nutzte ich die Gelegenheit für einen Termin in Dr. Martys entspannender, gemütlicher Smith Ridge Clinic im ruhigen South Salem, New York. Dr. Marty ist ein drahtiger, sportlicher und launiger Kerl, dessen enormer Intellekt mit einem ganz eigenen Sinn für Humor einhergeht. Er untersuchte Daddy und ließ ein ausführliches Blutbild erstellen. Anschließend erarbeitete er ein individuelles Programm mit Nahrungsergänzungsmitteln, das auch Injektionen mit homöopathischen und entzündungshemmenden Vitaminen vorsah. Ich glaube, dass Daddys hervorragende Gesundheit heute zum

Teil auch Dr. Martys einzigartigem Fachwissen zu verdanken ist.

Als ich in Smith Ridge war, zeigte mir Dr. Marty ganze Stapel von Recherchematerial, die er im Laufe der Jahre zusammengetragen hatte. Er präsentierte auch Fotos und Krankengeschichten von Tieren, die von den Impfstoffen, die sie eigentlich hätten heilen sollten, krank gemacht, geschädigt und sogar getötet worden waren. »Ich kann Ihnen nicht sagen, wie oft ein Tier mit den verräterischen Symptomen zu uns in die Praxis gebracht wird: Fieber, steife oder schmerzende Gelenke, Lethargie oder Appetitmangel«, schreibt Dr. Marty in seinem hervorragenden und umfassenden Ratgeber *The Nature of Animal Healing* aus dem Jahr 1999. Wenn er dann »erriet«, dass der Hund vor kurzem geimpft worden war, starrten ihn die Besitzer stets an, als könne er hellsehen. Ebenso häufig sieht Dr. Marty Hunde und Katzen mit chronischen Erkrankungen wie degenerativer Arthritis, starken Allergien, Maulproblemen, Leber- und Nierenversagen und sogar Krebs. »Sind die Impfungen dafür verantwortlich? Ich kann es nicht beweisen«, so Dr. Marty. »Doch als ich vor langer Zeit eine gewisse Verbindung ahnte und mein Vorgehen entsprechend veränderte, passierte mit diesen verräterischen Symptomen oft etwas Erstaunliches. Sie verschwanden allmählich.«[12]

Im Jahr 2003 schaltete sich schließlich eine Expertengruppe der American Animal Hospital Association (AAHA) ein und stellte sich ohne Umschweife der Impfkontroverse. Sie veröffentlichte einen offiziellen Bericht, der 2006 ergänzt wurde und sich zu folgenden Aussagen zusammenfassen lässt:

- Es gibt keine wissenschaftlichen Beweise, welche die Empfehlung der Pharmaunternehmen stützen, dass die Impfstoffe jährlich verabreicht werden sollten.

- Es gibt überwältigende Beweise dafür, dass eine nach dem sechsten Monat verabreichte Impfung bis zu sieben Jahre und möglicherweise sogar ein Leben lang angemessenen Schutz bietet.
- Es wurde dringend empfohlen, nicht öfter als alle drei Jahre zu impfen.[13]

Dr. Ronald Schultz und andere Experten gehen sogar noch weiter und weisen darauf hin, dass man die Formulierung »nicht öfter als« auch als »nie wieder« interpretieren könne. Schultz nennt zahlreiche Forschungsergebnisse, die darauf hinweisen, dass Tiere, die bereits im Welpenalter korrekt immunisiert werden, ein Leben lang vor Hepatitis, Staupe und dem Parvovirus geschützt sind. Viele Impfkritiker behaupten sogar, das »Dreijahresintervall« der AAHA-Richtlinien sei willkürlich festgelegt und möglicherweise gewählt worden, um Tierärzte zu besänftigen, die den Verlust von Impfeinkünften fürchten.[14] Die überarbeiteten Impfrichtlinien der AAHA aus dem Jahr 2006 gliedern Impfungen in drei Kategorien:

- Hauptimpfungen: Impfungen, die jeder Hund bekommen sollte.
- Optionale Impfungen: freiwillige Impfungen, die man nur dann in Betracht ziehen sollte, wenn der Lebensstil oder die Risikofaktoren bei einem Hund dies dringend erfordern.
- Nicht empfehlenswerte Impfungen: Impfungen, die von der AAHA unter keinen Umständen befürwortet werden. (Siehe für Deutschland http://www.mopeichl.de/hundeimpfungen.htm. Monika Peichl hat auch ein beliebtes Buch zum Thema »Impfungen« geschrieben: *Haustiere impfen mit Verstand.*)

Falls Sie einen Tierarzt gefunden haben, dem Sie vertrauen, sollte er oder sie Ihnen genügend Informationen und Empfehlungen geben können, damit Sie im Hinblick auf den Impfplan Ihres Hundes eine bewusste Entscheidung treffen können. Moderne Tierärzte haben unter anderem die Möglichkeit der Titerbestimmung. Ein Titer ist eine Maßeinheit, und ein Antikörpertiter zeigt ungefähr, wie viele krankheitsbekämpfende Schutzstoffe sich im Körper Ihres Hundes befinden. Hat er viele Antikörper im Blut, ist der Titer hoch. Das beweist, dass die Impfung gute Arbeit leistet und er eine gesunde Immunität genießt. Ein hoher Titer ist der klare Nachweis dafür, dass eine Auffrischungsimpfung unnötig ist. Aber ein solcher Test sagt auch nicht alles. Ein Hund kann einen niedrigen Titer im Blut haben und trotzdem über eine gute Immunität verfügen. Dr. Paula Terifaj bezeichnet den Titer-Test im Kampf gegen übermäßiges Impfen dennoch als »Schritt in die richtige Richtung«.[15]

Einen Bereich sparen die neuen AAHA-Richtlinien allerdings aus: die Tollwutimpfung. Das liegt daran, dass Tollwut die einzige Kernerkrankung ist, die auch auf den Menschen übertragen werden kann und somit der Kontrolle durch die Seuchenschutzbehörde untersteht (in Deutschland besteht Meldepflicht!). Die Tollwut ist eine ernste Gefahr für die Gesundheit. Jedes Jahr werden etwa eine Handvoll Fälle gemeldet, in denen ein Mensch daran erkrankt. Sie sind jedoch fast immer die Folge von Bissen tollwütiger Wildtiere, zum Beispiel von Fledermäusen. Daran sieht man sehr deutlich, dass die Tollwutimpfung Haustieren und ihren Besitzern einen guten Schutz bietet. Dr. Paula Terifaj meint dazu: »Die Statistik zeigt, dass die Wahrscheinlichkeit, vom Blitz getroffen zu werden, größer ist als die, nach dem Biss eines Haushundes an Tollwut zu erkranken.«[16] In den meisten US-Staa-

Hauptimpfungen	Staupe* Hepatitis (Adenovirus-2)* Parvovirus* Tollwut *Dreifachimpfstoff
Optionale Impfungen	Leptospirose* Lyme-Borreliose* Zwingerhusten Parainfluenza *Können je nach Region in Betracht kommen, falls die Erkrankungen dort ein echtes Risiko darstellen.
Nicht empfehlenswerte Impfungen	Canines Adenovirus-1 Canines Coronavirus Giardien Crotalus atrox toxoid (Klapperschlange) Porphyromonas (Parodontose)

ten ist eine jährliche Tollwutimpfung vorgeschrieben. Dr. Marty erklärt jedoch: »Gesetze können sich auch wieder ändern, wenn man ihnen mit genügend Logik und politischem Einfluss begegnet. So war früher zum Beispiel in New York die jährliche Tollwutimpfung vorgeschrieben. Inzwischen kann sie in Abständen von drei Jahren erfolgen.«[17] (So ist es auch in Deutschland.) Wenn der Tierarzt berechtigte medizinische Bedenken hat, einem Hund die geforderte Tollwutimpfung zu verabreichen, kann er den Titer bestimmen lassen, um das Maß der Immunität eines Hundes gegen das Tollwutvirus zu ermitteln. Dr. Marty nennt hier den Fall einer zehnjährigen Hündin namens Maggy, die wegen Krebs in Behandlung war. Er fürchtete, eine unnötige Impfung könnte tödlich für sie sein. Maggys Testergebnisse zeigten, dass ihr Tollwutschutz für mehr als ein Leben reichte! In den meisten Staaten haben diese Testergebnisse keine gesetzliche Gültigkeit.[18] Doch mit dieser Methode retteten proaktive Hundebesitzer und Tierärzte schon viele Hunde vor dem unnötigen und möglicherweise sogar schädlichen Überimpfen. Derzeit entwickeln und testen Dr. Jean Dodds und Dr. Ronald Schultz Tollwutimpfstoffe, deren Wirkung fünf bis sieben Jahre lang anhalten soll. Dazu Dr. Dodds: »Dies ist eines der wichtigsten Projekte in der Tiermedizin. Alle Hunde werden davon profitieren, denn es beweist, dass der Schutz durch die Tollwutimpfung mindestens fünf Jahre anhält, was ihnen unnötige Neuimpfungen erspart und das damit einhergehende Risiko schädlicher Nebenwirkungen eliminiert.«[19]

Ein Löffelchen voll Zucker

»Wenn ein Löffelchen voll Zucker bittre Medizin versüßt, rutscht sie gleich nochmal so gut«, trällerte Walt Disneys berühmtestes zauberhaftes Kindermädchen Mary Poppins, und diese Regel gilt – zumindest metaphorisch gesprochen – auch für die Verabreichung von Medikamenten an den Hund.

Wenn ein Hundebesitzer mit einer Pipette, einer Tablette oder einer Spritze auf seinen Hund zugelaufen kommt, kann dieser nicht wissen, dass er ihm helfen will. Das Tier wird die Verabreichung von Medikamenten oder das Pflegeritual nur dann als positiv empfinden, wenn sein Besitzer dabei eine aufbauende, ruhige und bestimmte Energie ausstrahlt. Leider geben meine Klienten bei der Medikation ihres Hundes meist ihre allzu menschlichen Gefühle von Nervosität, Sorge, Schuld oder Anspannung weiter. Schreckt dieser dann zurück, bellt, beißt, knurrt oder protestiert er anderweitig dagegen, verstärkt der Eigentümer die Negativität mit seiner frustrierten und wütenden Energie weiter. Kein Wunder, dass der Hund Gesundheits- oder Schönheitspflege jeder Art als negativ empfindet! Ginge Ihnen das nicht genauso?

Falls Sie Ihrem Hund ein Medikament verabreichen müssen, sollten Sie unbedingt daran denken, positiv auf ihn zuzugehen. Sie helfen Ihrem Hund! Das muss Ihnen nicht leidtun! Ermüden Sie ihn mit einem Spaziergang, wenn Sie ihm zum Beispiel Ohrentropfen geben oder die Nägel schneiden müssen. Behandeln Sie niemals einen Hund, der sich in einem besonders energiegeladenen Zustand befindet! Achten Sie darauf, dass auch Sie entspannt sind. Verknüpfen Sie den Vorgang nun mit einer positiven Erfahrung, zum Beispiel einem Leckerbissen oder einer Massage. Halten Sie dem Hund falls nötig sogar die Augen zu. So verhindern Sie, dass optische Eindrücke ihm Angst machen.

Befolgen Sie bei oral zu verabreichenden Arzneimitteln folgende wichtige Regel: Versuchen Sie nicht, das Medikament im normalen Futter zu verstecken. Einige Hunde werden daraufhin misstrauisch und lehnen ihre Nahrung grundsätzlich ab. Die besonders Schlauen spucken die Pille aus, wenn sie sie finden, ohne dass Sie es mitbekommen. Suchen Sie sich stattdessen einen schmackhaften Leckerbissen, der die Tablette ganz umhüllt, zum Beispiel weichen Käse, Erdnussbutter oder ein Brühwürstchen. Sofern das Medikament zu den Mahlzeiten verabreicht werden darf, bieten Sie Ihrem Hund den Leckerbissen vor dem Füttern an. Dann ist er am hungrigsten und die Wahrscheinlichkeit am größten, dass er ihn auch frisst. Gelegentlich kann es vorkommen, dass Ihr Tierarzt Sie bittet, ein Medikament auf nüchternen Magen zu verabreichen. In diesem Fall müssen Sie es dem Hund einfach ins Maul schieben. Auch dazu muss er entspannt, müde und in einem ruhigen und unterordnungsbereiten Zustand sein. Öffnen Sie den Kiefer des Hundes, legen Sie die Tablette auf seine Zunge und schieben Sie sie nach hinten über die Zungenwurzel. Gelingt Ihnen dies nicht, wird er sie vermutlich wieder ausspucken. Belohnen Sie ihn nach dieser Prozedur mit einer Massage oder etwas anderem, das ihn entspannt und glücklich macht.

Die Angst vor dem Tierarzt

Betty ist eine wundervoll positive siebzigjährige Großmutter. Sie kümmert sich um die achtjährige Dingo-Mischlingshündin Aussi, die fast ihr ganzes Leben bei ihr verbracht hat. Die Bindung zwischen den beiden ist sehr stark – sie wuchs vor allem in der Zeit auf, als Aussi Betty bei zwei erfolgreichen Krebsbehandlungen Trost spendete. Das Problem war, dass sie in Tierarztpraxen aggressiv und trotzig wurde. Nachdem Betty ohne Erfolg drei Tierärzte durchprobiert hatte, hatte Aussi noch nicht einmal eine Routineuntersuchung mit Blutprobe hinter sich. Ihre Nägel waren seit über fünf Jahren nicht mehr geschnitten worden! Bettys Schwiegertochter Dianne erzählte mir, dass ihre Schwiegermutter bereits in der Woche vor den Tierarztterminen nervös würde. Wenn es dann so weit war, sei sie noch aufgewühlter und ängstlicher als Aussi selbst!

Mein Fachgebiet ist das Verhalten, nicht die Medizin. Deshalb geht es bei den Fällen, zu denen ich gerufen werde, auch meist um die Angst eines Hundes vor dem Tierarztbesuch. Die Angst eines Tieres, das nicht korrekt darauf vorbereitet wurde, ist verständlich. Schließlich begibt es sich in eine neue Situation mit fremden Menschen, die es auf ungewohnte Weise anfassen. Die Gerüche in einer Tierarztpraxis

Empfehlungen unserer Tierärzte für die Verabreichung von Medikamenten

- Verstecken Sie die Arznei in einem Leckerbissen. Dieser sollte weich sein und aus einem Stück bestehen.
- Wählen Sie Medikamente nach Möglichkeit in der Darreichungsform, die Ihr Hund besser akzeptiert – flüssig oder fest.
- Ob Sie's glauben oder nicht: So mancher Hund reagiert besser auf Spritzen.
- Apotheken, die noch selbst Arzneimittel herstellen, können viele Medikamente ein wenig genießbarer machen.
- Arbeiten Sie nur mit entspannten, ruhigen und unterordnungsbereiten Hunden.
- Stellen Sie eine positive Verknüpfung zwischen dieser Erfahrung und beispielsweise einer Massage, einem Leckerbissen oder einem Kauspielzeug her.
- Achten Sie darauf, dass Sie eine ruhige, bewusste und positive Energie ausstrahlen!

können einem Hund signalisieren, dass hinter der Tür zum Untersuchungsraum etwas Beängstigendes vor sich geht. Denn wenn ein Hund Angst hat, entleert er den Analbeutel – und jeder Artgenosse weiß, was das bedeutet. Bedenken Sie: Das ist, als bäten Sie einen Freund, der keine Ahnung von Horrorfilmen hat, vor einem Kino zu warten, in dem ein Slasher-Film läuft. Woher soll er angesichts der Schreie wissen, dass dort drinnen nicht wirklich Mord und Totschlag passieren? Im Grunde ist es Ihre Aufgabe als verantwortungsbewusster Hundebesitzer, Ihren Kameraden wissen zu lassen, dass im Behandlungszimmer »nur ein Film« läuft und seine Sicherheit nicht wirklich bedroht ist.

Sie müssen vor allem daran denken, dass Ihr Hund nicht die kognitiven Möglichkeiten besitzt, die Arbeit eines Tierarztes zu verstehen. Eine positive, ruhige, bestimmte und heilende Energie erkennt er dagegen sofort. Darum ist die Wahl des Tierarztes so wichtig – vor allem die Entscheidung für einen Menschen, der bereit ist, Ihren Hund schon vor der eigentlichen medizinischen Behandlung kennenzulernen. Ein ausgeglichenes Tier ist neugierig und will ganz automatisch Zeit mit neuen Personen mit guter Energie verbringen. Wenn ein Hund seinem neuen Tierarzt in einer entspannten, zwanglosen Situation begegnet, wird seine Beziehung zu diesem Menschen damit beginnen, dass er seinen oder ihren Geruch mit Entspannung verbindet.

Wichtig ist auch, dass er sich in der Tierarztpraxis wohlfühlt. Ich rate meinen Klienten stets, sich ein paar Mal ins Wartezimmer des Tierarztes zu setzen, bevor eine Untersuchung nötig wird – am besten nach einem schönen langen Spaziergang. Herrchen oder Frauchen nimmt im Wartezimmer Platz, trinkt eine entspannende Tasse Kaffee und liest eine Zeitschrift. Währenddessen können Praxisangestellte und Tierarzthelfer dem Hund Wasser und einen Leckerbissen geben. So kann sich der Hund an den Geruch, die Geräusche und die Personen in der Praxis gewöhnen und gleichzeitig verstehen, dass ihm dort kein Leid geschehen wird. Wenn Sie dann tatsächlich zur Untersuchung in die Praxis gehen, beherrschen Sie und Ihr Hund die Routine bereits perfekt!

Vergessen Sie nicht, dass Ihre Einstellung als Rudelführer die entscheidende Rolle spielt, wenn Ihr Hund in einer neuen Situation ruhig und gelassen bleiben soll. Viele Besitzer machen sich Sorgen, regen sich auf und rechnen mit dem Schlimmsten – und das, lange bevor sie das Haus verlassen und sich mit ihrem Hund auf den Weg in die Tierarztpraxis machen. Unter derartigen Umständen spiegelt das Tier stets Ihre Energie, und es kann passieren, dass Sie ausgerechnet die Situation heraufbeschwören, die Sie eigentlich fürchten.

Im Fall von Betty und Aussi musste ich mich zunächst mit Bettys besorgter, ängstlicher Energie beschäftigen und sie dazu bringen, dass sie einsieht, wie sehr ihre eigene Angst zu Aussis Stress beitrug. Betty sollte Kontakt zu ihrer ruhigen und bestimmten Seite aufnehmen. Ich bat sie daher, sich daran zu erinnern, mit welcher Einstellung sie gegen die Krebserkrankung gekämpft hatte. Als ich diese Worte aussprach, konnte ich sofort beobachten, wie sich ihr Gesichtsausdruck von ängstlich und schwach in entschlossen und stark verwandelte. Sie verstand sofort, was Sie falsch gemacht hatte. Anschließend zeigte ich ihr, wie sie mit Aussi vor dem Tierarztbesuch einen korrekten, ordentlichen »Rudelspaziergang« machen konnte. Denn auch in diesem Fall gilt: Bewegung hilft einem Hund, die Energie abzubauen, die sich im Laufe des Tages aufgestaut haben kann. Im Anschluss daran wird er stets entspannter und empfänglicher für Unbekanntes sein. Wenn Sie einen Hund einer belastenden Situation aussetzen, ohne vorher mit ihm spazieren zu gehen, ist das, als brächten Sie ein Kleinkind, das Süßigkeiten genascht hat und den Mittagsschlaf ausfallen ließ, in ein feines Restaurant. Indem Betty mit Aussi spazieren ging – und vor allem deshalb, weil sie die Tierarztpraxis zum Ziel des Spazierganges machte –, beruhigte sie den Hund und gab dem Marsch auch noch einen Sinn.

In der Praxis von Dr. Gail Renehan half ich Aussi auf den Untersuchungstisch. Betty stand daneben. Mir war sofort klar, dass Aussi nicht aggressiv war. Die Hündin war in heller

Panik. Noch bevor irgendetwas passierte, fing sie an zu winseln und zu schreien, als würde man sie foltern. Die Menschen um sie herum fühlten sich schlecht, wurden noch gestresster, und die Situation eskalierte.

Betty war bei mir und Dr. Renehan im Untersuchungszimmer. Normalerweise ist es mir lieber, wenn der Besitzer draußen wartet, damit der Hund seine Energie nicht dazu benutzen kann, sich noch mehr Kraft zu holen. Aber in diesem Fall war es mir wichtig, dass Betty Zeugin der Verwandlung wurde. Es dauerte sehr lange, bis wir Aussi einen Maulkorb angelegt hatten – aber ich konnte Betty klarmachen, wie wichtig es war, Ruhe und Geduld zu bewahren. Damit gaben wir Aussi nämlich zu verstehen, dass wir nicht wie zuvor aufgeben und sie in Ruhe lassen würden. Es war viel Arbeit, aber zum ersten Mal seit langem gelang es, Aussi Blut abzunehmen, ihre Temperatur zu messen und sogar ihre Nägel zu schneiden. Entscheidend war, dass wir nicht aufgaben. Betty verstand. »Heute«, so sagte sie später, »hat Aussi nicht gewonnen.«

Langfristig betrachtet war der Tierarztbesuch natürlich trotzdem ein Gewinn für sie. Als sich Betty ihren medizinischen Behandlungen hatte unterziehen müssen, war Aussi für sie da gewesen. Endlich konnte sich Betty dafür revanchieren, indem sie sich um die Gesundheit ihres geliebten Hundes kümmerte. Damit sich Aussis Betragen beim Tierarzt noch weiter besserte, wies ich Betty an, regelmäßig – und nur zu Besuch – mit ihr in die Praxis zu gehen. Das Personal sollte ihr Kekse, Wasser und Zuneigung geben. Sie sollte lernen, dass dies ein Ort warmherziger, freundschaftlicher Kontakte war. Auf diese Weise würde auch Betty die Furcht vor weiteren Terminen verlieren, mit der sie Aussi ansteckte und ihre Nervosität verstärkte.

Ich freue mich, berichten zu können, dass Bettys Durchhaltevermögen belohnt wurde. Sie hielt sich an meine Verordnung, regelmäßig und aus rein gesellschaftlichen Gründen mit Aussi in Dr. Renehans Praxis zu gehen. Als schließlich die nächste Untersuchung fällig war, ordnete sich die Hündin sofort kampflos unter! Betty und Aussi sind der Beweis dafür, dass ein bestimmter Rudelführer alles Negative in etwas Positives verwandeln kann.

Notfälle

Im Notfall ist eine ruhige und bestimmte Energie noch wichtiger. Wenn Ihr Hund unerwartet einen Unfall hat oder ein medizinisches Problem bekommt, verlässt er sich darauf, dass Sie ihm ein Gefühl von Sicherheit vermitteln. Wenn Hundebesitzer in Panik geraten, weinen und das Tier mit ihrer Angst und ihren schlimmen Befürchtungen überfluten, wie können sie da erwarten, dass es sich entspannt und behandeln lässt? Unfälle können passieren, und wir müssen sowohl physisch als auch psychisch darauf vorbereitet sein. Was das Psychische angeht, rate ich meinen Klienten, so zu tun, als seien sie Rettungsassistenten – Profis, deren Leben darum kreist, auch in Anbetracht der schlimmsten Katastrophen ruhig zu bleiben. Nutzen Sie Ihre Vorstellungskraft, um die Krise zu bewältigen. Sobald Ihr Hund sicher in den Händen von Fachleuten oder der unmittelbare Notfall vorüber ist, rufen Sie einen Freund oder Angehörigen an, dem Sie vertrauen und dem Sie Ihre tiefsten Gefühle mitteilen können. Erst dann dürfen Sie zusammenbrechen.

Wenn Sie vorbereitet sind, dürften Sie im Notfall weniger leicht in Panik geraten. Ziehen Sie in Betracht, Herz-

So bereiten Sie Ihren Hund auf den Besuch beim Tierarzt oder Tierfriseur vor

- Machen Sie Ihren Hund lange vor dem ersten Termin mit dem Tierarzt und dem Tierfriseur bekannt – falls möglich in einer entspannten, nicht berufsbezogenen Atmosphäre. Geben Sie ihm Gelegenheit, mit diesem neuen Menschen vertraut zu werden, indem Sie auf die Regel »Nicht anfassen, nicht ansprechen, nicht ansehen« zurückgreifen, bis es den Anschein hat, als fühle er sich in seiner Gegenwart wohl.
- Bringen Sie Ihren Hund mindestens einmal vor dem eigentlichen Termin an den Ort, an dem er untersucht oder frisiert werden soll. Treffen Sie möglichst nach einem langen Spaziergang ein. Geben Sie den Helfern im Wartezimmer die Gelegenheit, Ihren Hund mit Wasser und Leckerbissen zu erfrischen, während Sie sich ausruhen und eine Zeitschrift lesen. Er soll diese Umgebung mit Entspannung verknüpfen.
- Sorgen Sie bereits zu Hause dafür, dass Ihr Hund weiß, wie man ihn bei einer tierärztlichen Untersuchung oder beim Hundefriseur anfassen wird. Spielen Sie einige Male »Doktor«, wenn er müde und entspannt ist. Massieren Sie ihn, geben sie ihm ein paar Leckerbissen, verströmen Sie positive Energie und stellen Sie so eine angenehme Assoziation zu den Werkzeugen und Instrumenten (Schermaschine, Föhn) sowie den Gerüchen (Alkohol, Shampoo) her, die ihm begegnen werden.
- Verschaffen Sie Ihrem Hund vor jedem Termin Bewegung! Parken Sie außerdem ein paar Straßen weiter und marschieren Sie zehn Minuten oder länger zu ihrem Ziel.
- Achten Sie vor, während und nach dem Termin auf Ihre Energie! Sie entscheiden darüber, wie Ihr Hund seine Welt interpretiert. Sind Sie angespannt, wird auch er sich verspannen. Joggen Sie vor dem Termin um den Block, machen Sie Yoga oder hören Sie entspannende Musik. Tun Sie, was nötig ist, damit Ihre Energie immer gleich ruhig und bestimmt bleibt!

Der Erste-Hilfe-Koffer für Ihren Hund

- Mit Alkohol getränkte Wattebäusche
- Sofort-Kältekompresse
- Pipette
- Taschenlampe
- Mullkompressen
- Handschuhe
- Formulare
- Telefonnummer Ihres Tierarztes
- Telefonnummer sowie Straßenkarte/Wegbeschreibung zum tierärztlichen 24-Stunden-Notfalldienst
- Krankengeschichte Ihres Hundes
- blutstillendes Mittel
- Thermometer
- Handtuch oder Decke
- Pinzette

Lungen-Wiederbelebung und Erste Hilfe für Tiere zu lernen. In vielen Regionen werden Kurse angeboten. Ein solches Training ist sehr wertvoll und wird sich genau dann auszahlen, wenn Sie es am dringendsten brauchen. Sie sollten auch einen Erste-Hilfe-Koffer für Ihr Tier zusammenstellen und dafür sorgen, dass er stets gut bestückt ist.

Körperlich oder psychisch?

In der Sendung »Dog Whisperer« übernehmen wir einen Fall nur dann, wenn uns die Besitzer versichern und eine Erklärung unterzeichnen, dass sie einen Tierarzt konsultiert haben und medizinische Ursachen für das Verhaltensproblem ihres

Hundes ausgeschlossen wurden. Trotzdem gerate ich von Zeit zu Zeit an einen Fall, in dem ich mich fragen muss: »Könnten wir es hier mit einer körperlichen oder nervlichen Ursache zu tun haben?« Für gewöhnlich weiß ich recht schnell, ob ich die Besitzer an einen Spezialisten verweisen muss. Trotzdem sollten weder Fachleute noch Hundebesitzer je vergessen, dass Tiere merkwürdige körperliche Empfindungen oder Unbehagen nicht verbal mitteilen können. In der freien Natur kann es ein Tier sogar sehr schnell das Leben kosten, wenn sein Verhalten oder seine Körpersprache Schmerz oder Schwäche »verraten«. Deshalb werden Hunde ihr körperliches Unbehagen eher verheimlichen, als es kundzutun. Die Familienangehörigen müssen den Hund ständig beobachten, um herauszufinden, was er ihnen mit seinem Körper und seinem Verhalten mitteilt. Nur so können sie sicher sein, dass sie es nicht in Wirklichkeit mit einem Hilfeschrei zu tun haben.

Entwickelt ein Hund in relativ kurzer Zeit ein Verhaltensproblem, ohne dass sich seine Umgebung verändert hat, sollten Sie stets prüfen lassen, ob eine organische Ursache vorliegt, ehe Sie ihn fortschicken, damit er Manieren lernt. Wenn Ihr ruhiger, unterordnungsbereiter Hund plötzlich anfängt zu knurren, zu schnappen oder sich merkwürdig zu benehmen, brauchen Sie die Hilfe Ihres Tierarztes. Er sollte feststellen, ob ein gesundheitliches Problem vorliegt. Hunde mit Arthrose oder allgemein Tiere mit Schmerzen zeigen gelegentlich Anzeichen von Aggression. Ältere Hunde können aufgrund des Verlusts ihrer Seh- oder Hörfähigkeit den Kontakt zur Umwelt verlieren. Gelegentlich haben ältere Semester auch ihre ganz besonderen »Momente«, in denen sie ziellos im Haus umherwandern. Möglicherweise fangen Sie sogar an, Kot und Urin im Haus abzusetzen. Geht das Verhaltensproblem mit einer Veränderung der

Fress- oder Trinkgewohnheiten, mit Erbrechen oder Durchfall, mit Inkontinenz oder anderen körperlichen Veränderungen wie schneller Gewichtszunahme, Gewichtsverlust oder Fellausfall einher, sind eine Untersuchung sowie Blutbild und Urinprobe nötig, um Krankheiten wie etwa Diabetes, Schilddrüsenunterfunktion oder Nebennierenrindeninsuffizienz (Morbus Addison) ausschließen zu können. Dr. Charles Rinehimer erzählte mir von einem Fall, in dem der gutmütige Husky plötzlich aus heiterem Himmel den dreijährigen Sohn einer seiner Helferinnen anknurrte und Artgenossen gegenüber aggressiv wurde. Außerdem war er stets ausgehungert wie ein Wolf. Eine Blutuntersuchung ergab, dass er an einer Schilddrüsenunterfunktion litt. Als er Medikamente dagegen bekam, war er bald wieder genauso liebenswert wie früher.

So unterscheiden Sie körperliche Probleme von Verhaltensauffälligkeiten

Stellen Sie sich folgende Fragen:

- Hat sich etwas in der Umgebung verändert?
  Bauarbeiten?
  Neue Möbel?
  Ein neues Haustier?
  Ist eine Person oder ein Tier gestorben oder umgezogen?
- Wann tritt das Verhalten auf? Welche Situation, welcher Reiz löst es aus?
- Zeigt sich das Verhalten immer oder nur zeitweise?

Schließen Sie medizinische Probleme mit einer gründlichen Untersuchung und einem Bluttest aus. Wenden Sie sich gegebenenfalls an einen Spezialisten.

Ziehen Sie die Alternativen in Betracht

Ich habe bereits erwähnt, dass ich es ironisch finde, wenn wir Lösungen wie die Pflanzenmedizin, Vitamine und andere Nahrungsergänzungsmittel, Homöopathie, Akupunktur, Chiropraktik sowie Massage als »alternative« Medizin bezeichnen. Diese Behandlungen wurden bereits vor der Erfindung der ersten modernen »Pillen« jahrtausendelang mit hervorragenden Ergebnissen und ohne oder mit geringen Nebenwirkungen eingesetzt! Natürlich retten moderne Medikamente vielen Haustieren das Leben. Daddy musste sich einer Chemotherapie unterziehen, die ihm das Weiterleben ermöglichte. Arzneimittel wie Antibiotika und Cortison können unsere Hunde von der Schwelle des Todes zurückholen. Aber wie Dr. Marty in seinem Buch *The Nature of Animal Healing* schreibt: »Im Grunde dienen Medikamente der Unterdrückung. In der Regel unterdrücken sie die für das schlechte Befinden verantwortlichen Krankheitssymptome, statt bei ihrer Ursache anzusetzen.«[20]

Was langfristiges Wohlbefinden angeht, glaube ich an Heilmittel, die das ganze Tier – Körper, Geist und Seele – und nicht nur das akute Problem behandeln. Wenn wir unseren Hunden ein Leben ermöglichen, in dem wir ihrem Körper gute Nahrung und Bewegung, ihrem Geist Disziplin und ihrer Seele Zuneigung schenken, geben wir ihnen die Chance auf Erfüllung und Ausgeglichenheit. Ein ausgeglichenes Tier ist glücklich, deshalb läuft seine Abwehr auf Hochtouren. Meiner Ansicht nach ist ein körperlich, geistig und seelisch ausgeglichener Hund weniger anfällig und kann so den meisten Beschwerden und Krankheiten von vornherein entgehen.

Im Dog Psychology Center versuchen wir, die Hunde mit allem Nötigen zu versorgen, damit die drei Wesensteile Körper, Geist und Seele berücksichtigt werden. Natürlich verschaffen wir dem Rudel viel Bewegung im Freien – sehr viel sogar! Zusätzlich zu den täglichen Spaziergängen und Ausflügen auf Inlineskates spielen wir im eigenen Hundepark anstrengende Apportierspiele. Die Tiere können im Pool schwimmen oder einen Hindernisparcours absolvieren, und so oft wie möglich gehen wir in den Santa Monica Mountains zum Wandern oder laufen an den malerischen Stränden der kalifornischen Küste durch die Brandung. Von Zeit zu Zeit besuchen wir mit den Hütehunden einen Hütekurs oder mit den Terriern ein Agility-Seminar. Stellen Sie sich vor, wie sich ein solcher Lebensstil auf die geistige und körperliche Gesundheit eines Hundes auswirkt, verglichen mit einem Tier, das den größten Teil des Tages im Haus verbringt und nur gelegentlich einen Abstecher ans Ende der Straße unternimmt, um sich zu lösen. Die Fütterung ist ein wichtiges Ritual im Center, bei dem wir natürliches, frisches, schmackhaftes und nahrhaftes Futter anbieten. Ältere Hunde, Tiere mit Verhaltensproblemen, chronischen Erkrankungen oder körperlichen Problemen aller Art bekommen homöopathische Medikamente sowie regelmäßig therapeutische Massagen und mindestens jede zweite Woche Akupunktur.

Vielleicht denken Sie beim Lesen dieser Zeilen: »Natürlich hat Cesar einen Hang zu ausgefallenen Behandlungen. Er lebt in Kalifornien. Die machen dort alle so seltsame Sachen.« Ich verstehe, dass Leser, die noch keine Erfahrung mit Akupunktur, Chiropraktik oder Homöopathie haben, diese Dinge für Hokuspokus halten. Deshalb möchte ich Sie ermutigen, es selbst auszuprobieren. Bei einem großen Spektrum von Symptomen von chronischen Schmerzen und Arthritis über Antriebslosigkeit und Depression bis hin zu Allergien und Erkältungen kann sich die Medizin, die Sie als »alternativ« bezeichnen, in den Händen der richtigen Person als wirkungsvolle, erschwingliche und nebenwirkungsfreie Behandlungsmöglichkeit erweisen im Gegensatz zu schulmedizinischen Medikamenten, die Müdigkeit, Übelkeit oder Übergewicht verursachen. Es sieht aus, als fände derzeit die ganze Welt zu diesen hilfreichen Therapien zurück. In Europa überweist beinahe die Hälfte der britischen Ärzte einen Teil ihrer Patienten an Homöopathen. In Frankreich und Deutschland gibt es in fast jeder Apotheke eine homöopathische Abteilung.[21] In den Vereinigten Staaten, aber auch in anderen Ländern bieten inzwischen viele etablierte Versicherungsgesellschaften Policen an, die sogar Akupunktur und chiropraktische Behandlungen abdecken.

Auch meine Familie profitiert von ganzheitlichen Therapien. In unserem Unternehmen spielt Ilusion die intellektuellere Rolle. Massagen helfen ihr zum Beispiel, die geistige Belastung zu senken, damit sie klar denken und entsprechende Entscheidungen treffen kann. Andre und Calvin treiben viel Sport und lassen sich akupunktieren, um ihre Muskeln zu entspannen und einen positiven Energiefluss zu bewahren. Daddy bekommt jede zweite Woche Akupunktur gegen seine Arthrose. Er nimmt auch Pilztabletten zur Krebsvorsorge und bekommt eine biologische Rohkostdiät. Ich selbst lasse mich akupunktieren, weil ich einen körperlich anstrengenden Beruf habe. Ich bin den ganzen Tag auf den Beinen, hebe schwere Gewichte und bin vielen verschiedenen Energien ausgesetzt, unter anderem den Schwingungen wütender oder frustrierter Menschen. Die Behandlungen beugen Stress vor und sorgen dafür, dass ich neutral und in meiner Mitte bleibe. Ich würde meine Familie niemals zu einer Behandlung ermutigen, wenn ich mich nicht eingehend darüber informiert hätte und sie sowohl für sicher als auch für wirkungsvoll hielte.

Wie bei der Wahl des Haus- oder Tierarztes steht und fällt der Erfolg jeder Therapie mit der Entscheidung für einen hervorragenden Homöopathen, Chiropraktiker oder Akupunkteur. Sammeln Sie Empfehlungen. Informieren Sie sich über Ausbildung, Erfahrung und Zulassung des Arztes. Unterhalten Sie sich mit Patienten, die derzeit bei dem neuen Therapeuten in Behandlung sind, bevor Sie ihm Ihre Familie oder Ihre Haustiere anvertrauen. Sprechen Sie bereits im Vorfeld mit ihm und vergewissern Sie sich, dass Ihnen seine Energie, seine Ziele und seine Philosophie zusagen. Selbstverständlich sollten Sie alternative Behandlungen stets mit Ihrem Haus- und/oder Tierarzt absprechen.

Energie und Heilung

Wer meine Sendung oder meine Bücher kennt, der weiß, welch große Bedeutung ich dem Konzept der Energie beimesse, wenn es darum geht, wie Mutter Natur ihre Welt erschuf. Betrachtet man die gesamte Geschichte der Menschheit, lassen sich mit Ausnahme der modernen westlichen Medizin fast alle medizinischen Systeme als »vitalistisch« bezeichnen. Das heißt, sie funktionieren nach dem Prinzip, dass gute körperliche und geistige Gesundheit aus einem Gleichgewicht von Körper, Geist und Seele hervorgeht und Krankheit die Folge einer Art Energiemangel, -blockade oder -ungleichgewicht in einem oder mehreren Elementen ist. Die Chinesen erfanden die Akupunktur bereits vor viertausend Jahren. Sie beruht auf dem Gedanken, dass Energie in Kanälen durch den Körper kreist. Diese werden als »Me-

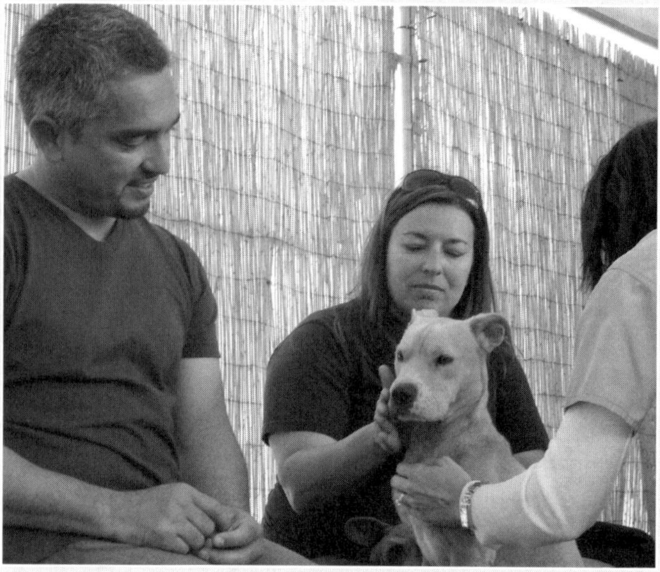

Luna wird akupunktiert.

ridiane« bezeichnet. Ist ein Meridian blockiert, werden an bestimmten Punkten entlang dieses Energiekanals winzige Akupunkturnadeln eingeführt, die dann eine Art Reiz durch den Körper schicken und die Blockade beseitigen, damit die Energie wieder frei fließen kann. So kann sich der Körper selbst heilen, wie die Natur es vorsieht. Ich selbst habe genau wie ein großer Teil der regelmäßig von mir konsultierten Tierärzte die Erfahrung gemacht, dass Tiere auf diese Behandlungsart noch besser und schneller ansprechen, als das bei Menschen oft der Fall ist. Dies liegt möglicherweise daran, dass sie nicht mit unserer westlichen intellektuellen Skepsis zu kämpfen haben, denn noch immer fehlt der wissenschaftliche Beweis dafür, wie Akupunktur funktioniert.

Zum Glück haben Hunde keine Ahnung davon. Sie verlangen nicht nach wissenschaftlichen Beweisen in Form von Tabellen und Diagrammen. Sie spüren sofort Erleichterung und Entspannung.

Luna – allein und verlassen

Luna war ein eineinhalb Jahre alter Labradormischling, der eine lähmende Angst hatte und sich vor beinah allem fürchtete. Ihr Besitzer Abel Delgado hatte sie aus ebendiesem Grund aus dem Tierasyl geholt. Ich ging zur »Pasadena Humane Society«, und dieser kleine, ungefähr acht Kilogramm schwere Hund drückte sich völlig verängstigt in die Ecke des Zwingers. Sie war das wohl gebrochenste Tier im ganzen Tierheim. Ich dachte: »Himmel, dieser Hund braucht echt viel Hilfe.« Inzwischen weiß ich, dass sie mich daran erinnert, wie ich als Kind war. Ich habe Ihnen bereits an anderer Stelle des Buches gezeigt, wie Sie es vermeiden können, Tiere mit derart akuten Verhaltensproblemen zu adoptieren. Aber Abel ist das Paradebeispiel eines Menschen, der ganz genau weiß, worauf er sich einlässt. Er traf die bewusste Entscheidung, alles Nötige zu tun, um Luna zu rehabilitieren. Aber nachdem er mehrere Monate alles Mögliche versucht hatte, um sie aus ihrem Schneckenhaus zu holen, kam er zu dem Entschluss, dass er es nur mit professioneller Hilfe schaffen würde. Er nahm Kontakt mit mir auf.

Luna war unbestritten der schlimmste Fall von Furchtsamkeit und Angst, der mir in meiner Karriere je begegnet ist. Ich kann es nicht mit Bestimmtheit sagen, vermute aber, dass sie viel zu früh von ihrer Mutter getrennt worden war. Sie begegnete der Welt nicht so, wie es ein Hund normalerweise tut – mit Nase, Augen und Ohren. Sie benutzte lediglich Ohren und Augen, niemals die Nase. Der Lärm von vorüberfahrenden Lastwagen oder spielenden Kindern machte ihr Angst. Allerdings fürchtete sie sich auch vor natürlichen Geräuschen wie singenden Vögeln und dem Wind. Wenn meine Theorie von der viel zu frühen Entwöhnung stimmt, zeigt das Beispiel von Luna sehr schön, wie wichtig es ist, dass ein Welpe bis Ende des zweiten Monats bei seinen Wurfgeschwistern und seiner Mutter aufwächst. Luna hatte einfach keine Ahnung, wie es war, ein Hund zu sein!

Ich machte Luna mit dem Rudel bekannt und ließ ihr von ihren Artgenossen im Center beibringen, was es bedeutet, ein Hund zu sein. Darüber hinaus konfrontierte ich sie mit den Situationen, die ihr Angst machten. Ich kam zu dem Schluss, dass sie die perfekte Kandidatin für eine natürliche Akupunkturbehandlung war, da diese Therapieform im Körper gespeicherte Traumata besser auflösen kann als Massagen oder Beruhigungsmittel. Vor ihrer ersten Akupunkturbehandlung war Luna gespannt wie eine Feder. Es war, als würde sich die Spannung in ihrem Körper nicht einmal im Schlaf lösen! Natürlich unternahmen wir vor dem Termin einen zusätzlichen Spaziergang und bauten dabei so viel Energie wie möglich ab. Als ihr Akupunkteurin Dr. Audra MacCorkle die erste Nadel auf der Stirn setzte, schien es, als würde die Spannung aus ihrem Körper weichen wie die Luft aus einem übervollen Ballon. Akupunkturnadeln sind sehr dünn. Beim Setzen der Nadeln blutet es nicht, und die meisten Menschen und Tiere empfinden dabei keinen Schmerz. Nach der Behandlung schlief Luna tief und fest und war entspannter, als wir sie je gesehen hatten. Falls Sie sich die entsprechende Episode von »Dog Whisperer« ansehen können, werden Sie die Verwandlung mit eigenen Augen beobachten.[22]

Nach zwei Monaten im Center brachte ich Luna zu Abel zurück, der im Rahmen des Harmony Projects ein Orchester junger Musiker dirigierte. Zum ersten Mal im Leben konnte sich Luna entspannen und die Musik sowie die positive, heilende Gegenwart der wunderbaren, talentierten Kinder genießen, die Abel betreuen darf. Inzwischen ist fast ein Jahr vergangen, und Abel sagt, Luna sei wie ausgewechselt. Sie sei selbstbewusst und glücklich und könne das Leben endlich vollends auskosten. Sie bekommt immer noch Massagen von Dr. MacCorkle. Abel war von ihrer Reaktion auf die Akupunktur so beeindruckt, dass er sich eine Empfehlung holte und sich nun selbst regelmäßig behandeln lässt. Bei den meisten Hunden genügt es natürlich, aufgestaute oder negative Energie mit intensiver Bewegung abzubauen. Aber bei Hunden wie Luna und Gavin, einem Alkohol-, Tabak- und Sprengstoffspürhund im Ruhestand mit der tierischen Variante des posttraumatischen Stresssyndroms, kenne ich außer der Akupunktur keine weitere sichere Behandlungsmethode, die den giftigen schwarzen Ball der Angst beseitigt, der sie daran hindert, ihr Leben zu leben. Akupunktur, Homöopathie, Massage und Chiropraktik arbeiten mit Körper und Geist, nicht dagegen. Sie gestatten es dem Körper, sich von innen nach außen selbst zu heilen.

Selbstverständlich verlangen natürliche Therapien mehr Hingabe und persönliches Engagement als das Verschreiben von ein paar Pillen. Wenn Sie zum Beispiel einem älteren, arthritischen Hund ein langes, entspannendes Bad mit Bittersalz bereiten und ihm anschließend eine lange therapeutische Massage geben, wird das effektiver sein und seine Leber weit weniger belasten, als ihm Arthrosemedikamente zu verabreichen. Natürlich kostet es Sie viel mehr Zeit und Aufmerksamkeit. In meinen Augen ist dies jedoch ein Vorteil, denn wenn die Behandlung länger dauert, profitieren die Tiere auch von der Verbindung zu Ihnen und dem professionellen Heiler, mit dem Sie gegebenenfalls zusammenarbeiten. In freier Wildbahn lecken Hunde einander die Wunden, um die Heilung anzuregen, und sie schlafen eng aneinandergepresst, um Körperwärme und Energie auszutauschen. Ein Hund hat es im Blut, sich unmittelbar von einem anderen Tier heilen zu lassen. Und keine Energie ist ihm wichtiger als die derjenigen, die er am meisten liebt – die seiner menschlichen Familie.

Cesar bei der Arbeit mit Kindern

8

Hunde im Lebenszyklus der Familie

So helfen Sie Ihrem Hund, das Auf und Ab des Familienlebens zu verkraften

»Ich denke, diese Ehe ist noch zu retten, wenn ich mir absolut sicher sein kann, dass Wendell niemandem etwas zuleide tut.« Tyler Shepodd sprach ernst und leise, als er sich SueAnn Fincke, der Regisseurin von »Dog Whisperer«, und unseren Kameras anvertraute. »Wenn es nicht funktioniert, könnte dies das Ende der Beziehung sein.«

Zum Zeitpunkt des Gespräches hatte Tyler gerade die Hochzeit mit seiner Verlobten Patricia Robbins verschoben. Er liebte sie ebenso sehr wie sie ihn, doch in ihrem Fall war Liebe allein definitiv nicht genug. Das Problem? Patricias unberechenbarer Labrador-Pitbull-Mischling Wendell. Das Herz der Krankenschwester schmolz beim Anblick jedes Lebewesens in Not, und als sie noch allein lebte, hatte sie Wendell gerettet und in ihr »Rudel« aufgenommen, das damals lediglich aus ihr und ihrem besser erzogenen Chow-Chow-Mischling Ted bestand. Anfangs rauften die beiden immerzu, aber nach einigen Jahren entwickelte sich eine vorsichtige Freundschaft zwischen ihnen. Ganz anders als zwischen Wendell und Patricias Nachbarn, die dem Hund vorwarfen, Kinder und andere Haustiere zu jagen. Sie hatten Patricia sogar schon mit der Begründung vor Gericht gebracht, sie habe das Tier nicht im Griff. Als Patricia anfing, mit Tyler auszugehen, schob sie es immer wieder hinaus, den Mann, der vielleicht »der Richtige« für sie sein konnte, ihren Hunden vorzustellen. Der Grund dafür war ihre bohrende Angst wegen Wendells unbeständigen Temperaments. Als Tyler ihr schließlich einen Antrag machte, wusste sie, dass sie keine andere Wahl hatte und ihn ihren Hunden vorstellen musste. Die Begegnung war wie vermutet eine Katastrophe. Wendell schnappte nach Tyler und drängte ihn in der Küche in die Ecke. Nach einigen ähnlich brutalen Vorfällen stellte Tyler ein Ultimatum. Wendell konnte einfach nicht Teil ihrer künftigen Familie sein.

»Wenn es nur um Ted ginge, wären wir längst verheiratet und Patricia würde hier wohnen. Aber ich kann weder meine Nachbarn noch mich selbst der Gefahr aussetzen, dass Wendell hier lebt«, räumte Tyler ein.

Ist diese Ehe noch zu retten?

Moderne Familien verändern sich ständig und passen sich immer wieder an. In den meisten Fällen aber entsteht eine Familie oder Familiengruppe aus der gegenseitigen Verpflichtung von zwei oder mehreren Menschen, meist in einer Ehe. Mit diesem Band beginnt der Lebenszyklus jeder Familie. Es wurde viel über den Umgang mit Stiefkindern in Patchworkfamilien geschrieben. Andererseits gibt es kaum Informationen darüber, wie sich ein Hund in das Leben eines neuen Pärchens integrieren lässt. Meiner Ansicht nach spielt diese Zeit eine entscheidende Rolle bei der Familienbildung. Wenn man lernt, seine Rolle als Rudelführer eines Hundes mit einem anderen Menschen zu teilen, kann dies ein wichtiger erster Schritt zu einer gesunden, dauerhaften Beziehung sein.

Patricia und Tyler waren nicht der einzige Fall, in dem ich um Hilfe gebeten wurde, weil ein Hund ein Paar zu zerstören drohte. Aber es sah so aus, als handle es sich um einen der ernstesten. Die Hochzeitsvorbereitungen waren eingestellt worden. Man hatte die Gäste angerufen und gebeten, zu Hause zu bleiben. Patricias Kleid hing verloren im Schrank. Während des Gesprächs mit unserer Regisseurin schluchzte sie unaufhörlich. Der schweigsame Tyler wirkte deprimiert und resigniert. Die beiden steckten in einer Sackgasse, und kein Eheberater konnte ihnen helfen. Der Druck lastete auf mir, als ich mich setzte, um mir ihre Geschichte anzuhören.

Rasch wurde die ungesunde Dynamik klar: Tyler hatte Angst vor Wendell und misstraute ihm – vor allem deshalb, weil dieser ein Pitbull war und er Vorurteile gegen die Rasse hatte. Patricia hatte sich die »Geschichte« ausgedacht, dass sie Wendell beschützen und ihm deshalb stets nachgeben müsse. Der Hund spürte diese Gefühle, und sie hatten ihn sehr mächtig, dominant und besitzergreifend gemacht. Zu Beginn des Beratungsgesprächs krabbelte er ungestört auf Patricia und einem ausgesprochen nervösen Tyler herum. Als ich anfing, ihn zu korrigieren, knurrte er mich an. »Ihr Freund ist ganz schön besitzergreifend«, sagte ich zu Patricia – die genau wusste, dass ich nicht von Tyler sprach! »Wenn Sie Ihren Hund im Griff hätten, würde er niemanden respektlos behandeln. In diesem Augenblick teilt er Ihnen mit, dass Sie ihm gehören.«

Wie viele meiner Klienten mit verhaltensauffälligen Hunden hatte Patricia keine Ahnung, dass sich ihre ungelösten Probleme auf ihren Hund und damit wiederum auf ihre Beziehung mit Tyler übertrugen. Mir fiel auf, dass ihre Tränen in keinem Verhältnis zur aktuellen Situation zu stehen schienen. Daher bat ich sie, sich in die Vergangenheit zu versetzen und mir zu sagen, woran sie festhielt. Wieder weinte sie, als sie erzählte, was sie als Kind hatte mit ansehen müssen: In ihrer Familie seien Hunde getreten und misshandelt worden. Ein im Garten angebundenes Tier sei sogar gestorben, und sie hätte nichts dagegen tun können. Ich bat den zurückhaltenden Tyler, Patricia besser zur Seite zu stehen, während sie diese schreckliche Situation noch einmal durchlebte. Gleichzeitig verlangte ich von ihr, den Alptraum hinter sich zu lassen und in die Gegenwart zurückzukehren! Sie klammerte sich an die Vergangenheit, machte sich zum Opfer und zog damit auch die Hunde und Menschen in ihrem Leben hinunter. Ich musste ihr beweisen, dass es auch anders ging – und Wendell würde mir dabei helfen.

Patricia hatte ihn zu sehr behütet und ihn, von Ted einmal abgesehen, von allen anderen Hunden ferngehalten. Daher hatte er keine Ahnung von gesellschaftlichen Umgangsformen. Zum Glück sind Hunde von Geburt an soziale Wesen, und tief in ihrem Inneren schlummert die grundsätzliche Fähigkeit, mit Artgenossen auszukommen. Ich zog zwei ausgeglichene Pitbulls aus meinem Rudel hinzu – Daddy und Preston. Dann holte ich Wendell aus der Waschküche. Der bekam zunächst einen riesigen Tobsuchtsanfall, hatte sich dieser giftigen Energie aber schon nach wenigen Minuten entledigt. Als ich mit ihm nach draußen ging, um ihn meinen Hunden vorzustellen, geriet Patricia in Panik. Doch dann sah sie, dass er sich allmählich entspannte, während Daddy und Preston ihn beschnupperten, und beruhigte sich ebenfalls. Gegen Ende unserer Sitzung im Garten war sie bereit einzuräumen: »Vielleicht ist ja doch etwas zu machen.« Für sie war das ein großer Fortschritt, und allmählich wurde mir klar, dass Wendell eine äußerst wichtige Rolle in Patricias und Tylers Ehe spielen konnte. Wenn es den beiden gelang, gemeinsam zu seiner Rehabilitation beizutragen, würden sie sich von Blockaden befreien, die auch die Nähe zwischen ihnen störten.

Eine Woche später kamen Patricia, Tyler und Wendell ins Dog Psychology Center, um die gemeinsame Arbeit fortzusetzen. Dieses Mal stellte ich Tyler vor eine Herausforderung. Er musste durch mein 37-köpfiges Hunderudel (zu dem auch neun Pitbulls gehörten) gehen und dabei ruhig und bestimmt bleiben. Tyler meisterte diese Aufgabe ganz wunderbar, und ich konnte ihm zeigen, dass er mit seinem Misstrauen Wendells aggressives Verhalten ihm gegenüber schürte. Danach waren Patricia und Wendell an der Reihe. Anfangs war Patricia ein Nervenbündel, doch dann riet ich ihr, sich an ihre Erfahrung als Krankenschwester und an das Selbsthilfeseminar zu erinnern, das sie einmal gemacht hatte und bei dem sie durch Feuer gegangen war. An diesem Tag zeigte sie eine völlig andere Seite – sie war nicht weniger sanft und liebevoll, aber sie war nicht mehr das hilflose Opfer, das sie in der Woche zuvor gespielt hatte. Ich unterstützte Tyler und Patricia, als sie mit Wendell in dem rauen Industriegebiet spazieren gingen, in dem sich das Dog Psychology Center befand. Sie stellten erstaunt, aber glücklich fest, dass sie den Spießrutenlauf zwischen den unausgeglichenen Hunden – die sich sowohl hinter Zäunen befanden

Wendell, Tyler, Patricia und Ted

als auch frei herumliefen – bewältigen und gleichzeitig dafür sorgen konnten, dass Wendell glücklich, ruhig und unterordnungsbereit neben ihnen herlief. An diesem Tag ging beiden ein Licht auf. Patricia bat sowohl Tyler als auch Wendell um Verzeihung dafür, dass sie sie so lange voneinander ferngehalten hatte. Außerdem räumte sie ein, dass ihre Angst und ihre negative Energie zu den Verhaltensproblemen ihres Hundes beigetragen hatten. Tyler konnte sowohl Patricia als auch ihren Tieren seine sanftere, weniger defensive Seite zeigen. »Ich denke, wir können einen neuen Hochzeitstermin festsetzen«, bestätigte er. »Und dieses Mal wird uns nichts mehr aufhalten.«

Bevor wir uns an einen anderen Menschen binden, sollten wir einen genauen Blick auf die Beziehung zu unseren

Hunden werfen, denn sie sind unser Spiegel. Die Schwierigkeiten und Probleme mit unseren tierischen Lebensgefährten reflektieren sich fast immer auch in unseren Beziehungen zu den Menschen in unserer Umgebung.

Genau wie Patricia halten viele meiner Klienten an der Vergangenheit fest und projizieren ihre alten Wunden auf die Geschöpfe, die sie jetzt umgeben. Wenn Sie nicht bereit sind, Ihren Zukünftigen oder Ihre Zukünftige in die Beziehung zu Ihrem Hund einzubeziehen, haben Sie diesen Menschen noch nicht als Mitglied Ihres Rudels akzeptiert und müssen ernsthaft daran arbeiten, ehe Sie ihm das Jawort geben können. Denken Sie daran, wenn ein Hund zur Familie gehört, müssen alle Angehörigen die Rolle des Rudelführers spielen. Sehen Sie sich das Verhalten Ihres Haustieres an und fragen Sie sich: »Welchen Teil von mir halte ich zurück? An welchem alten Problem halte ich fest?«

Ein geteilter Haushalt – Wenn sich die Hunde nicht ausstehen können

»Es ist, als hätten wir zwei Kinder aus früheren Ehen und würden ihretwegen streiten«, seufzte Judi. Die Schauspielerin und Sängerin Judi Faye hatte den Autor Burl Barer, der sich erfolgreich mit wahren Kriminalfällen beschäftigt, im Internet kennengelernt. Die beiden verstanden sich auf Anhieb, als würden sie sich schon ihr Leben lang kennen. Beide waren reif, erwachsen und berufstätig, führten ein selbstständiges, fruchtbares Leben und hatten Karriere gemacht. Eigentlich hätte ihre fünf Monate alte Beziehung reibungslos funktionieren müssen. Trotzdem gab es ein Problem – oder vielmehr gleich zwei davon: Judis sieben Jahre alten Pitbull Tina

So machen Sie Ihren Hund mit Ihrer besseren Hälfte bekannt

- Integrieren Sie Ihre Hunde von Anfang an in Ihre Beziehung.
- Machen Sie Ihre Hunde mit Ihrem künftigen Lebenspartner bekannt und halten Sie sich dabei an das Prinzip »Nicht anfassen, nicht ansprechen, nicht ansehen«. Gestatten Sie den Tieren, sich diesem Menschen in ihrem eigenen Tempo anzunähern. Sowohl Sie selbst als auch mögliche Lebens- oder Ehepartner sollten mit der Vorstellung von ruhiger, bestimmter Energie vertraut sein.
- Gewöhnen Sie Ihren Partner schon früh schrittweise an die Rolle des Rudelführers. Erlauben Sie ihm oder ihr, die Hunde so oft wie möglich zunächst zusammen mit Ihnen und später auch allein auszuführen.
- Verleihen Sie Ihrem Partner Autorität im Umgang mit Ihrem Hund. Ergreifen Sie niemandes Partei und erheben Sie keinen Exklusivitätsanspruch auf Ihre Tiere. Denn damit riskieren Sie, Ihren Partner zum »Außenseiter« im Rudel zu machen.
- Halten Sie häufig Familienrat und sprechen Sie darüber, welche Regeln und Grenzen Sie als gemeinsame Rudelführer im Haus einhalten werden.
- Verwickeln Sie Ihre Hunde nicht in zwischenmenschliche Konflikte. Benutzen Sie sie auch nicht zur Abwehr zwischenmenschlicher Nähe.

und Burls zwei Jahre alten Pitbull Isis. Die Hunde wollten sich vom ersten Augenblick gegenseitig umbringen, und im Laufe der Zeit hatte sich die Lage nicht gebessert, sondern verschlimmert. »Es könnte sein, dass die Beziehung daran scheitert. Ich hoffe es nicht, aber es könnte sein«, räumte Judi ein.

Als ich sie und Burl kennenlernte, war mir klar, dass sie

wunderbar zusammenpassten, sehr aneinander hingen und einander zweifellos zum Lachen brachten! Eine der wichtigsten Informationen im Beratungsgespräch war Burls Erklärung, dass er es im Rahmen seiner Arbeit häufig mit Kriminellen mit dissozialem Verhalten zu tun habe. Er erklärte, ihr Gehirn arbeite anders als das unsere. Deshalb seien sie auch in der Lage, andere Menschen zu töten. Ich half Burl, die Parallelen zu Hunden zu erkennen. Wenn sie sich in einem dissozialen Zustand befinden, haben sie keinerlei »moralische« Bedenken, ein anderes Lebewesen – einen Hund, eine Katze oder gar einen Menschen – zu töten. Da spielt es keine Rolle, wie sehr wir sie lieben oder umgekehrt. Zwei fremde Hunde mit geringer sozialer Kompetenz macht man am besten miteinander bekannt, indem man sie Seite an Seite im Rudel ausführt. Führen Sie fremde Hunde niemals frontal aufeinander zu. Das macht sie zu Gladiatoren. Der Blickkontakt zwischen zwei Hunden mit aggressiven Neigungen kann mit großer Wahrscheinlichkeit einen Kampf auslösen. Bei allen Begegnungen zwischen Hunden sollte die Nase zuerst kommen.

»Das ist interessant«, sinnierte Burl. »Denn wenn ich mich mit einem Soziopathen treffe, versuche ich immer, mich neben ihn zu stellen oder zu setzen. Offenbar beruhigt ihn das.« Ich wusste, in Burls Kopf arbeitete es, und er verstand allmählich, dass sich die Hundepsychologie von der menschlichen Psychologie unterschied. »Wenn ich mich meinem Hund anders nähern muss, tue ich das gern«, sagte er. »Ich werde alles tun, was nötig ist, damit es funktioniert.«

Ich war froh über Burls zupackende Haltung. Ich musste ihm nämlich beibringen, dass er – zumindest im Augenblick – die Quelle von Isis' Unausgeglichenheit war, die bereits im roten Bereich lag. Weitere Auffälligkeiten wie die

Trennungsangst und die unberechenbaren Angriffe des Tieres verrieten mir, dass sie eine unsichere, dominante Hündin war. Sie wollte Tina wehtun, nicht umgekehrt. Burls Gegenwart bestärkte sie in ihrem Verhalten. Deshalb bat ich ihn, draußen zu warten, während ich Tina und Isis noch einmal Schritt für Schritt miteinander bekanntmachte. Da klar war, dass Isis Tina nach dem Leben trachtete, achtete ich natürlich darauf, dass sie stets einen Maulkorb trug. Sie versuchte zwar, auf ihre Rivalin loszugehen, aber ich drehte sie so, dass Tina ihr Hinterteil beschnuppern konnte. Isis kannte weder Regeln noch Grenzen und hatte noch nie einen Menschen kennengelernt, der sie bereits im Vorfeld des Angriffs davon abhielt, einen anderen Hund zu töten.

Ich glaube fest daran, dass der Spaziergang nicht nur das einfachste, sondern auch das beste Mittel ist, um Verhaltensprobleme aufzulösen. In freier Wildbahn schließen sich Hunde zu einem Team zusammen und entwickeln durch das gemeinsame Umherstreifen eine starke Bindung. Mein nächster Schritt bestand also darin, Isis und Tina dazu zu bringen, im Rudelverband zusammen zu laufen. Nachdem ich mir der Unterordnungsbereitschaft beider Hunde sicher war, übergab ich die Leine an Judi und übertrug ihr damit die Autorität der Rudelführerin dieser beiden weiblichen Hunde. Als Burl wieder ins Spiel kam, standen die beiden Tiere bereits unter dem Einfluss zweier starker menschlicher Energien. Ich bat Burl, sich zu entspannen, die Tiere zu ignorieren und sich vorzustellen, er würde sich auf das Gespräch mit einem seiner Interviewpartner vorbereiten. Als er sich dieser »professionellen« Energie bediente, stellte sich heraus, dass er außerordentlich gut mit Hunden umgehen konnte.

Ich wies Burl und Judi an, täglich einen gemeinsamen

Rudelspaziergang mit ihren Hunden zu unternehmen. Sie durften nicht vergessen, dass sie es mit Tieren, nicht Kindern zu tun hatten. Und sie mussten dafür sorgen, dass Isis so lange einen Maulkorb trug, bis eine permanente Veränderung ihrer Energie festzustellen war. Am Ende taten Burl und Judi das, wozu ich alle meine Klienten ermutige. Sie nahmen meine Empfehlungen als Grundlage und bauten ihre eigene Lösung darauf auf. Burl bediente sich des Konzeptes von Nase, Augen, Ohren sowie der angeborenen Neugier seines Hundes und dachte sich eine brillante Strategie aus: »Ich brachte Isis zu Judi nach Hause, wo es überall nach Tina roch, die ich in ein anderes Zimmer sperrte. Und ich wechselte immer wieder zwischen beiden hin und her. Außerdem rieb ich mich mit dem Geruch des einen Hundes ein, um dann mit dem anderen zu spielen. Als Judi zurückkam, hießen sie beide an der Tür willkommen.«

Burls Strategie war sinnvoll – vor allem weil das Paar bereits begonnen hatte, die Tiere auf gemeinsamen Spaziergängen an die Anwesenheit des jeweils anderen zu gewöhnen. Burl verließ sich darauf, dass Hunde nicht von Geburt an aggressiv, wohl aber neugierig sind. Schlau nutzte er den Geruch als Motivation und konnte so den Hunden klarmachen, dass sie allesamt eine große, glückliche Familie sein konnten. »Jetzt können sie miteinander spielen, wenn wir einmal allein ausgehen«, sprudelte Judi. »Und wenn wir dann nach Hause kommen, sitzen sie in der Garage, rauchen und spielen Karten«, fügte Burl hinzu.

Inzwischen sind zwei Jahre vergangen, und Burl, Judi, Tina und Isis wohnen zusammen in Van Nuys, Kalifornien. »Wirklich wichtige Dinge geschehen nicht über Nacht«, erklärte Judi unserem Team. »Man muss daran arbeiten – ganz

Judi und Burl sehen zu, wie Cesar Tina und Isis ausführt.

gleich, was es ist. Die Liebe zu unseren Hunden und zueinander war groß genug, dass wir bereit waren, etwas zu unternehmen.«

Ich berichte voller Freude, dass es in der Sendung »Dog Whisperer« nicht nur für Burl und Judi ein Happy End gab! Patricia und Tyler sind inzwischen Mr. und Mrs. Shepodd und führen ein liebevolles, ausgeglichenes Leben mit Ted und Wendell. »Es hat sich viel verändert«, sagt Patricia. »Ich konnte einiges hinter mir lassen. Heute steht Tyler an erster Stelle. Ich vertraue ihm mit den Hunden, er ist ein großartiger Rudelführer, und mein Vertrauen hat uns einander nähergebracht.« – »Danke, Cesar, das war großartig«, fügt Tyler hinzu. »Wir machen jeden Tag Fortschritte. Wir lernen täglich dazu.«

Hinweise für Patchworkfamilien mit Hunden

- Ernennen Sie einander zum Rudelführer aller Hunde. Hören Sie so bald wie möglich auf, bei Ihren Haustieren in Kategorien von »mein Hund« und »sein/ihr Hund« zu denken.
- Achten Sie darauf, die Hunde auf neutralem Boden miteinander bekanntzumachen.
- Lassen sie die Tiere niemals frontal aufeinandertreffen. Warten Sie, bis sie ruhig sind, und stellen Sie sie einander im Rahmen des Schnupperrituals vor. Führen Sie unausgeglichene Hunde zu beiden Seiten von sich spazieren, bis sie sich entspannen und ihre Körpersprache Unterordnungsbereitschaft ausdrückt.
- Nutzen Sie die Macht des Geruchs, um die Hunde vor der Begegnung aneinander zu gewöhnen. Achten Sie darauf, dass der Geruch mit positiven Dingen wie Futter, Bewegung oder Zuneigung assoziiert wird.
- Achten Sie darauf, dass die Regeln für alle Rudelmitglieder gleichermaßen gelten.
- Favorisieren Sie niemals einen Hund und erzeugen Sie keine Rivalität zwischen dem von Ihnen und dem von Ihrem Partner in die Beziehung eingebrachten Tier.
- Vergessen Sie nicht: Ihre Hunde spiegeln Ihre Energie! Verwickeln Sie sie niemals in zwischenmenschliche Konflikte.

Kindersegen: Hunde und das neue Baby

Cosmo, ein hübscher Chow-Chow-Mischling mit hohem Energieniveau, war vier Jahre alt, als sein Besitzer Armin Rahm seine zukünftige Frau Victoria kennenlernte. Nach stürmischer Liebeswerbung heirateten die beiden, und Victoria zog mit ihrem Labradormischling bei Armin in Südkalifornien ein. Anfangs sah es aus, als kämen alle gut miteinander zurecht, und als sich herausstellte, dass Victoria schwanger war, war das frisch verheiratete Paar überglücklich. Aber allmählich veränderte sich Cosmos Verhalten. Zunächst entwickelte er beim Spazierengehen eine starke Aggression gegen Artgenossen. Sobald er einen anderen Hund erblickte, schaltete er in den Jagdmodus, und Armin konnte ihn gerade noch zurückhalten. Zu Hause benahm er sich Boo gegenüber immer unbeständiger, und er war sehr viel aufsässiger als zuvor. Zwei Wochen vor Victorias Geburtstermin rief mich das Paar zu sich. An diesem Punkt hatte Cosmo bereits gewisse Aggressionen gegen Menschen gezeigt, und Victoria machte sich verständlicherweise Sorgen, wie sich die Unberechenbarkeit des Hundes auf das neue Baby auswirken würde.

»Im Augenblick eskaliert die Situation einfach, und ich will kein Kind ins Haus bringen, solange sein Verhalten nicht stabil ist«, sagte Victoria. »Beim Spazierengehen ist er der Horror.« Ich fragte Armin nach seiner Reaktion, wenn sich Cosmo beim Spaziergengehen danebenbenahm. »Ich bleibe ruhig«, behauptete er – aber Victoria schüttelte verneinend den Kopf. »Ich schätze, inzwischen bin ich einfach frustriert«, räumte Armin kleinlaut ein. »Das ist gut«, erklärte ich. »Zeigen Sie, wer Sie sind.« Selbstverständlich wusste auch Cosmo, wie sich sein Herrchen fühlte. Problematisch war zudem, dass Armin versuchte, vernünftig mit Cosmo, dem *Namen*, zu sprechen. Wenn sich dieser allerdings im Jagdmodus befand, hatte er es zu hundert Prozent mit Cosmo, dem *Tier*, zu tun. Armin durfte Cosmos Verhalten nicht mehr so persönlich nehmen und musste ihn allmählich als Tier-Hund-Chow-Chow-Cosmo behandeln – in dieser Reihenfolge.

Meine Aufgabe war klar. Ich hatte dafür zu sorgen, dass Cosmo und seine Besitzer *vor* der Ankunft des Babys ausgeglichen waren. Ehrlich gesagt, waren Armin und Victoria etwas spät zu mir gekommen. Ich glaube, man sollte Verhaltensprobleme bei Hunden mindestens neun Monate vor einem Neuzugang in der Familie angehen.

Bekanntermaßen kann Kleinkindern eine besondere Gefahr von einem unausgeglichenen Hund im Haus drohen. Säuglinge riechen, klingen und bewegen sich anders als erwachsene Menschen. Daher kann ein Hund, der es noch nie mit einem Baby zu tun hatte, den Neuankömmling als seltsam und verwirrend empfinden. Unter Umständen hört er ihn weinen und will helfen, indem er ihn am Genick hochhebt wie einen Welpen. Bei einem Hund mit unbehandelten Aggressionsproblemen können die geringe Körpergröße und die plötzlichen Bewegungen dagegen den unbefriedigten Jagdtrieb reizen. Kleine Kinder lenken die Eltern oft ab. Sie widmen dem Tier, das früher ein »Einzelkind« gewesen war, weniger Aufmerksamkeit. Armin und Victoria räumten ein, dass er sich in der Zeit, in der Cosmos Aggression eskaliert war, weniger um den Hund gekümmert hatte.

Die erste Herausforderung bestand darin, Victoria dabei zu helfen, ihre Ängste zu überwinden. Sie hinderten sie daran, die wunderbare Rudelführerin zu sein, die sie – wie ich wusste – sein konnte. Als meine Frau Ilusion mit unserem ältesten Sohn Andre schwanger war, brachte sie wegen der unmittelbaren Nähe des Babys zu meinem Rudel aus Rottweilern und Pitbulls die verschiedensten Ängste und »Was-wäre-wenn«-Szenarien zum Ausdruck. Ihre Besorgnis war keineswegs unverhältnismäßig, aber die dahinterstehende Unsicherheit machte sie schwach. Ich erklärte ihr, dass ihre Energie in jedem Moment auch der Energie des Kindes entsprach, wenn sie es auf den Armen trug. Hatte sie Angst, würden die Hunde das Baby als ängstlich wahrnehmen, und das würde es schwächen. Ilusion lernte, mit der stolzen Energie einer Rudelführerin durch die Hundemenge zu laufen und meine Söhne damit automatisch ebenfalls zu Rudelführern zu machen. Wenn es mir gelang, auch Victoria zu helfen und die starke Rudelführerin in ihr zum Vorschein zu bringen, konnte nichts sie oder ihr Kind bremsen!

Victorias Spaziergänge mit Cosmo klappten wunderbar. Sie konnte die unmittelbare Wirkung ihrer neuen Einstellung auf das Verhalten des Hundes kaum glauben. Die Ursache des Problems wurde klar, als Armin übernahm. Er hielt die Leine so fest, dass seine Fingerknöchel weiß hervortraten, und zerrte in dem Augenblick kräftig daran, in dem er eine Attacke Cosmos auf den von mir geführten kleinen Hund erwartete. Der Hund reagierte natürlich genau so, wie Armin es befürchtet hatte. Hunde passen sich stets unserem Geisteszustand an – ganz gleich, ob dieser gesund ist oder instabil. Armins Problem war, dass ihm Cosmos Verhalten höchst unangenehm war und er es sehr persönlich nahm. Er gestand sich auch nicht ein, wie sehr ihn die Aggression des Hundes frustrierte und verärgerte. Als ich ihn darauf aufmerksam machte, sah er allmählich klarer. Nach einem sehr erfolgreichen Training riet ich den beiden, die Hunde über Nacht bei Freunden zu lassen, bevor sie das Baby nach Hause holten und bis ich kommen und ihnen zeigen konnte, wie sie die Hunde dem Neugeborenen vorstellen mussten. Anschließend ließ ich sie in Ruhe, damit sie die letzten ruhigen Wochen genießen konnten, ehe sie Eltern wurden.

Als ich kam, um mir Baby Lorelei anzusehen, war ich sicher aufgeregter als die junge Familie selbst. Aber zuerst musste ich meine Arbeit erledigen. Ich bat Armin und Victoria in das Zimmer mit den Hunden. Sie sollten das Kind mit einer unsichtbaren Schutzzone umgeben und den Tieren die höchste Stufe von Unterordnungsbereitschaft abverlangen, ehe sie ihnen gestatteten, näher zu kommen. In Gegenwart des Babys durften die Tiere auf einer Erregungsskala von eins bis zehn nicht höher als null liegen. Sie mussten wissen, dass »Baby« für sie bedeutete: »Sei ruhig, sanft und ordne dich unter.« Armin und Victoria sollten auch Kleidungsstücke des Kindes im Haus verteilen und genau beobachten, wie die Hunde darauf reagierten. Wenn sie die Kleider mit den Zähnen aufhoben, war das nicht gut, und sie mussten das Verhalten korrigieren. Wenn sie damit spielten oder sie mit Urin markierten, war das ebenfalls nicht gut. Ziel war es, die Hunde darauf zu konditionieren, dass sie auf alles, was dem Baby gehörte, mit Abstand, Respekt und Unterordnungsbereitschaft reagierten. Armin und Victoria mussten den Raum für sich beanspruchen und eine Schutzzone um Baby Lorelei und um alles erschaffen, was ihr gehörte. Ich wies die beiden an, den Hunden in den ersten beiden Wochen nicht zu erlauben, das Baby oder seine Sachen aus der Nähe zu beschnuppern oder sein Zimmer zu betreten, damit ihnen dieser Respekt zur Gewohnheit wurde. Die Hunde mussten lernen, dass Loreleis Geruch für sie bedeutete: Sie hatten ruhig und unterordnungsbereit zu sein.

Zwei Wochen später fuhr ich erneut zu der jungen Familie, um nachzusehen, wie es ihr nach Ablauf der »Hausaufgabenfrist« ging. Mama Victoria war vollkommen begeistert, wie gut es funktionierte. »Es ist jetzt viel harmonischer. Die Hunde sind in ihrer Nähe ganz sanftmütig. Sie spielen zwar auch, aber sie halten gleichzeitig Abstand.« – »Beide machen einen Bogen um Lorelei. Offenbar wissen sie, dass sie der Anführer – oder zumindest zusätzlich zu uns ein weiterer Rudelführer – ist«, fügte Armin hinzu. Da sich der ganze Haushalt so wunderbar einspielte, beschloss ich, den jungen Eltern zu zeigen, wie sie den Spaziergang in ihre Führungsrituale einbauen konnten. Wir packten Lorelei in den Kinderwagen und ließen die Hunde hinterherlaufen. So bot auch der Spaziergang die Möglichkeit, den Tieren mitzuteilen, dass das neue Baby ihr Anführer war. An diesem Tag machten wir Baby Lorelei zur jüngsten Rudelführerin der Welt!

Vor kurzem schaute das »Dog-Whisperer«-Team noch einmal vorbei, um nachzusehen, wie es der Familie zwei Jahre nach meinem Einsatz erging. Das Ergebnis hätte mich stolzer nicht machen können. Cosmos Verhaltensprobleme sind fast völlig verschwunden, und wenn er auf der Straße doch einmal auf einen fremden Hund reagiert, wissen Victoria und Armin, wie sie ihn noch im selben Augenblick stoppen und die Angelegenheit abhaken können. »Es ist keine große Sache mehr«, sagt Armin. Die kleine Lorelei ist inzwischen ein entzückendes Kleinkind. Sie geht in der Rolle der Rudelführerin auf, und es ist klar, dass die Hunde ihr folgen. Ihr erstes Wort war »Doggy«! Am vielleicht schönsten aber ist, dass Victoria ihr angeborenes Rudel-/Führungstalent entdeckt hat und die Arbeit mit Hunden liebt. Sie nutzte ihren Mutterschaftsurlaub, um ehrenamtlich für den US-Tierschutzbund zu arbeiten, und wird in Kürze ihre Ausbildung zur Hundetrainerin abschließen. »Die Leute verstehen nicht, dass sie selbst aktiv werden müssen und nicht einfach jemand ins Haus kommt, einen magischen Knopf drückt und alles besser macht«, sagt sie. »Deshalb möchte ich dort draußen sein, um den Menschen zu helfen und sie wissen zu lassen, welche Schritte sie unternehmen und was

Victoria, Armin und Cesar arbeiten mit Cosmo.

sie tun müssen.« Victoria, ich bin so stolz auf Sie und Ihre ganze Familie. Ihr seid in der Tat ein beispielhaftes »Familienrudel«.

Das große Heulen

Selbst wenn wir unsere Hunde nach bestem Wissen auf die Ankunft des Babys vorbereiten, müssen wir bedenken, dass sie auch unsere Energie widerspiegeln. Sind wir nervös, unsicher oder frustriert und strahlen diese negative Energie auch aus, können unsere Stimmung und das seltsame neue Rudelmitglied einen Hund belasten – vor allem wenn er bereits nervös oder dominant ist.

Vor der Geburt ihrer Tochter Sophia Grace führten Derek und Stephanie Clay ein ruhiges, glückliches Leben mit ihrem dreiköpfigen Hunderudel – Schäferhundmischling Rocky, Wolfsspitz Zorro und Rottweiler Goliath. Die beiden waren Hundeliebhaber, Fans der Sendung »Dog Whisperer« und hatten sich der Formel »Bewegung, Disziplin und Zuneigung« verschrieben. Das Paar unternahm viele Spaziergänge mit den Hunden und bereitete sie wie von mir empfohlen auf die Ankunft des Kindes vor, indem sie zunächst mit einer schreienden Puppe übten und dann Kleidungsstücke von Sophia aus dem Krankenhaus brachten, damit sich die Tiere an ihren Geruch gewöhnen konnten. Zorro und Goliath, die beiden Tiere mit niedrigerem Energieniveau, hießen Sophia willkommen. Aber bei Rocky lag die Sache ganz anders. Als Sophia nach Hause kam, stimmte er ein gequältes Geheul an und wollte nicht mehr aufhören, ganz gleich, was Derek und Stephanie probierten. Stephanie versuchte, mir sein Gejammer zu beschreiben: »Es ist eine Mischung aus Heulen, Japsen, Winseln, Quietschen und Bellen. Ich glaube, in der ersten Woche hat er nicht ein einziges Mal ausgesetzt.« Das Winseln fing an, als Sophia ins Haus kam, griff aber schon bald auch auf die regelmäßigen Rudelspaziergänge und alle Autofahren über. Jedes Mal, wenn das Kind schrie, eskalierte Rockys Gejapse so weit, dass er manchmal sogar heiser wurde. Als er mit seinen nervösen Ausbrüchen allmählich sogar Zorro und Goliath ansteckte, wandte sich das Ehepaar an seinen Tierarzt, der dem Hund Beruhigungsmittel verschrieb – Acepromazin, Clomicalm, Benadryl und sogar Xanax. Aber auch das war keine Hilfe. »Er fing an, seltsam zu laufen, aber offenbar konnten die Medikamente seine Nerven nicht beruhigen.« Derek seufzte. Er und seine Frau waren mit ihrer Weisheit am Ende und hatten sogar schon darüber gesprochen, Rocky wegzugeben.

»Rocky ist unser ›erstes Kind‹«, sagte Stephanie und kämpfte mit den Tränen. »Wir haben ihn jetzt seit sieben Jahren und glauben, dass wir es ihm schuldig sind, alle Möglichkeiten auszuschöpfen und zu versuchen, die Sache zu regeln. Ich will doch nur, dass wir wieder eine Familie sind. Und ohne Rocky wäre sie nicht vollständig.«

Als ich bei den Clays eintraf, war Rockys nervöse Angst noch immer riesengroß, aber das ständige Heulen hatte ihn schon fast die Stimme gekostet. Ich hatte noch nie einen solchen Fall gesehen und war von dieser Herausforderung fasziniert. Die Teile des Puzzles wurden deutlicher, als Stephanie mir zeigen wollte, wie sie die drei Hunde vor dem Spaziergang anleinte. Ihre Körpersprache verriet Anspannung, sie wirkte fahrig, und ihre nervöse Energie übertrug sich auf die Hunde – vor allem auf Rocky. »Sie tun sich schwer«, machte ich sie aufmerksam. »Hunde nutzen es aus, wenn Menschen Probleme haben. Vor allem wenn sie bereits ängstlich und nervös sind.« Ich fragte das Paar, wie Rocky reagiert hatte, als sie zum ersten Mal einen Gegenstand mit dem Geruch des Babys nach Hause gebracht hatten. »Er wurde ganz nervös und aufgeregt«, erwiderte Derek. »Er ist immer wieder durchs ganze Haus gelaufen und hat nach dem Baby gesucht.« Die beiden hatten die erste Gelegenheit verpasst, dafür zu sorgen, dass Rocky beim Geruch des Kindes ruhig und unterordnungsbereit war. Es war offensichtlich, dass er ängstlich-dominant war und das Gefühl hatte, irgendwie zur Versorgung des Kindes beitragen zu müssen. In einem Hunderudel werden die Welpen von allen Tieren großgezogen, und weil Rocky keine Führung bekam, glaubte er, sich um seine Aufgabe zu drücken.

Als er sich sofort und ohne Korrektur meiner ruhigen und bestimmten Energie unterordnete, löste sich ein weiterer Teil des Rätsels. Das Problem war nicht Rocky. Es war Stephanie. Der Stress, eine junge Mutter zu sein, die schlaflosen Nächte mit dem Kind und Rockys Heulen hatten sie zu einem Nervenbündel gemacht. Die Hunde bekamen hinsichtlich ihres Verhaltens keinerlei Führung mehr von Stephanie. Rocky versuchte, das Ruder zu übernehmen, und die beiden anderen, unterordnungsbereiteren Hunde erwarteten nun, dass er sie führte. Ich arbeitete ausgiebig mit Stephanie und sorgte dafür, dass alle Hunde entspannt waren, bevor sie mit den Vorbereitungen für den Spaziergang begann. Dann zeigte ich ihr, wie Rocky in den Wagen steigen musste. Stephanie musste ihn hereinbitten und anschließend verlangen, dass er sich hinlegte. Darüber hinaus musste sie darauf achten, dass er ruhig war, *bevor* sie die Tür schloss. »Sie müssen ihm Führung geben«, sagte ich ihr. Gleiches galt für den Wintergarten, in den das Paar die Hunde oft verbannte, wenn es im Haus zu turbulent wurde. Hunde müssen stets entspannt und unterordnungsbereit sein, wenn Sie eine Tür hinter ihnen schließen. Dabei spielt es keine Rolle, ob es sich um die Auto-, die Zwinger- oder Ihre Haustür handelt. Wenn Sie die Tiere in einem ängstlichen Zustand zurücklassen, wird das auch so bleiben. Ich zeigte den beiden auch eine fortgeschrittene Version der Übung, bei der Sie die Tür offen lassen und ausschließlich mit ihrer Energie dafür sorgen mussten, dass Rocky im Wintergarten blieb. »Sie müssen sich vorstellen, was Sie gern hätten, nicht, was Sie fürchten. Denn das, was Sie visualisieren, wird sich manifestieren.« Diese letzte Übung ermöglichte Stephanie das Aha-Erlebnis, das sie gebraucht hatte, um zu verstehen, dass ihre Angst auf die Hunde übergesprungen war, nicht umgekehrt.

»Ich stelle es mir gerade vor. Alles wird anders. Wir werden einen neuen Hund und ein neues Rudel bekommen«, erklärte Stephanie am Ende des Tages. »Jetzt können wir zusammenarbeiten und zusammenbleiben und eine große Familie sein.«

Vier Monate später schickten die Clays dem »Dog-Whisperer«-Team einen selbst gedrehten Film, in dem die drei menschlichen Familienmitglieder – Mama, Papa und das Baby – ruhig auf dem Sofa saßen. Neben ihnen befand sich ein friedlicher, entspannter Rocky. Derek berichtete, dass sie mit Rocky zum Schafhüten gingen, um einen Teil seiner ursprünglichen Energie abzubauen (die er darauf verwendet hatte, sich um das Baby kümmern zu wollen). »Wir sind wieder eine große Familie«, sagte Stephanie dankbar. »Rocky ist derselbe wunderbare Hund wie früher.«

Vergleicht man diese beiden Fälle, bei denen es im Zusammenhang mit der Geburt eines Kindes zu Schwierigkeiten kam, ergeben sich interessante Unterschiede: Cosmos Aggressionsproblem zwang Armin und Victoria, noch *vor* der Geburt von Tochter Lorelei zu lernen, wie sie zu Hause für die richtige Atmosphäre sorgen konnten. Derek und Stephanie hatten dagegen vor der Geburt ihres Kindes keine nennenswerten Probleme mit ihren Hunden. Aber sie mussten feststellen, dass sie angesichts des rätselhaften Geheuls von Rocky ratlos waren. Wenn Sie ein Kind erwarten, sollten Sie in den kommenden Monaten dafür sorgen, dass Sie als Rudelführer Ihres Hundes fest im Sattel sitzen, ungelöste Verhaltensprobleme des Tieres angehen und sich darin üben, daheim eine ruhige, entspannte Atmosphäre zu pflegen.

So bereiten Sie Ihren Hund auf das Baby vor

- Beurteilen Sie die Situation gleich zu Beginn. Sind Sie absolut sicher, dass Ihr Hund Sie und Ihren Partner/Ihre Partnerin als Rudelführer anerkennt? Haben Sie Vertrauen in Ihre Fähigkeit, das Verhalten Ihres Hundes unter allen Umständen kontrollieren zu können? Berufen Sie beim leisesten Zweifel den Familienrat ein und ziehen Sie in Erwägung, eine andere, sicherere Lebensumgebung für Ihren Hund zu finden.
- Nutzen Sie die Zeit vor der Geburt, um die Beziehung zu Ihrem Hund zu vertiefen. Üben Sie sich darin, mit Ihrer ruhigen und bestimmten Energie Führungsstärke zu zeigen und zu kommunizieren. Beseitigen Sie letzte Probleme wie Trennungsangst, Überreiztheit oder Wettbewerbsaggression. Sorgen Sie dafür, dass sich alle Familienangehörigen als Rudelführer Ihres Hundes wohlfühlen.
- Wenn der Geburtstermin näher rückt, sollten Sie zu Hause neue Grenzen um die Bereiche ziehen, in denen sich das Baby aufhalten wird. Verlegen Sie, falls nötig, Ihren Schlafplatz. Behandeln Sie Ihren Hund allmählich immer kühler, um eventuelle Abhängigkeiten zu beseitigen – auch wenn es schwerfällt.
- Üben Sie mit einer schreienden Puppe im Arm, Grenzen um sich zu ziehen. Wenn Sie eine gute Freundin mit Kind haben, laden Sie beide ein und üben Sie, sie mit einer schützenden »Blase« zu umgeben.
- Üben Sie das Spazierengehen mit dem Kinderwagen. Achten Sie darauf, dass der Hund stets dahinter bleibt.
- Bringen Sie nach der Geburt des Kindes einen Gegenstand mit seinem Geruch nach Hause und machen Sie Ihren Hund damit vertraut. Lassen Sie ihn nicht zu nahe kommen. Er muss auch beim Beschnuppern des Objekts außerhalb des »Schutzkreises« bleiben, den sie um Ihr Baby ziehen. So bringen Sie ihm bei, dem Geruch des Kindes mit Respekt zu be-

gegnen. Stellen Sie dem Baby Ihre Hunde vor, nicht umgekehrt.
- Gehen Sie mit dem Kind ins Haus und bitten Sie anschließend die Hunde herein. Lassen Sie sie anfangs nicht zu nahe kommen. Achten Sie in den ersten Wochen darauf, dass sie reichlich Abstand zu Ihrem Kind halten.
- Halten Sie das Kind mit ruhiger, bestimmter Energie. Da es ein Teil von Ihnen ist und Sie der Rudelführer sind, kommt auch ihm damit automatisch eine Führungsrolle zu.
- Sorgen Sie dafür, dass Ihre Hunde die Grenzen um das Kind auch weiterhin respektieren. Dann werden sie dem jüngsten Familienmitglied automatisch Respekt und Raum gewähren, während es heranwächst.

Die Lebensmitte – Wenn die Kinder flügge werden

Es gibt eine Phase im Lebenszyklus einer Familie, die häufig unterschätzt wird, aber für alle Beteiligten dauerhafte Folgen haben kann. Dies ist die Zeit, in der die Kinder heranwachsen, allmählich unabhängiger werden und schließlich das elterliche Nest verlassen, um als Erwachsene ein eigenes unabhängiges Leben zu führen. Bei einigen Familien verläuft dieser Prozess reibungslos. Bei anderen ist es eine Zeit emotionalen Aufruhrs. Manche Teenager rebellieren und leben ihre Wut aus, während sie versuchen, den eigenen Willen durchzusetzen. Eltern können verbittern und die wachsende Sehnsucht ihrer Kinder nach Autonomie boykottieren. Am Ende fühlen sich einer oder beide Elternteile deprimiert oder abgelehnt. In dieser Phase kann sich nicht nur die Beziehung zwischen den menschlichen Rudelmitgliedern, sondern auch die Rolle des Familienhundes verändern. Bei den vielen Fällen, mit denen wir uns während der vier Sendestaffeln von »Dog Whisperer« beschäftigt haben, entdeckte ich ein wiederkehrendes Muster von Problemen, die von einer Dynamik des »leeren Nests« verursacht wurden. Wenn Eltern oder Betreuer – gleich welchen Geschlechts – anfangen, den Verlust ihrer fürsorgenden Rolle zu betrauern und nach einer neuen Identität suchen, übertragen sie bisweilen ihre ganze nährende Energie auf den Hund – was oft unerwünschte Folgen hat.

Hund, was für eine Plage!

Verglichen mit den üblichen Fällen von Menschen, die lediglich das Problem des leeren Nests zu bewältigen haben, musste Linda Jorgensen (früher Linda Raffle), eine jugendlich wirkende, dunkelhaarige Frau mittleren Alters, mehrere einschneidende Lebensveränderungen auf einmal meistern. Erstens waren inzwischen alle Kinder selbstständig, und obwohl Linda sie vermisste, war sie gleichzeitig stolz auf ihre Charakterstärke und ihre Unabhängigkeit. Zweitens hatte sie sich vor kurzem als Leiterin eines Warendepots mit über 130 Mitarbeitern zur Ruhe gesetzt. Und drittens war ihr geliebter Basset Luke mit dreizehn Jahren an Altersschwäche gestorben. Um die Leere in ihrem Haus und in ihrem Leben zu füllen, hatte Linda den Basset-Welpen Leo aufgenommen. Er glich dem jüngst verstorbenen Luke aufs Haar, doch bei seinem Verhalten sah es ganz anders aus.

»Als Luke so alt war wie Leo, waren die Kinder noch im Haus. Deshalb verbrachte ich meine Zeit nicht damit, mich um einen Welpen zu kümmern, sondern meine Kinder zu versorgen und sie zu Unabhängigkeit und Verantwortungsbewusstsein zu erziehen«, seufzte Linda mit einem faulen Leo im Arm. »Was mir bei diesem Welpen nicht gelingt. In zehn Monaten habe ich ein Monster geschaffen.«

Leo hatte Lindas Leben bereits in diesem zarten Alter voll im Griff. Sie überschüttete ihn mit Aufmerksamkeit und Zuneigung, doch er gehorchte nie. Mit seiner Energielosigkeit manipulierte er sie sogar. Immer wenn Linda den Föhn einschaltete, weil sie sich schönmachen und das Haus verlassen wollte, wurde Leo deprimiert. Und zwar so sehr, dass er sich weigerte, ihr Bett zu verlassen, und sie zwang, ihn nach unten zu tragen und in der Küche einzusperren, damit sie gehen konnte. Auf Spaziergängen lief Leo davon und ignorierte ihre Bitten, nach Hause zurückzukehren. Sie konnte ihn nur nach Hause schaffen, wenn sie ihn buchstäblich die Straße entlangzerrte und ihn ins Haus trug. »Das wird immer schwerer, denn inzwischen wiegt er über 25 Kilo«, berichtete Linda. »Ich werde alles tun, um einen Hund zu bekommen, der bei mir im Haus lebt. Denn im Augenblick lebe ich in seinem.«

Im Beratungsgespräch wurde mir klar, wie stark Linda ihren Hund Leo vermenschlicht hatte. Sie hatte die Realität völlig aus den Augen verloren, obwohl sie eine äußerst intelligente und starke Frau war. Als ich fragte, welche Disziplin sie Leo angedeihen ließ, erwiderte sie: »Ich habe schon gedroht, ihn ins Tierheim zu bringen und über Nacht dort zu lassen, damit er einmal sieht, wie echte Hunde leben. Dann kann er wieder nach Hause kommen und sich benehmen.«

»Es ist sehr schön, wenn man mit Hunden spricht, aber sie verstehen uns einfach nicht«, erklärte ich. »Sie müssen sich erlauben, Leo als Tier, Hund, Rasse, Name und nicht nur als Name, Basset, Mensch zu sehen.« – »Kind«, korrigierte

Leo lässt sich hängen.

Linda mich. Zumindest war sie jetzt aufrichtiger. Da konnte auch ich etwas ehrlicher sein. »Sie befinden sich gerade an einem neuen Punkt in Ihrem Leben. Sie leben allein, die Kinder sind aus dem Haus, und Leo ist die perfekte Lösung, um diesen Persönlichkeitsteil, um diese Leere auszufüllen.« Linda nickte bestätigend. Ich fuhr fort: »Deshalb müssen Sie auch jetzt wieder auf die psychologischen Tricks aus Ihrem früheren Leben zurückgreifen, die Sie bereits bei Ihren Angestellten und Kindern angewandt haben.« Ich sah Linda an, dass sie allmählich verstand, und nutzte die Gelegenheit sofort für ein wenig praktische Rehabilitation, solange sie in der richtigen Verfassung war.

Zuerst zeigte ich ihr, wie sie Leo dazu bringen konnte, selbstständig in die Küche zu laufen. Indem sie ihn trug, konditionierte sie ihn darauf zu glauben, er könne nur in die Küche gelangen, wenn er getragen würde. Da sie ihn gegen seinen Willen hereinbrachte, machte sie die Küche zu einem negativen Ort. Entscheidend war, dass Linda ihn sanft an seinen Platz in der Küche führte und ihre Einstellung und ihre Absicht änderte. Sie durfte ihn nicht mehr als ihr hilfloses, bedürftiges »Baby« betrachten und musste allmählich bestimmter mit dem Tier in ihm kommunizieren. Denn das, was sie wollte, war auch das Beste für ihn.

Danach erklärte ich Linda, welche Fehler sie beim Spazierengehen machte. Wie viele Klienten, die mich zum ersten Mal konsultieren, überließ sie Leo das Ruder. Er lief vor ihr aus dem Haus und zerrte sie, wohin er wollte. Kein Wunder, dass er nicht zurückkam, wenn sie ihn rief. Mit ihrem Verhalten teilte sie ihm mit, dass *er* die Entscheidungen traf! Als ich Leo zum Spielen zu meinen Hunden Coco und Luigi brachte, zeigte ich ihr, wie man die Kontrolle über die Aktivität behielt, indem man sie zeitlich begrenzte. Wie sich herausstellte, besaß Linda eine laute, durchdringende Pfeife, mit der sie früher die Kinder nach Hause gerufen hatte. Von nun an wollte sie damit auch Leo mitteilen, dass die Zeit zum Spielen vorüber war. Lindas Pfeife klang so energisch, dass es mir kalt den Rücken hinunterlief, wenn ich sie hörte! Sie war eine selbstbewusste Mutter und eine selbstsichere Chefin gewesen. Deshalb verstand sie das Konzept der ruhigen und bestimmten Energie sofort. Ich hatte ihr lediglich bei der Erkenntnis helfen müssen, dass ihr Verhalten von unbewussten Reaktionen auf ihr leeres Nest verursacht wurde. »Gerade war ich noch Vollzeitmutter gewesen, und auf einmal war ich allein zu Hause«, erzählte Linda. »Also habe ich meine ganze Energie auf mein neues Baby Leo gerichtet. Aber Leo ist ein Hund.«

Der Fall von Linda und ihrem lethargischen Basset war ein Kinderspiel. Nicht nur, weil Linda bereits eine erfahrene Führungskraft war, sondern auch, weil der erst zehn Monate alte Leo noch nach Führung verlangte. Linda hatte den perfekten Zeitpunkt in ihrer beider Leben gewählt, um mich um Hilfe zu bitten, bevor sich ihre Gewohnheiten und die ihres Hundes noch weiter verfestigten. Drei Jahre später berichtet sie, dass Leo keine Plage mehr sei, sich beim Spazierengehen vorbildlich benähme und von allen Problemen geheilt sei, mit denen wir uns in der Sendung beschäftigt hatten. Er hätte nur noch einen Tick – er kaut auf Toilettenpapier herum. Ich bin zuversichtlich, dass Linda auch diese Angelegenheit regeln wird!

Fälle, in denen die Probleme der Eigentümer nicht so deutlich sind und das Verhalten des Hundes schon weiter eskaliert ist, erfordern zuweilen intensivere Rehabilitationsmaßnahmen.

Der bösartige Chip

Zwergpinscher Chip war siebeneinhalb Jahre alt, als mich seine Besitzer – Familie Pack – endlich um Hilfe baten. Die Familie bestand aus Mama Lisa, Papa Tom und den Teenagern Steven (15) und Natalie (18). Sie hatten Chip als Welpen bekommen und erzählten, dass sein Verhalten im Alter von etwa zwei Jahren von nervösem Bellen zu bösartigem Beißen eskaliert sei. Er fiel oder griff jeden an, der nicht zur Familie gehörte, von Handwerkern über den Postboten bis hin zu Freunden und Nachbarn. In den folgenden fünf Jahren gebot die Familie seinem aggressiven Verhalten keinerlei Einhalt – vor allem deshalb nicht, weil Mutter Lisa sich weigerte, Disziplin von Chip zu verlangen. Sie erlaubte ihm sogar, auf ihre Kinder loszugehen. »Wenn Chip in der Nähe ist, bin ich immer nervös«, gab die gertenschlanke Tochter Natalie zu. »Er beißt mich ziemlich oft. Er hat mich bestimmt schon fünfzigmal gebissen. Vermutlich sogar gestern. Ich weiß es nicht mehr.« »Er schnappt auch ziemlich fest zu«, ergänzte der fünfzehnjährige Steven Pack. »Er hat mich an zwei Stellen in die Lippe gebissen, und ich musste genäht werden. Es hat ziemlich geblutet.«

Wer meine Sendung regelmäßig sieht, weiß, dass ich kein Verständnis dafür habe, wenn Eltern die Tiere über ihre Kinder stellen – vor allem über deren Sicherheit. Aber Lisa Pack ging noch einen Schritt weiter. Sie stellte Chip sogar über ihren Mann! »Ich habe oft gesagt: ›Lisa, ich glaube nicht, dass wir ihn behalten können. Ich mache mir Sorgen wegen der Haftung‹«, vertraute Tom Pack mir an. »Wir könnten alles verlieren. Aber meine Frau hat mehrfach gesagt, dass da wohl eher ich gehen müsse.« – »Ich liebe diesen Hund«, erwiderte Lisa. »Ich gebe ihn nicht her.«

Lisa war eindeutig das schwächste Glied und verursachte Chips aggressive Instabilität. Aber nachdem er etwas zu heftig auf einen Säugling in einem Kinderwagen losgegangen war, war sie endlich bereit, sich Hilfe zu holen. Während des Beratungsgesprächs wurden die völlig verdrehten Familienverhältnisse immer klarer. »Er greift nur die Kinder an, nicht uns«, erzählte Lisa. »Vor allem nicht mich.« – »Er betet sie an«, stimmte Tom ihr zu. Ich bat die Familie, zu erzählen, mit welchen Konsequenzen Chip zu rechnen habe, wenn er eines der Kinder biss. Natalie schüttelte den Kopf: »Ich sage immer: ›Du musst ihn bestrafen, Mama.‹ Aber sie antwortet nur: ›Ach nein, er ist doch mein kleiner Liebling. Ich will nicht böse zu ihm sein. Ich will ihn nicht anschreien.‹«

»Und was ist mit euch?«, wollte ich von den Kindern wissen. »Was passiert, wenn ihr euch falsch verhaltet?« – »Hausarrest!«, rief Steven. »Entzug von Privilegien«, fügte Natalie hinzu. »Aber Chip kommt ungeschoren davon?«, fragte ich Lisa. Sie lachte nervös. »Wissen Sie, was meine Frau immer sagt?«, setzte Tom an, und die beiden Kinder stimmten ein: »Chip ist der Einzige in diesem Haus, der mich bedingungslos liebt.«

Die Szene entwickelte sich wie eine Interventionssitzung bei Drogen- oder Alkoholproblemen. Drei Familienmitglieder wussten, dass Lisa die Ursache war. Als wir sie mit der Wahrheit konfrontierten, lenkte sie schließlich ein und gab ihre Verleugnungshaltung auf. Sie wollte unbedingt lernen, eine Rudelführerin zu werden. Deshalb kehrten wir ins Haus zurück, um mit dem praktischen Teil zu beginnen. Ich zeigte Lisa, wie ich Chip die Dominanz entzog, indem ich mich ruhig und bestimmt gegen ihn behauptete. Doch bei dem Spaziergang mit Sonny, einem Golden Retriever aus meinem Rudel, griff Chip das Tier aus heiterem Himmel an und zeigte mir damit, dass ihm wirklich jede soziale Kompetenz fehlte – im Umgang mit Hunden wie mit Menschen. Familie Pack erlaubte mir, Chip zwei Wochen ins Dog Psychology Center zu holen, um ihn im Umgang mit Artgenossen zu schulen.

Chip brauchte ein paar Tage, bis er sich aggressionsfrei ins Rudel einfügte. Aber nachdem er es verstanden hatte, passte er sich schnell an. Ich zog bei seiner Rehabilitation auch meine Frau Ilusion als stellvertretenden weiblichen Rudelführer hinzu. Lisa hatte den Hund darauf konditioniert, Frauen grundsätzlich als schwach zu betrachten. Ilusion brauchte daher all ihre ruhigen und bestimmten Qualitäten, um ihm bei der Verhaltensänderung als Mentorin zu dienen.

Schließlich kam Familie Pack, um Chip abzuholen. Erstaunt sah ich, dass Lisa wie verwandelt war. Ihre Augen strahlten heller, ihre Haltung war aufrechter. Sie schritt geradewegs durch das Rudel und übernahm sofort die Kontrolle über Chip. Es befriedigt mich sehr, zu sehen, wenn ein Mensch nicht nur zum Wohle des Hundes, sondern des ganzen Rudels bereit ist, die Augen zu öffnen. Wenn alle das tun, was das Beste für das Rudel ist, kann eine Familie anfangen, gemeinsam zu wachsen.

Vor kurzem standen bei einer Autogrammstunde in einem Buchladen in Torrance überraschend Tom und Lisa Pack vor mir. Die beiden erzählten, dank Lisas festem Vorsatz, stets ruhig und bestimmt zu bleiben, habe sich Chip zu einem beliebten und nützlichen Familienmitglied entwickelt. Bei den Aufnahmen zu der Folge war mir klargeworden, dass Lisa bei dem Hund Trost gesucht hatte, da ihre eigenen Kinder allmählich immer unabhängiger wurden. Aber Chip würde immer ein hilfloses Baby bleiben, um das sie sich kümmern konnte – auch wenn er alle anderen hasste. Sie hatte sich mit ihm verbündet, um sich vor der Veränderung zu schützen, obschon sowohl das Tier als auch ihre Familie darunter litten. Ich bin sehr stolz auf Lisa, weil sie sich der Verantwortung und der Herausforderung der Rudelführerrolle gestellt hat. Man braucht viel Mut, um die Augen zu öffnen, die Wahrheit über sich einzugestehen und zu erkennen, welche Auswirkungen das eigene Verhalten auf die Familie hat. Genau das tat Lisa Pack.

Die andere Frau

Ich möchte keineswegs den Eindruck erwecken, nur Frauen seien von derartigen Lebenskrisen betroffen. Wenn aus Kindern Teenager werden und diese das Haus verlassen, tut sich für gewöhnlich der Elternteil oder Vormund am schwersten, der sich am meisten um die Kinder gekümmert hat. Doch das ist nicht immer so. Neue Probleme können auch in späteren Lebensphasen auftreten, lange nachdem die Kinder aus dem Haus sind. Im Fall von Malcolm und Judi Sitkoff wandte sich der Mann nach Kindern, Enkeln und vierzig Jahren Ehe einer anderen Frau zu – einer fünf Jahre alten Bichon-Frisé-Dame namens Snowflake.

»Es heißt, Liebe und Hass liegen nah beieinander«, seufzte Judi. »Wenn es nach mir ginge, wäre Snowflake längst fort.« Malcolm war da anderer Meinung. »Snowflake und ich sind gut füreinander. Wir gehen gern zusammen spazieren. Wir therapieren einander.«

Als ich mich mit dem zerstrittenen Paar zum Beratungsgespräch hinsetzte, hörte ich fassungslos zu, wie Judi erzählte, sie hätte seit über einem Jahr nicht mehr in ihrem Bett geschlafen. Jedes Mal, wenn sie sich hinlegen wollte, ging Snowflake auf sie los. Und Malcolm duldete es! Judi war ins Fernsehzimmer im Erdgeschoss umgezogen und schlief nun auf einem deprimierenden Liegesessel. Mir war sofort klar, dass Malcolm das Problem verursachte, was er natürlich bestritt. Dass er Snowflake nicht zwingen wollte, das Bett zu verlassen, begründete er mit der Ausrede: »Sie folgt einfach nicht. Ich schaffe es nicht, sie aus dem Bett zu verbannen. Ich habe sie mehrmals heruntergehoben, aber sie springt immer wieder hinein.« – »Weil Sie es nicht ernst meinen!«, sagte ich. »Tiere verweigern den Gehorsam nur dann, wenn der Mensch es nicht ernst meint.« Nun mischte sich auch Judi ein und erinnerte Malcolm daran, dass sie vor vielen Jahren eine Deutsche Schäferhündin gehabt hatten. Auch sie hatte tagsüber auf dem Bett gelegen, war allerdings sofort heruntergesprungen, wenn sie Malcolms Lkw in der Auffahrt hörte. Warum? »Weil Malcolm keinen Hund im Bett duldete.« Wieder war ich verblüfft. »Wieso ist das jetzt anders?« – »Der andere Hund war riesig. Der hier ist ganz klein.« Malcolm hatte die Augen so fest verschlossen, dass er gar nicht merkte, wie unlogisch er argumentierte!

Der Familienhund terrorisierte Judi, und ihr Mann unterstützte sie in keiner Weise. Es war, als seien die Rollen zwischen Frau und Hund vertauscht. Die Rangordnung in diesem Haus lautete: Snowflake, Malcolm und ganz zum Schluss Judi! Ich musste Malcolm und Judi wieder zusammenschweißen, damit sie beide Rudelführer sein konnten und Snowflake ihnen folgte. Dennoch fand ich die Situation verwirrend. Warum hatte Malcolm eine stärkere Bindung an einen kleinen weißen Hund als zu seiner Frau, mit der er seit vierzig Jahren verheiratet war?

Malcolm beantwortete diese Frage zumindest teilweise, als er bei der Arbeit im Schlafzimmer gestand, dass er Snowflake als »seinen« Hund betrachtete, der nur ihm gehörte. »Ich hatte nie ein eigenes Tier. Als Kind musste ich meinen Hund immer mit allen anderen teilen. Snowflake gehört endlich *mir*.« Diesen großen Fehler sehe ich immer wieder bei Klienten. Ich habe in diesem Buch auch schon weitere Beispiele geschildert. Sobald man einen Haushalt in mehr als ein »Rudel« gliedert, erschafft man einen dissozialen Hund. Tiere wollen Teil einer Familie oder eines Rudels sein. Sie leiden unter dem Stress, an einem Ort leben zu müssen, an dem die Hälfte der Bewohner Rivalen oder Feinde sind.

Ein weiteres Teil des Puzzles erhielt ich, als ich Malcolm auf eine Ahnung hin fragte, ob er aus irgendeinem Grund wütend auf Judi sei. Widerstrebend räumte er ein, dass seit Jahren ein ungelöstes persönliches Problem zwischen ihnen stünde. Als die Kinder noch zu Hause waren, war es unter Kontrolle gewesen. Nun aber waren sie nur noch zu zweit, und unter der Oberfläche brodelte eine Wut, die nie beseitigt worden war. Malcolm war immer noch ärgerlich wegen einer Sache, die sich vor vielen Jahren zugetragen hatte. Doch statt die Angelegenheit mit Judi zu klären, brachte er seinen Zorn indirekt über Snowflake zum Ausdruck. Meiner Ansicht nach ist eine der größten Grausamkeiten, die wir unseren Hunden zufügen können, ihnen unsere emotionalen Probleme aufzubürden. Kein Mensch kann ausgeglichen sein, solange eine ungeklärte Situation an ihm nagt. Wie können wir von unseren Hunden erwarten, unsere Last zu tragen, wenn wir sie selbst nicht bewältigen können?

Ich arbeitete ein paar Stunden mit Malcolm und Judi und brachte ihnen bei, wie sie Anspruch auf das Bett erheben konnten. Gleichzeitig versuchte ich, Malcolm klarzumachen, dass er Judi ermächtigen musste, damit sie ihre Ängste überwinden und Fortschritte machen konnte. Ich lehrte sowohl Malcolm als auch Judi, Snowflake bestimmt und emotionslos zu korrigieren. Dann gab ich den beiden eine besondere Hausaufgabe: In zwei Wochen sollte Judi wieder ohne Angst in ihrem Bett schlafen können.

Als ich vierzehn Tage später bei ihnen eintraf, warfen mir die beiden vor, ich hätte ihrem Hund eine Droge gegeben. »Sie ist wie ausgewechselt«, sagte Judi. »Sie gehorcht – und überhaupt. Haben Sie ihr etwas gegeben?« – »Nein«, erwi-

Was Sie als Hundebesitzer in der Lebensmitte beachten müssen und/oder wenn die Kinder flügge werden

- Denken Sie daran, in gewisser Weise spiegelt das Verhalten Ihres Hundes immer auch das Ihre. Wenn eine schlechte Angewohnheit eskaliert, sollten Sie mögliche Veränderungen in Ihrem Leben oder der Familiendynamik unter die Lupe nehmen, die diese Entwicklung ausgelöst haben könnten.
- Seien Sie ehrlich zu sich. Wenden Sie sich, falls nötig, an einen Therapeuten oder einen guten Freund, der Ihnen aufrichtig erscheint und dem Sie vertrauen. Fragen Sie ihn, ob er den Eindruck hat, Sie würden die Veränderung Ihrer Lebensumstände auf irgendeine Weise »ausleben« oder kompensieren.
- Räumen Sie einem Hund niemals eine höhere Priorität ein als den menschlichen Familienmitgliedern und lassen Sie ihn *niemals* ungestraft davonkommen, wenn er Partner, Ehepartner oder Kinder verletzt.
- Lassen Sie nicht zu, dass sich ein Hund nur einem Familienmitglied anschließt und alle anderen angreift. In diesem Fall sind Sie nämlich kein Rudel mehr. Bemühen Sie sich, alle Personen in die Dynamik des Familienrudels einzubeziehen.
- Halsen Sie Ihrem Hund nicht Ihre emotionalen, spirituellen und psychologischen Probleme auf. Er spürt Ihre Emotionen, aber er hat keinen Abschluss in menschlicher Psychologie. Es ist dem Hund gegenüber nicht fair, wenn wir von ihm die Erfüllung all unserer Bedürfnisse erwarten.
- Machen Sie Ihren Hund nicht zu einem »bedürftigen Baby«. Respektieren Sie seine Eigenständigkeit als Tier und stützen Sie sein Selbstwertgefühl, statt es zu zerstören, indem Sie »Vater« oder »Mutter« spielen und ihn übermäßig behüten.

derte ich. »Ich habe euch etwas gegeben.« Ich hatte den beiden vor Augen geführt, wie ein Außenstehender die Situation in ihrem Haushalt, mit ihrem Hund und in ihrer Ehe einschätzte. Sie mussten auf die rechte Bahn zurückfinden und wieder als Team zusammenarbeiten. Die Folge davon war nicht nur eine glücklichere Judi, sondern auch eine friedlichere und ausgeglichenere Snowflake.

Trennungen sind schwer

»Gerade hat mein Mann, von dem ich mich vor kurzem getrennt habe, einfach meine Hündin Layla abgeholt. Er hat sie mir weggenommen und fortgegeben. Er dachte, wenn er sich nicht um sie kümmern kann, soll auch ich sie nicht haben. Ich bin todunglücklich. Sie fehlt mir so sehr. Ich habe auch schon andere Leute um Rat gefragt, aber alle sagen, dass sie nur ein Hund ist und ich mir einfach einen anderen holen soll. Aber ich will wissen, ob Layla und ich Rechte haben und wie diese Rechte aussehen. Ich kann sie versorgen und ihre Bedürfnisse erfüllen. Wer kann mir helfen, Layla zurückzubekommen?«

»Ich hatte zwei Hunde mit einem Exfreund. Ich habe sie versorgt, alles bezahlt, und sie sind auf meinen Namen angemeldet. Nach der Trennung habe ich meinem Ex die Chance gegeben, zu beweisen, dass wir uns trotz allem gemeinsam um die Hunde kümmern können. Er hat sie verspielt, weil er weder Zeit hat noch Verantwortungsbewusstsein besitzt und die Lebensumstände der Tiere immer schlimmer wurden. Ich entschied, dass ich die Hunde nicht mehr zu ihm bringen würde. Sie leben jetzt immer bei mir. Ich würde gern wissen, ob er gewinnen kann, wenn er mir meine Hunde wegnehmen will?«

Diese und andere flehentliche Bitten fanden wir im Internet auf der Seite des Internetblogs »New York Divorce and Family Law« (New Yorker Scheidungs- und Familienrecht). Sie verdeutlichen ein Problem, das dieser Tage kaum zu ignorieren ist. Die Statistik ist gnadenlos: In den Vereinigten Staaten enden jährlich etwa 49 Prozent der Ehen mit der Scheidung.[1] Ich bin kein Mathematiker, aber etwa 59,5 Prozent der amerikanischen Familien haben Hunde.[2] Folglich müssen sich viele Familien, denen die Scheidung bevorsteht, mit der schwierigen Frage nach dem Sorgerecht für das geliebte Haustier auseinandersetzen. Vor einigen Jahren nahmen viele Anwälte und Richter die Vorstellung des Sorgerechtsstreits um einen Hund nicht ernst. Grundsätzlich herrschte die Einstellung: »Was soll das Theater? Es ist doch nur ein Hund!« Inzwischen ist die Nachricht, dass US-Amerikaner ihre Hunde als wichtige Familienmitglieder betrachten, auch im Justizsystem angekommen. Nach Angaben der Zeitung *The Christian Science Monitor* bieten mittlerweile Dutzende juristische Fakultäten im ganzen Land – darunter Harvard, Georgetown und Yale – Tierrechtskurse an, die auch Seminare zum Sorgerecht von Haustieren einschließen. In Kalifornien sind mindestens zwei Kanzleien auf Tierrecht spezialisiert.[3] Damit nicht genug. Die in San Francisco ansässige Organisation Animal Legal Defense Fund ist der unkonventionelle gemeinnützige Zusammenschluss von Prozessanwälten, die sich der Aufgabe verschrieben haben, mithilfe der Justiz die Rechte von Tieren zu schützen und ihre Interessen zu vertreten. Sie haben landesweit in über dreißig Scheidungsfällen sogenannte Amicus-Curiae-(»Freund-des-Gerichts«-)Stellungnahmen eingereicht und die Richter gedrängt, die altehrwürdige Tradition, Haustiere wie Eigentum zu behandeln, über den Haufen zu werfen und stattdes-

Tipps für den Trennungsnotfall

- Holen Sie sich Rat bei einem qualifizierten Anwalt. Suchen Sie sich nach Möglichkeit einen Rechtsbeistand, der mit dem Tierschutzrecht vertraut ist.
- Tiere gelten in den Augen des Gesetzes seit 1990 nicht mehr als Sache.
- Sammeln Sie Quittungen und Belege, um Beweise vorlegen zu können, wenn Sie gebeten werden, den Kauf oder die Adoption zu belegen.
- Legen Sie falls möglich auch Quittungen für Tierarztbesuche, Hundefriseur, Hundeschule, Futter und anderes vor, was Ihre Investition in den Hund beweist.
- Sammeln Sie die Aussagen von Freunden oder Nachbarn, die Ihre Behauptung stützen, dass Sie viel Zeit und Energie in die Pflege des Hundes investieren.
- Ziehen Sie ein Schlichtungs- oder Schiedsverfahren in Betracht. Hier können Sie Ihre Position unter Umständen besser darlegen.

sen in erster Linie die Interessen des Tieres zu berücksichtigen.

In Deutschland verhält es sich wie folgt: Wenn ein Ehepartner Alleineigentümer eines Tieres ist, so hat der andere keinen Rechtsanspruch darauf, es nach der Scheidung zugesprochen zu bekommen. Das ist zum Beispiel der Fall bei einem in die Ehe eingebrachten, geerbten oder geschenkten Tier. Wurde das Tier während der Ehe angeschafft, reicht es für den Nachweis des Alleineigentums nicht aus, dass im Kaufvertrag oder im Impfzeugnis der Name einer Partei vermerkt ist. Das Tier muss als sogenanntes Eigengut ausschließlich der einen Person zum persönlichen Gebrauch gedient haben. Schon eine gemeinschaftliche Unterbringung und Pflege durch beide Ehepartner lässt Miteigentum am Tier vermuten, sodass es vom Gericht jener Partei zugeteilt wird, die ihm unter tierschützerischen Gesichtspunkten eine bessere Unterbringung und Versorgung gewährt.

Wenn Kinder vorhanden sind, kann das Kindeswohl es erfordern, dass gerade in der schwierigen und belastenden Situation einer Ehescheidung die oft sehr enge, emotionale Bindung des Kindes zum Heimtier nicht auseinandergerissen wird. Kollidieren die Interessen von Tier und Kind, wird das kindliche Interesse stärker gewichtet. Ein Heimtier kann also auch jenem Partner zugeteilt werden, der für die Tierbetreuung zwar weniger geeignet ist, jedoch mit den Kindern zusammenlebt. Wird das Kindeswohl durch den Verlust des Heimtiers hingegen nur minimal beeinträchtigt, ist bei der Zuteilung das Wohlergehen des Tieres ausschlaggebend. Entscheidend für die Beurteilung sind stets die Umstände des Einzelfalls.

Unschuldige Opfer

Am Thema »Hunde und Scheidung« beunruhigt mich am meisten, dass die ehemaligen Partner sie in dieser turbulenten Phase genau wie die Kinder dazu benutzen können, ihrer gegenseitigen Wut Ausdruck zu verleihen. Ich sehe ständig, wie das verrückte Verhalten der Menschen in dieser Zeit sein Echo im unausgeglichenen Benehmen der Tiere findet. Werden Hunde Zeugen einer Trennung, reagieren sie oft aggressiv, obwohl sie früher nie zur Gewalt neigten. Kontaktfreudige Tiere können auf einmal ausgesprochen ängstlich und furchtsam werden. Entspannte Hunde können in die Fänge der Depression geraten, die Nahrung verweigern und das Interesse an Dingen verlieren, die ihnen früher große Freude bereiteten. Die toxische Anspannung in vielen Familien, in denen ein Scheidungsverfahren läuft, kann Hunde ebenso erfassen wie Kinder. Verwickelt man sie in das Tauziehen um das Sorgerecht, macht das die Sache nur noch schlimmer.

Wenn Sie dieses Buch lesen, weiß ich bereits, dass Ihre Hunde weit mehr für Sie sind als Haushaltsgegenstände, die am Ende einer Beziehung aufgeteilt werden. Für viele moderne Paare und vor allem für meine Klienten sind sie wie Kinder, und die Vorstellung, sich von ihnen trennen zu müssen, ist für sie ebenso herzzerreißend. Das Dilemma lässt sich unter anderem dadurch lösen, dass man sich in erster Linie auf die Bedürfnisse der menschlichen Kinder konzentriert. Kinder bauen oft eine sehr viel tiefere Verbindung zu Haustieren auf als Erwachsene. Mindestens eine neue Studie belegt, dass Hunde Kindern bei der Bewältigung des Scheidungsschmerzes eine große Hilfe sein können.[4] Am Institut für Psychologie der Universität Bonn befragten Dr. Tanja Hoff und Dr. Reinhold Bergler 75 Scheidungskinder und ihre Mütter, die einen Hund hatten. Anschließend verglichen sie diese mit 75 geschiedenen Müttern und Kindern ohne Hund. Ein Jahr nach der Scheidung berichteten die Mütter mit Hund im Vergleich zu den Familien ohne Hund deutlich weniger Aggressivität gegen sich und andere, weniger Zerstörungswut wie Vandalismus, eine geringere Reizbarkeit und ein geringeres Bedürfnis, der Mittelpunkt der Aufmerksamkeit ihrer Kinder zu sein. Die Kinder selbst bezeichneten die Hunde als unverzichtbare Gefährten in der Krise (95 Prozent), als Quelle beständiger Liebe (88 Prozent), als Kameraden, denen man von seinen Problemen, seiner Wut und seinem Zorn erzählen kann (85 Prozent), als große Hilfe bei Sorgen (84 Prozent), als konfliktfreien Rückzugsort, wenn die Eltern streiten (77 Prozent), und als erhebliche Unterstützung bei der Bewältigung der Einsamkeit in einer kaputten Familie (77 Prozent). Aufgrund dieser Studie und meiner eigenen Erfahrung ermutige ich Familien, im Scheidungsfall in Erwägung zu ziehen, die Hunde dem Elternteil zuzusprechen, bei dem auch die Kinder die meiste Zeit verbringen werden. Allerdings fordert eine Scheidung von Kindern einen völlig anderen Tribut als von Tieren. Im Gegensatz zum Menschen lebt der Hund im Augenblick. Eine Scheidung wird ein Kind ein Leben lang beeinflussen. Werden Hunde dagegen korrekt an einen neuen Ort überführt und in ein neues Rudel integriert, können sie sich problemlos anpassen und ohne psychische Schäden weiterleben – sofern sie die Gelegenheit dazu bekommen. Deshalb ist ein gemeinsames Sorgerecht, bei dem sich die ehemaligen Partner abwechselnd um den Hund kümmern, nicht im Sinne des Tieres. Es ist nur für die Menschen. Kann ein Paar jedoch verhindern, dass der Hund zwischen die Fronten gerät, ist das gemeinsame Sorgerecht eine wunderbare Idee. Wenn sich beide Partner hundertprozentig im Leben des Hundes engagieren, haben es auch beide verdient, mit dem Tier zusammen zu sein, weil sie Körper, Geist und Herz in ihn investieren.

Dies ist eine faire, ehrliche Lösung und gutes Karma, weil keiner den anderen mithilfe des Hundes verletzen will. Wenn beide Partner dem Tier die korrekte Bewegung, Disziplin und Zuneigung zukommen lassen und sich an eine klare Regelung halten, kann der Hund den Wechsel zwischen zwei vertrauten Orten als tolles Abenteuer empfinden. Mit der korrekten ruhigen und bestimmten Energie und Konsequenz kann eine reibungslose Sorgerechtsregelung Menschen im Scheidungsprozess den nötigen Trost geben und gleichzeitig gut für die Hunde sein.

Paare mit mehr als einem Hund teilen das Rudel oft auf. Vom menschlichen Standpunkt aus mag diese Lösung fair erscheinen. Man sollte dabei nur nicht vergessen, dass sich Hunde in freier Wildbahn lediglich dann von Rudelmitgliedern trennen, wenn eines davon stirbt. Eine Gruppe könnte auch auseinanderbrechen, weil eines der Tiere aufgrund von Krankheit, Schwäche oder anderweitiger Instabilität das Überleben der anderen gefährdet. Ein Hund könnte das Rudel auch nach einem Machtkampf verlassen oder vertrieben werden oder weil die Gruppe zu groß für die vorhandenen Ressourcen wird. Hunde können nicht verstehen, wenn ein Rudel ohne ersichtlichen Grund auseinanderbricht, und die Scheidung ist in der Tierwelt unbekannt. Trennt man zwei oder mehrere zu einem Rudel verbundene Hunde, kann dies die Tiere traumatisieren, sofern sie nicht langsam von der Gruppe entwöhnt werden. Wenn zwei Menschen vorhaben, sich zu trennen, wissen sie für gewöhnlich, ab wann sie nicht mehr zusammen wohnen werden. Deshalb können sie ihre Hunde zunächst einen Tag, dann zwei Tage, dann eine ganze Woche trennen, bis sie verstehen, dass sie in ein neues Rudel übergehen. In der ersten Woche sind sie möglicherweise verwirrt und orientierungslos. Aber irgendwann werden sie sich an die neue Situation gewöhnen.

Gelegentlich setzen Menschen, die sich trennen, den Hund als Waffe gegeneinander ein. Da kann es vorkommen, dass er am Ende bei demjenigen bleibt, dem weniger daran gelegen ist, dass er ein erfülltes Leben führt. In diesem Fall wird der Hund die Person »vermissen«, die für Ausgeglichenheit sorgte. Seine Trauer kann in Form von Depressionen, Gleichgültigkeit, Angst oder anderen instabilen Verhaltensweisen zum Ausdruck kommen. Deshalb hoffe ich, dass alle sich trennenden Paare oder Gruppen bedenken: Ein Hund ist kein Gegenstand, sondern ein lebendiges, fühlendes Wesen und kann sich jeder neuen Situation anpassen. Das wird ihm allerdings nur gelingen, wenn der Mensch ihm auch in den turbulentesten Zeiten stets die gleiche starke Führung angedeihen lässt.

Bei Trennungen, Scheidungen oder familiären Turbulenzen aller Art dürfen Sie vor allem nicht vergessen, dass sich Ihre Emotionen im Verhalten des Hundes spiegeln werden. Indem Sie lernen, sich zu beruhigen und in Gegenwart Ihres Hundes eine entspannte, bestimmte Energie auszustrahlen, tun Sie nicht nur ihm etwas Gutes. Es kann auch für Sie selbst wunderbar therapeutisch sein. Wenn Sie in dieser Zeit das Richtige für Ihren Hund tun, können in der Tat alle von einer belastenden Übergangssituation profitieren.

Die goldenen Jahre

An der mexikanischen Kultur gefällt mir besonders, dass auch die Senioren zur Familie gehören. Wir kümmern uns um sie, schätzen ihre Gesellschaft und zollen ihnen stets den Respekt und die Aufmerksamkeit, die ihrem Alter und ihrer Erfahrung gebühren. Hier in den Vereinigten Staaten sehe ich oft, dass sich alte Menschen gerade dann allein durchschlagen müssen, wenn sie die Familie am dringendsten bräuchten. Amerikanische Senioren sagen häufig, sie fühlten sich abgeschnitten, isoliert und einsam. Die Folge? Wohl nur in Ländern wie den Vereinigten Staaten gibt es Menschen wie Leona Helmsey, die ihr ganzes Vermögen ihrem Hund vermachen. Warum tun sie so etwas? Weil der Hund ihnen im Alter so viel gab und ihnen mehr Erfüllung schenkte als ihre eigenen Kinder und Enkel. Mensch und Hund haben einen Rudelinstinkt – also das Bedürfnis nach Bindung und Familienbanden. Aus diesem Grund finden ältere Leute das heiß ersehnte Familiengefühl gelegentlich bei ihren Hunden. Einige von ihnen glauben deshalb, der Nachlass von Geld sei die einzige Möglichkeit, sich bei dem Tier für all die Freude und Liebe zu bedanken, die es ihnen im Alter schenkte.

Senioren mit Hunden dürfen nicht vergessen, dass Geld den Tieren egal ist. Sie brauchen Führung. Auch wenn Sie 65, 75, 85 oder 95 Jahre alt sind, braucht Ihr Hund täglich Erfüllung und muss wissen, dass er bei Ihnen sicher ist, weil Sie alles im Griff haben. Sobald Sie mit Bewegung, Disziplin und Zuneigung die Führung übernehmen, wird der Hund bereitwillig Ihr Bedürfnis nach Gesellschaft und Familienleben erfüllen. Benutzen Sie Ihr Alter nicht als Ausrede, um sich um diese Pflichten zu drücken! Es tut mir leid, aber in Sachen Führung gibt es keine »Preisnachlässe für Senioren«.

Wenn ein Mensch in die goldenen Jahre kommt, will er oft etwas kürzer treten und die einfachen Freuden des Lebens genießen. Ein Hund bietet die wunderbare Möglichkeit, die Welt mit den Augen eines Lebewesens zu sehen, das jede Sekunde auf Erden genießt. Hunde können älteren Menschen Gesellschaft, Frieden sowie hundertprozentige Wertschätzung und Akzeptanz schenken. Sie erfreuen sich tagtäglich an ihrem Leben, bis zum Augenblick ihres Todes. Ein Hund steigert auch das soziale Wohlbefinden. Einige wohldokumentierte Studien legen nahe, dass sich Haustiere positiv auf die psychische und körperliche Gesundheit älterer Menschen auswirken. Dies gilt besonders für Männer.[5]

Wenn ich von älteren Hundebesitzern um Hilfe gebeten werde, merke ich bei meiner Ankunft oft, dass das Tier viel zu energiegeladen für Herrchen oder Frauchen ist. Von Zeit zu Zeit schenken Familienangehörige einem älteren Menschen einen Welpen. Sie glauben, seinem Leben einen neuen Inhalt zu geben, indem sie ihm ein Wesen anvertrauen, für das er sorgen kann. Das mag schon stimmen, aber wie wir wissen, machen Welpen auch jede Menge Arbeit. Außerdem haben sie Energie im Überfluss. In einem Hunderudel gehen die älteren Tiere den Welpen oft aus dem Weg oder schieben sie weg, wenn sie besonders lebhaft sind. Bei der Wahl des Hundes für einen älteren Menschen ist meine Faustregel, dass man nur einen Hund adoptieren sollte, der das gleiche oder ein niedrigeres Energieniveau hat wie man selbst, besonders wichtig.

»Lass das, Sugar!«

Lynda und Ray Forman hatten sich zur Ruhe gesetzt und lebten friedlich in ihrem großzügigen Haus in einer Mobilheimanlage gehobener Kategorie. Sie beschlossen, einen drei Monate alten weiblichen Beagle-Welpen namens Sugar zu adoptieren. Die kleine Hündin benahm sich vom ersten Tag an fürchterlich. Sie zerkaute und vereinnahmte alles, was sich in Sichtweite befand. Lynda hatte gedacht, der Hund würde ihrem Mann Gesellschaft und Trost schenken, da er an multipler Sklerose erkrankt und an den Rollstuhl gefesselt war. Aber Sugar benahm sich Ray gegenüber alles andere als süß. Sie terrorisierte ihn, nahm ihm Tassen, Zeitungen und die TV-Fernbedienung weg und zerkaute sie. Wenn Carly und Sam, die beiden Enkel der Formans, zu Besuch kamen, benahm sie sich nicht viel besser. Sie entwickelte eine besondere Vorliebe für die Kleider der Kinder.

Manchmal riss sie sie ihnen sogar vom Leib und biss sie. Lyndas Arme und Hände waren mit Bisswunden übersät, die wie Tätowierungen aussahen. Der Hund hatte den Formans den Lebensabend verschönern sollen und hatte sich zu ihrem schlimmsten Alptraum entwickelt. »Sie ist zu neunzig Prozent böse und zu zehn Prozent lieb«, sagte Lynda.

Den ersten Fehler hatten die Formans natürlich bereits begangen, als sie einen jungen Hund mit hohem Energieniveau adoptierten, obwohl sie sich nach Ruhe und Frieden sehnten. Ich sah sofort, dass Sugars Verhalten aus Frustration und Furchtsamkeit resultierte, von tödlicher Langeweile ganz zu schweigen. Obwohl die Formans über eine Stunde am Tag mit ihr spazieren gingen – Ray mit seinem Elektromobil und Lynda zu Fuß –, handelte es sich dabei nicht um einen korrekten Rudelmarsch. Sugar zerrte ständig an der Leine, ließ die Nase am Boden schleifen und verfolgte Fährten, statt einfach nebenherzulaufen oder sich auf ihre Rudelführer zu konzentrieren. Lyndas zweiter und vermutlich größter Fehler war es, mit Leckerbissen über Sugars Verhalten zu »verhandeln«, statt damit gutes Benehmen zu belohnen. Wenn Lynda etwas haben wollte, das Sugar im Maul trug, bestach sie den Welpen mit einem Leckerbissen, damit er den Gegenstand fallen ließ. So war ein Teufelskreis entstanden. In freier Wildbahn verhandeln Hunde nicht miteinander. Sie bestechen einander auch nicht. Ihre einzige Währung ist die *Energie*.

Die betroffene Familie mag diesen Fall als extrem empfunden haben. Ich aber wusste, dass nicht Sugar, sondern Lynda das Problem war. Daher wandte ich mich im Beratungsgespräch in erster Linie an sie. Sie war die Stütze der Familie und musste ihre ganze Kraft zusammennehmen, um Sugars Rudelführerin zu werden. Außerdem glaubte Ray, es würde ihm wegen seiner Behinderung an Führungskraft fehlen. Ich erklärte ihm, dass bei der Verbindung zwischen Hund und Mensch körperliche Stärke fast keine Rolle spielte. Die Bindung entsteht aus der Kraft der menschlichen Energie. Assistenzhunden ist die körperliche Behinderung ihrer Besitzer egal, aber sie brauchen ihre ruhige und bestimmte Energie und Führung. Das gilt auch für alle Senioren, die fürchten, ihre körperlichen Schwächen würden sie daran hindern, Stärke auszustrahlen. Meiner Ansicht nach ist Führungskraft zu 99,9 Prozent eine Frage des Geistes. Als ich die Enkel Carly und Sam fragte, was sie aus dem Beratungsgespräch gelernt hätten, verstand Carly sofort. »Sugar ist nicht unser Boss. Wir müssen Sugars Boss sein.«

Zum Glück tat uns Sugar den Gefallen, ihr schlimmstes Benehmen an den Tag zu legen. Sie rannte im Wohnzimmer herum und schnappte sich alles von der Zeitung über die Fernbedienung bis hin zur Wasserflasche. Ich fing an, wie ein dominanter Hund »Anspruch« auf all die Gegenstände zu erheben, die sie normalerweise für sich beanspruchte. Anfangs musste ich ihr dies mit einer festen Berührung klarmachen, aber nach nur zwei leichten körperlichen Korrekturen genügte es, wenn ich ihr mit meiner Energie mitteilte, dass etwas mir gehörte, und schon hielt sie sich von »meinem« Besitz fern. Ich steigerte die Schwierigkeitsstufe, indem ich ein mit ihren Lieblingsleckerlis gefülltes Glas direkt vor sie hinstellte und sie zehn Minuten warten ließ, bis ich ihr eines davon gab. Als Sugar sich entspannte und mit ruhiger Unterordnungsbereitschaft reagierte, belohnte ich sie mit Hühnchen und Zuneigung. Lynda erkannte, dass sie den Hund entlohnt hatte, bevor er es verdient hatte! »Genau so einen Hund wollte ich … so einen Hund wollte ich immer!«, rief Lynda, nachdem auch sie einige Gegenstände erfolgreich für sich beansprucht hatte.

Cesar zeigt Ray, wie er mit Sugar »spazieren gehen« muss.

Obwohl die frustrierte Sugar wie ein Hund mit enorm hohem Energieniveau wirkte, war sie nur ein elf Monate alter Welpe. Ich prophezeite, dass sie später einmal ein mittleres bis hohes Energieniveau haben würde. Das Gute aber war, dass Lynda und Ray alle Hilfsmittel zur Verfügung standen, die zwei Senioren mit einem jungen Hund brauchten. Ray hatte sein Elektromobil. Als ich ihm zeigte, wie er es mit Sugar richtig einsetzte, war klar, dass es ein wunderbares Training für sie sein würde, neben ihm herzulaufen. Lynda besaß ein Senioren-Dreirad mit Korb, mit dem sie gelegentlich Freunde in der Anlage besuchte. Ich riet ihr, jeden Morgen damit zu fahren und Sugar nebenherlaufen zu lassen. Auf diese Weise bekäme die kleine Hündin jeden Tag zwei anstrengende Trainingseinheiten, die dazu beitragen sollten, ihre ursprünglichen Bewegungsbedürfnisse zu befriedigen und Energie abzubauen. Wenn Ray und Lynda auf Kurs blieben, konnte es den beiden Senioren tatsächlich gelingen, mit ihrem jungen, energiegeladenen Hund Schritt zu halten. Die beste Energie im Haus hatte Enkelin Carly. Sie sollte als Mitglied der jüngeren Generation die älteren Familienangehörigen unterweisen. Die Formans konnten das Problem lösen, wenn sie Führungsstärke bewiesen und dafür sorgten, dass die Bedürfnisse ihres heranwachsenden Hundes erfüllt waren.

Knapp drei Jahre später berichten die Formans, Sugar habe erstaunliche Fortschritte gemacht – genau wie sie selbst. Wenn sich ihre Unartigkeit wieder einmal regte, reichten die Worte: »Lass das, Sugar!«, und sie gehorchte. Die Formans verschafften dem Hund auch weiterhin regelmäßig Bewegung und kamen deshalb auch selbst häufiger aus dem Haus. Ein Hund kann für Senioren die beste Medizin der Welt sein – sofern diese wissen, was sie tun müssen, damit er ausgeglichen bleibt.

Älterer Mensch, älterer Hund

Wenn Sie schon älter sind, sollten Sie unbedingt in Betracht ziehen, einen älteren Hund zu adoptieren. Auf diese Weise vermeiden Sie den Kampf mit einem Tier, das ein höheres Energieniveau hat als Sie selbst. Ältere Hunde und ältere Menschen liegen auf derselben Wellenlänge. Sie wollen immer noch jeden Tag ihres herrlichen Lebens genießen, bevorzugen nun aber ein gemächlicheres, entspannteres Tempo. Die Adoption älterer Tiere hat viele Vorteile. Sie sind stubenrein und vergreifen sich nicht mehr an Ihrem Eigentum, weil die Zähne durchbrechen, wie das bei Welpen

Eine Erfolgsgeschichte: Zwei Senioren, ein Rottie – Helen und John Lawce und Patches

Patches

Am 17. März 2007 adoptierten mein Mann John und ich eine 38 Kilo schwere und zehn Monate alte Australian-Shepherd-Rottweiler-Mischlingshündin namens Patches. Wir hatten nicht vor, einen weiteren Hund ins Haus zu holen. Wir hatten ja bereits die beiden halbwüchsigen Australian-Shepherd-Geschwister Rocky und Bird sowie den damals sechsjährigen Border Collie Cass aus dem Tierheim. Ich hatte zufällig beim Tierschutzbund vorbeigeschaut und gesehen, dass Patches soeben aus einem anderen Tierheim eingetroffen war, wo man kein Zuhause für sie gefunden hatte. Wir gingen noch einmal hin und vergewisserten uns, dass auch Cass unsere Wahl billigte, und nahmen Patches noch am selben Abend mit nach Hause, kurz bevor das Tierheim schloss.

Wie Cesar uns sicher gesagt hätte, war ihr Energieniveau ein wenig hoch für zwei Senioren von über sechzig Jahren. Patches hatte keinerlei Erziehung genossen, war völlig undiszipliniert und ruinierte unsere Möbel, wo sie stand und ging. Sie zerrte an der Leine wie ein Maultier. Wenn einer von uns nach ihrem Halsband griff, damit sie sich bewegte, nahm sie die Hand des Betreffenden vorsichtig ins Maul und warf ihm einen warnenden Blick zu. Am dritten Tag brachten wir sie zur Untersuchung zum Tierarzt, mit dem sie dasselbe machte. Schließlich gelang es uns, ihr einen Maulkorb anzulegen, und der Arzt konnte sie untersuchen.

So weit, so gut ... Zum Glück hatten wir die DVDs zur ersten Staffel der Sendung »Dog Whisperer« aus der Bücherei geholt und angefangen, uns die Folgen anzusehen. Früher hatte John nach den Methoden von John Lyons und Monty Roberts Pferde trainiert. Wir fanden, dass Cesar mit einem ähnlichen Ansatz bei Hunden arbeitete, und das gefiel uns.

Wir gingen nach Hause und begannen mit der Grunderziehung. Keine Aufmerksamkeit, wenn Patches zur Tür hereinstürmte. Kein Futter, bis sie ruhig und unterordnungsbereit dasaß. Wir brachten ihr bei, einen guten Meter Abstand zu halten und sich hinzusetzen, bevor sie ihr Fressen bekam. Wir beanspruchten ihren Futternapf für uns und brachten ihr bei, auf unsere Kommandos zu reagieren. Später leistete uns der Trick mit dem Abstandhalten gute Dienste, als sie anfing, auf ältere Gäste loszustürmen. Wir legten das Halsband weit oben um ihren Hals und fingen an, sowohl im Garten als auch in der Nachbarschaft mit ihr spazieren zu gehen. Wir haben vier Ziegen im Garten und wollten nicht, dass sie die Tiere jagte. Einen Monat lang blieb sie auch im Garten angeleint, um sich an die Ziegen zu gewöhnen. Trotzdem betrachtete sie die alte Doinkie mit dem Blick eines Jägers. Wir mussten diesen Blick sehr häufig korrigieren. Eines Morgens wollte sie auf die Ziege losgehen, als John sie völlig ruhig mit dem von Cesar demonstrierten Griff aufs Heu drückte und festhielt, bis sie sich unterordnete. Danach machte sie keinerlei Anstalten mehr, eine Ziege anzugreifen. Auch die Tiere spürten ihre Veränderung sofort und hatten keine Angst mehr vor ihr.

Dann überlegten wir, ob wir ein Laufband für sie anschaffen sollten, wie Cesar rät, um einen Teil ihrer Energie abzubauen. Und sie liebt es! Sie wird davon zwar nicht müde, aber es beruhigt sie ungemein. Außerdem haben wir ihr einen Rucksack gekauft, und wenn wir zusammen spazieren gehen, trägt sie das Wasser für vier Hunde und zwei Menschen.
Sie hat sich zu dem wunderbarsten Hund entwickelt, den wir je hatten. Sie ist so intelligent, liebevoll und inzwischen auch gern bereit, uns zu gehorchen. Ich denke, ohne Cesar hätten wir bei Patches niemals Erfolg gehabt – obwohl wir vor ihr schon zahllose andere Hunde gehabt und uns als deren Rudelführer gefühlt hatten. Sie war einfach mehr Hund, als wir gewohnt waren. Da wir stets Hütehunde gehabt hatten, waren wir nicht sicher, wie wir mit einer »körperlich starken Rasse« umgehen sollten, wie Cesar zu den Rottweilern sagt. Wenn ich mit ihm sprechen könnte, würde ich sagen: »Vielen Dank, dass Sie uns geholfen haben, diesen wunderbaren Hund zu einem Teil unseres Rudels zu machen, und dass Sie uns gezeigt haben, wie man dies ruhig und liebevoll erreicht.« Ich würde auch sagen, dass die ständige Konzentration auf ein ruhiges und bestimmtes Verhalten mich ganz allgemein zu einem besseren Menschen gemacht hat. Inzwischen komme ich auch in der Arbeit mit Situationen klar, die ich niemals bewältigt hätte, bevor ich Cesar kennenlernte. Gott segne ihn, sein Rudel, seine ganze Familie und seine freiwilligen Helfer.

oder heranwachsende Tieren der Fall ist. Sie haben meist ein niedrigeres Energieniveau, selbst wenn sie in ihrer Blütezeit energiegeladener waren. Daher genügt oft schon eine etwas weniger kräftezehrende Form der Bewegung, damit sie ausgeglichen bleiben. Sie lernen meist ebenso schnell wie jüngere Hunde, weil sie entspannter sind und sich besser konzentrieren können. Sie sind daran gewöhnt, in der Welt der Menschen und nach einem menschlichen Zeitplan zu leben, und üben schon ihr Leben lang, sich immer wieder an neue Umstände anzupassen und in neue Rudel einzugewöhnen. Mein treuer Pitbull-Gefährte Daddy ist, wie gesagt, inzwischen vierzehn Jahre alt. Er hat Arthritis und musste gegen den Krebs kämpfen. Trotzdem ist er so glücklich und entspannt wie eh und je und ebenso gern bereit, mich dabei zu unterstützen, andere Hunde ins Gleichgewicht zu bringen.

Trotz ihrer zahlreichen Vorteile werden ältere Hunde in US-Tierheimen für gewöhnlich zuerst eingeschläfert. Niedliche kleine Welpen finden wegen ihrer entzückenden Possen und reizenden Gesichtchen sofort reißenden Absatz, aber Hunde über neun Jahre werden immer wieder übergangen. Es fällt mir schwer, das zu glauben, aber manche Menschen geben ihren Hund tatsächlich weg, wenn er älter wird! Sie wollen nichts mit seinen Gesundheitsproblemen zu tun haben oder können sich die Kosten für den Tierarzt schlichtweg nicht leisten. Die wunderbare Organisation Senior Dogs Project arbeitet mit Tierschutzorganisationen zusammen, um die Vermittlung älterer Tiere zu propagieren, die Öffentlichkeit auf die Not älterer Hunde aufmerksam zu machen und die Menschen darüber zu informieren, was für eine Freude es ist, eines dieser Tiere zu besitzen. Auf der Internetseite http://www.graue-schnauzen.de finden Sie beispielsweise Links zu Organisationen, die ältere Hunde vermitteln, aber auch Tipps zur Gesundheitsfürsorge sowie weitere nützliche Informationen.

Ab wann gilt ein Hund als Senior? Streng genommen tritt er mit etwa acht oder neun Jahren in die letzte Phase des Lebenszyklus ein. Das bedeutet natürlich nicht, dass man ihm sein Alter dann auch schon anmerken würde. Wie das beim Menschen der Fall ist, bleibt auch ein gut gepflegter, ausgeglichener Hund länger jung. Körpergröße und Rasse können ebenfalls eine Rolle dabei spielen, wie alt er wirkt oder sich fühlt. Heutzutage führen viele Hunde ein aktives Leben, bis sie vierzehn oder achtzehn Jahre sind! Seit kurzem zweifeln Wissenschaftler an dem alten Sprichwort, wonach ein Menschenjahr sieben Hundejahren entspricht, und haben genauere Schätzungen entwickelt (siehe Kasten).[6]

Wenn Sie in Erwägung ziehen, einen älteren Hund zu sich zu nehmen, sollten Sie einige praktische Punkte bedenken. Prüfen Sie zunächst, ob Sie über die finanziellen Mittel verfügen, um die Kosten für eventuell anfallende medizinische Behandlungen tragen zu können. Überlegen Sie, eine Haustierkrankenversicherung abzuschließen. Wie der Mensch kann auch der Hund im Alter kleinere Gesundheitsprobleme, Schmerzen und Beschwerden wie Schilddrüsenprobleme, Schwierigkeiten mit der Schließmuskelkontrolle,

Das Alter des Hundes in Menschenjahren				
Alter	**Bis 20 Pfund**	**21-50 Pfund**	**51–90 Pfund**	**Über 90 Pfund**
5	36	37	40	42
6	40	42	45	49
7	44	47	50	56
8	48	51	55	64
9	52	56	61	71
10	56	60	66	78
11	60	65	72	86
12	64	69	77	93
13	68	74	82	101
14	72	78	88	108
15	76	83	93	115
16	80	87	99	123
17	84	92	104	
18	88	96	109	
19	92	101	115	
20	96	105	120	

Knochenprobleme oder Hautwucherungen entwickeln, die Sie stets im Auge behalten sollten. Meist handelt es sich um kleinere Unpässlichkeiten, die bei der richtigen Behandlung durch den Tierarzt weder die Lebensqualität Ihres Hundes noch die Ihre weiter beeinflussen.

Machen Sie Ihr Zuhause »seniorenfreundlich«, bevor Sie ein älteres Tier zu sich holen. Beseitigen Sie offensichtliche Barrieren, die den Hund behindern könnten. Stellen Sie Futter- und Wassernapf an einen gut sichtbaren Platz. Finden Sie so viel wie möglich über das Vorleben des Hundes heraus. Was hat er gefressen? Wie viel Bewegung bekam er? Wie sah sein Schlaf- und Lebensrhythmus aus? Wenn Sie diese Dinge wissen, können Sie die erforderlichen Veränderungen so langsam wie möglich vornehmen. Das Senior Dogs Project hat eine Liste mit hervorragenden Tipps zusammengestellt, wie Sie die körperliche und psychische Gesundheit Ihres Hundeseniors im Griff behalten (siehe Kasten).

Die »Sterblichkeitsfrage«

Ich glaube, wenn ein älterer Mensch ein älteres Tier zu sich nimmt, erweist er der Welt im Allgemeinen und der Hundewelt im Besonderen einen großen Dienst. Ich verstehe aber auch, dass Senioren oft vor dieser Entscheidung zurückschrecken. Sie möchten sich den Schmerz ersparen, eine Bindung zu einem Tier aufzubauen, um es dann drei oder vier Jahre später zu verlieren. Hunde haben grundsätzlich eine geringere Lebenserwartung als wir. Wir werden uns in Kapitel 11 mit diesem Thema befassen. Ich glaube aber, dass die Freude, einem älteren Tier zu helfen, bei weitem größer ist als die Trauer über seinen Verlust. Vielleicht wird Ihr Hund nur drei Jahre

So bleibt Ihr Hund im Alter gesund – Die zehn wichtigsten Tipps

- Nehmen Sie Kontakt zu dem besten Tierarzt auf, den Sie finden können. Bei älteren Hunden ist es ratsam, sie zweimal im Jahr untersuchen zu lassen. Sie sollten Vertrauen zu Ihrem Tierarzt haben und sich bei ihm wohlfühlen.
- Informieren Sie sich über die gängigen Beschwerden älterer Hunde sowie die dagegen eingesetzten Behandlungsmethoden. Achten Sie auf mögliche Symptome, machen Sie Ihren Tierarzt sofort darauf aufmerksam und seien Sie bereit, Behandlungsmöglichkeiten zu diskutieren.
- Geben Sie einem älteren Hund das beste Futter, das Sie sich leisten können. Ziehen Sie in Erwägung, die Mahlzeiten selbst zuzubereiten, und geben Sie ihm lieber zwei kleine als eine große Mahlzeit täglich.
- Füttern Sie nicht zu viel. Übergewicht verursacht gesundheitliche Probleme und verkürzt das Leben Ihres Hundes.
- Überlegen Sie, ihm bei Arthritis Nahrungsergänzungsmittel wie Glucosamin/Chondroitin zu verabreichen.
- Verschaffen Sie Ihrem Hundesenior ausreichend Bewegung, aber passen Sie sich an seine veränderte Leistungsfähigkeit an.
- Kümmern Sie sich um die Zahngesundheit Ihres Hundes. Putzen Sie ihm täglich die Zähne und lassen Sie sie professionell reinigen, wenn Ihr Tierarzt dazu rät.
- Sagen Sie Ihrem Tierarzt, dass Ihr Hund nur noch alle drei Jahre geimpft werden soll, wie das große tiermedizinische Fakultäten derzeit empfehlen.
- Kontrollieren Sie das Tier sorgfältig auf Flöhe und Zecken und halten Sie seine Umgebung peinlich sauber.
- Sorgen Sie dafür, dass Ihr Hundesenior so weit wie möglich Teil Ihres Lebens ist. Tun Sie alles, was in Ihrer Macht steht, damit er interessiert, aktiv und glücklich bleibt und sich wohl fühlt.[7]

lang bei Ihnen sein. Doch das können die besten Jahre in Ihrer beider Leben werden! Wenn der Trauerprozess nach dem Tod eines älteren Tieres abgeschlossen ist, können Sie erneut einem Hund helfen, der Sie braucht. Indem Senioren ältere Hunde zu sich nehmen, können sie auch weiterhin einen Beitrag zur Welt leisten, gutes Karma verbreiten und werden dafür mit bedingungsloser Liebe und Kameradschaft belohnt.

Der Tod eines Familienmitglieds

Greyfriars Bobby.
Gestorben Am 14. Januar 1872
Im Alter von 16 Jahren.
Mögen uns seine Loyalität und seine Hingabe
Eine Lehre sein.

Inschrift auf Bobbys Grab, Edinburgh, Schottland

In der malerischen schottischen Stadt Edinburgh befindet sich an der Ecke von Candlemaker Row und George IV Bridge die Statue eines verwahrlosten Skye Terriers. Seit ihrer Einweihung vor 135 Jahren ist sie eine Touristenattraktion.[8] Sie zeigt einen kleinen Hund, dessen Geschichte Menschen zu Liedern, Gedichten, Büchern und sogar Filmen inspiriert. Der Legende nach waren »Greyfriars Bobby« und sein Herrchen, der bei der Polizei von Edinburgh beschäftigte Wachmann John Gray, unzertrennlich. Als Gray 1858 an Tuberkulose starb, schlief Bobby vierzehn Jahre lang auf dem Grab seines Herrchens auf Greyfriars Kirkyard. Die unerschütterliche Loyalität des Hundes berührte die Mitglieder des Stadtrates so sehr, dass sie ihr eigenes Gesetz missachteten, welches die Tötung herrenloser Hunde vorschrieb, und Bobby zum Stadtmaskottchen machten. Noch heute wird seine Geschichte als typisches Beispiel für das Band zwischen Hund und Mensch weitergegeben, das sogar den Tod überdauert. Es ist noch nicht so lange her, dass im November 2007 ein Mann aus Colorado mit seinem Quad und seinen beiden Golden Retrievern einen Ausflug unternahm und drei Wochen vermisst wurde. Bei der Suche mit einer Hundertschaft wurde der Mann gefunden. Er war erfroren. Seine beiden Hunde waren zwar abgemagert und dehydriert, aber sie wachten geduldig bei ihrem Herrchen und waren ihm seit seinem Zusammenbruch nicht von der Seite gewichen.[9] Es gibt unzählige weitere Beispiele für die starke Ergebenheit, die unsere Hundekameraden mit uns verbindet.

Dies sind zwei wunderschöne Beispiele für eine der Eigenschaften, die ich an Hunden am liebsten mag – ihre erstaunliche Loyalität. Gleichzeitig zeigen sie, wie es diesen Tieren ergehen kann, wenn sie ihren Rudelführer verlieren und weder Mensch noch Tier die Leere füllt. Der Mensch betrachtet diese Geschichten meist aus einer emotional-spirituellen Perspektive. Aber für einen Hund ist das Warten auf einen verstorbenen Rudelführer eine Frage des Instinkts. Als ich in Mexiko aufwuchs, wurde ich oft Zeuge ähnlicher Situationen. Ein Hund schloss sich einem alten Bauern an. Dieser starb und wurde von der Familie beerdigt. Der Hund geriet in Vergessenheit. Er sah den Körper des Bauern in der Grube verschwinden und deutete das Geschehen folgendermaßen: »Da ist der Körper des Mannes, hinter dem ich immer herlaufe. Wenn er in sein Haus gegangen ist, habe ich draußen auf ihn gewartet. Wenn er in die Cantina gegangen ist, habe ich draußen auf ihn gewartet. Ich weiß, wenn er irgendwohin geht, muss ich auf ihn warten. Niemand gibt mir Befehle, und derjenige, der das normalerweise tut, ist in diese Grube gegangen. Deshalb werde ich meinem Rudelführer gegenüber loyal bleiben und hier auf ihn warten, bis mir jemand eine bessere Alternative zeigt.« Wir mögen diese Geschichten höchst romantisch finden, doch wenn ein Hund auf einen Rudelführer wartet, der nicht zurückkommt, ist dies der Lebensqualität des Tieres ganz offensichtlich abträglich.

Hunde können uns viel über den Tod lehren, weil sie sich nicht wie wir deswegen sorgen. Hunde sind äußerst emotional, und die Bindung an ihre Rudelmitglieder ist für sie das Wichtigste im Leben. Wenn sie einen Artgenossen oder einen Menschen verlieren, zeigen sie eine starke, tiefe Trauer, die als Appetitlosigkeit, gesteigertes Schlafbedürfnis, Trägheit und Energiemangel zum Ausdruck kommen kann. Manche Hunde wandern im Haus herum und versuchen, die Reste des Geruchs des geliebten Menschen oder Tieres mit seiner Abwesenheit zu vereinbaren. Dies kann einige Wochen dauern, ist aber völlig normal. Wenn die Mitglieder des menschlichen Rudels die eigene Trauer auf gesunde Weise bewältigen, wird auch der Hund den Trauerprozess irgendwann abschließen und zur Ausgeglichenheit zurückfinden. Hunde streben stets nach Gleichgewicht – wenn wir sie lassen! Denn meist fällt es den menschlichen Mitgliedern des Haushaltes schwer, die Trauerphase zu durchlaufen. Wir projizieren die eigenen Bewältigungsprobleme auf unsere Tiere, für die der Tod ein Prozess, keine Tragödie ist. Damit möchte ich keinesfalls sagen, dass Sie Ihre Trauer vor Ihrem Hund geheim halten sollten. Denken Sie daran, Sie können ihm nichts vormachen. Lassen Sie ihm vielmehr die Freiheit, seine Gefühle in seinem eigenen Tempo zu bewältigen. Lassen Sie sich von *ihm* lehren, wie man den Kreislauf des Lebens akzeptiert – mit seinem Ende, dem Tod.

Die Trauer eines Hundes kann noch heftiger ausfallen, wenn es sich bei dem verstorbenen Menschen oder Tier um seinen Rudelführer handelt. Stirbt in freier Wildbahn ein Rudelführer, trauert die Gruppe, und es kommt kurzfristig zu Verwirrung. Doch dann stellt sich sofort ein neuer Rudelführer der Verantwortung und übernimmt das Ruder. Das Tier, das bislang die Nummer zwei war, rückt auf und wird zur Nummer eins. Die Position der anderen Hunde passt sich entsprechend an. Es gibt nie ein Führungsvakuum. Wenn der menschliche Rudelführer eines Hundes stirbt, wird dieser automatisch erwarten, dass ein anderes Rudelmitglied die Führung übernimmt. Wenn ich sterbe und niemand Daddy sagt, was er tun soll, wird er (aus Hundesicht betrachtet) folgenden Prozess durchlaufen: »Wie geht es jetzt weiter, Leute? Ich wurde mein Leben lang gefordert. Und was wird jetzt aus dem Rudel, wenn er nicht da ist? Ihr seid alle so traurig. Ich bin traurig. Aber ich bin noch da. Was soll ich mit mir anfangen?« Deshalb ist es in einer Familie so wichtig, dass alle Mitglieder eines Haushalts einspringen und für alle Hunde die Rolle des Rudelführers übernehmen können. Auf diese Weise empfinden die Tiere keine große Führungslücke, wenn ein Mensch oder Tier verschwindet. In unserer Familie sind auch Ilusion, Calvin und Andre die Rudelführer unserer Hunde, denn führungslose Tiere sind orientierungslos, verwirrt und deprimiert und wollen das empfundene Führungsvakuum möglicherweise füllen. Wie wir wissen, kann dies völlig neue Verhaltensprobleme oder -auffälligkeiten verursachen.

Klienten und Zuschauer wie auch Leser fragen mich oft, ob es für einen Hund wichtig ist, bei der Beerdigung anwesend zu sein oder den Körper eines verstorbenen Menschen oder Tieres zu sehen. Wenn der verstorbene Angehörige – ob Mensch oder Tier – krank war, wusste der Hund vermutlich lange vor den Menschen, dass er sterben würde. Der erstaunliche Geruchssinn dieser Tiere entdeckt Krebs, Leberversagen sowie alle anderen Krankheiten und Leiden. Sie sind überaus intuitiv. Wenn ein Unfall oder etwas anderes geschieht, sodass ein Rudelmitglied aus Sicht des Hundes einfach verschwindet und nicht mehr zurückkommt, kann es ihm meiner Ansicht nach durchaus guttun, die Leiche oder einen Gegenstand des Toten zu riechen, damit er einen Schlussstrich ziehen kann. Hunde erkennen den Geruch des Todes sofort, und sie verstehen und akzeptieren ihn fraglos. Weiterziehen zu müssen ist Teil ihrer Reise. Es ist das, was Hunde am besten können.

Sterben Menschen – oder Tiere –, die einem Hund nahestanden, hilft man ihm meines Erachtens am besten, indem man ihm sofort Führung gibt. Haben Sie kein Mitleid mit ihm und liegen Sie auch nicht herum, da Sie dann Ihr eigenes Elend auf ihn übertragen. Unternehmen Sie stattdessen einen langen Spaziergang. Lassen Sie ihn im Wasser schwimmen, damit sich seine Gemütsverfassung verändert. Wandern Sie mit ihm an einen Ort, den er noch nicht kennt, oder gehen Sie mit ihm am Strand laufen. Eine neue Herausforderung kann das Leben eines Hundes verändern. Sobald er wieder Führung erhält, wird sein Gehirn darauf programmiert: »In Ordnung, das ist jetzt mein Leben. Dieser Augenblick.« Natürlich sollten Sie ihn seine Trauer in seinem eigenen Tempo bewältigen lassen. Ehren Sie die Toten, aber vergessen Sie darüber nicht die Lebenden.

So helfen Sie Ihrem Hund, Verluste zu bewältigen

- Rechnen Sie mit Trauersymptomen wie Appetitverlust, Lethargie und einer leichten Depression. Sie können einige Tage, Wochen oder Monate lang anhalten.
- Verleugnen Sie die eigene Trauer nicht, aber tun Sie Ihr Möglichstes, um Ihre Gefühle auf gesunde Weise zu verarbeiten. Denken Sie daran, dass Ihr Hund Ihre Energie und Ihre Gefühle spiegelt.
- Haben Sie kein Mitleid mit Ihrem Hund, sondern seien Sie ihm auch weiterhin ein starker, konsequenter Rudelführer.
- Geben sie Ihrem Hund Tag für Tag eine klare Führung. Halten Sie seinen Zeitplan und seine Routine nach Möglichkeit auch weiterhin ein.
- Konfrontieren Sie Ihren Hund so bald wie möglich mit neuen Herausforderungen, zeigen Sie ihm neue Orte und neue Abenteuer. Hunde wollen das Leben feiern und nicht länger bei Gedanken an den Tod verweilen!

9

Frau Rudelführer: Frauen und die Macht des Rudels

Von Ilusion Wilson Millan

Für gewöhnlich rät mein Mann davon ab, Haustiere zu verschenken. Trotzdem kamen Nachbarn bei seinem letzten Geburtstag mit einem winzigen, drei Monate alten weiblichen Chihuahua-Terrier-Mischling an. Als ob wir noch einen Hund bräuchten! Zusätzlich zu den zwanzig bis vierzig Tieren, die immer im Center leben, wohnen derzeit auch noch die Pitbulls Daddy und Junior, der Chihuahua Coco und die Französische Bulldogge Sid bei uns zu Hause im kalifornischen Santa Clarita Valley. Wenn bestimmte Hunde in Cesars Rehabilitationsprogramm einer besonderen Pflege bedürfen, nehmen wir auch sie in die Familie auf, solange es nötig ist. Ex-Spürhund Gavin war fast zwei Monate bei uns. Aber die Familie Millan hat noch nie einen Hund in Not – oder ein besonders niedliches Tier – abgewiesen. Und Cesars Geburtstagsgeschenk Minnie war zum Steinerweichen niedlich. Mein Mann achtet darauf, dass unsere Familie stets als »Rudel« handelt und sich alle Familienmitglieder um alle Hunde kümmern und gleichermaßen als Rudelführer fungieren. Trotzdem hat ein jeder von uns Tiere, die ihm besonders nahestehen. Bei Cesar sind das Daddy und Junior. Bei Calvin ist es Coco. Und als ich Minnie zum ersten Mal sah, wusste ich, dass sie mein Hund sein würde.

Cesar sagt oft, wir bekämen nicht unbedingt die Hunde, die wir gern hätten, sondern diejenigen, die wir bräuchten. Auf Minnie und mich trifft das hundertprozentig zu. Sie wiegt – alles in allem – gerade einmal fünf Pfund, aber sie hält mein Herz fest in ihrer kleinen Pfote. Ich habe eine Schwäche für sie. Sie ist die Tochter, die ich nie hatte. Sie füllt eine Leere in mir. Sie ist wie ein unbeschriebenes Blatt, auf das ich alles projizieren kann, was ich weder von meinem Mann noch von meinen Söhnen oder von meiner Arbeit bekomme. Meine Beziehung zu Minnie ist ein Paradebeispiel für jene Schwächen, die ich oft auch bei Cesars Klientinnen sehe, die Probleme haben, ihre Hunde in den Griff zu bekommen. Wir alle haben eines gemeinsam: Wir verschenken Teile unserer Macht. Die Frauen der Welt verlieren zu Hause, am Arbeitsplatz und bei ihren Hunden Teile ihrer angeborenen Macht wie Tiere ihr Winterfell. Wir halten dies irrtümlicherweise für großzügig. Schließlich überlassen wir unsere Macht ja meist den Menschen, die wir lieben. In Wirklichkeit aber beschneiden wir unsere Möglichkeit, starke, effektive Rudelführerinnen zu sein. Und das ist es, was die Menschen, die wir lieben, wirklich brauchen! Cesar und ich sind für unsere gutmütigen Reibereien berühmt, aber in einem Punkt sind wir uns einig: Wenn es auf dieser Welt mehr weibliche Rudelführer gäbe, wäre sie ein sehr viel sichererer und vernünftigerer Ort.

In seinen Büchern und Blogs, seinen Fernsehinterviews und vor allem den drei- bis vierstündigen Seminaren, die er im ganzen Land hält, witzelt Cesar oft, er habe das Rehabilitieren von Hunden gelernt, als seine Frau ihn rehabilitierte. Heute lache ich mit ihm. Aber lange Zeit war dies für mich alles andere als ein Witz. Es war mein Leben. Auch auf die Gefahr hin, dass es sein Image beschädigen könnte, schlug Cesar mir vor, an dieser Stelle »meine Seite« unserer Geschichte darzustellen, um seinen Lesern auch eine andere Sichtweise der Rudelführerschaft nahezubringen.

Das ist er

Ich lernte Cesar mit sechzehn Jahren beim Eislaufen kennen. Damals ging er gelegentlich mit einer meiner Freundinnen aus, und sie sprach ständig von diesem klugen Mexikaner, der Hunde liebte. Ich drehte gerade meine letzte Runde, als ich plötzlich aufblickte und diesen unglaublich gut aussehenden jungen Mann am Eingang zur Eisfläche stehen sah. Ich glaubte, jemanden sagen zu hören: »Das ist er.« Ich ging davon aus, dass meine Freundin hinter mir stand, und drehte mich um. Bestürzt stellte ich fest, dass sie nirgends zu sehen war. In den folgenden Jahren sollte ich es noch oft bereuen, auf diese Stimme gehört zu haben. Aber nach fast fünfzehn Jahren Ehe kann ich heute ehrlich sagen, dass sie absolut richtig lag. Cesar und ich waren füreinander bestimmt.

Als ich anfing, mit ihm auszugehen, sprach er kaum Englisch. Er hatte einen Job als Autowäscher für Limousinen, und nebenbei trainierte er Hunde. Damals »erzog« er sie tatsächlich noch im traditionellen Sinne: »Sitz!«, »Komm!«, »Bleib!« – das volle Programm. Ständig probierte er neue Methoden aus und arbeitete an seinen Theorien, weshalb es in den Vereinigten Staaten so viele Hunde mit Verhaltensauffälligkeiten gab. Ich lernte, ihn zu lieben bedeutete auch, seine Hunde zu lieben. Ich erinnere mich daran, dass ich ihn noch ganz am Anfang fragte: »Wo gehst du so hin, wenn du ausgehst? Ich meine, was machst du zum Spaß?« Er erwiderte: »Ich spiele mit meinen Hunden.« Das war seine Vorstellung von Spaß. »Und wenn du mit mir zusammen sein willst, musst du mir und meinen Hunden Gesellschaft leisten.« Das sagte er klipp und klar. Damals wusste ich noch nicht, dass seine Hunde in der Tat seine Leidenschaft waren. Ich wusste nur, dass dieser Mann etwas an sich hatte, das mir ein Gefühl von Ruhe, Sicherheit und Wohlbefinden gab.

Wir heirateten, als ich achtzehn war und erfuhr, dass ich mit Andre schwanger war. Keiner von uns war wirklich bereit dafür. Ich entwickelte mich gerade zu einer »unabhängigen Frau« und träumte von dem »freien Leben«, das ich verdiente. Cesar war erst seit kurzem in den Vereinigten Staaten und wollte nicht, dass ihm irgendetwas bei der Verwirklichung seiner Ziele und Wünsche in die Quere kam. Aber seine Kindheit in Mexiko hatte ihn eines gelehrt: Seine Familie hatte ihm ein starkes Ehrgefühl vermittelt. Er dachte wirklich, die einzig ehrenwerte Möglichkeit bestünde darin, zu heiraten und dem Kind ein Zuhause zu geben. Was mich anging, ich liebte Cesar und glaubte, wenn ich ihm nur genügend bedingungslose Liebe und Bewunderung schenkte, würde schon alles gut. Dieses Märchen wird uns Frauen ja erzählt. Wir glauben, die Welt retten zu können, indem wir unsere eigenen Bedürfnisse der Liebe opfern.

Von dem Jahr, in dem ich mit Andre schwanger war, weiß ich vor allem noch, dass Cesar fast immer bei seinen Hunden war. Wir wohnten in seiner Einzimmer-»Junggesellenbude« und hatten sehr wenig Geld. Ich arbeitete als Kassiererin, was im Laufe der Schwangerschaft immer schwieriger wurde, weil ich den ganzen Tag stehen musste. Abgesehen von der Arbeit war ich meist allein. In diesem ersten Ehejahr hatte ich einen ständigen Begleiter. Er hieß Morgan und war ein Mops, den Cesar gerade trainierte und versorgte. Wenn ich niedergeschlagen war, sprach ich mit ihm. Ich war unglaublich einsam. Nach Andres Geburt war Cesar natürlich sehr stolz auf seinen Sohn und betete ihn an. Aber er war nie zu Hause. Ich hatte das Gefühl, nur noch dafür da zu sein, dass ich für ihn kochte, putzte und seine Besorgungen erledigte. Und natürlich beschwerte er sich darüber! Ich bin alles andere als die perfekte Hausfrau. Ich kann zwar herrlich kochen, aber unter Stress werde ich ganz fahrig und chaotisch. In den ersten beiden Jahren unserer Ehe fühlte ich mich natürlich ständig überlastet und überwältigt.

Kurz nach Andres erstem Geburtstag lief das Fass über. Cesar hatte sich beruflich gerade selbstständig gemacht. Er experimentierte noch immer mit verschiedenen Methoden und Techniken und wollte herausfinden, was am besten funktionierte. Er sagte immer wieder: »Diese Hunde! Ich trainiere sie, aber das brauchen sie nicht.« Er sagte, das Training sei wie eine Art »Tarnung« dessen, was die Hunde tatsächlich durchmachten. Damals fing er an, alles über Hunde zu lesen, was er in die Finger bekommen konnte, und stieß zufällig auf die Bücher *Dog Psychology* von Leon F. Whitney und *Was geht in meinem Hund vor? Faszinierende Einblicke in das Wesen und Verhalten von Hunden* von Bruce Fogle. Er war wie besessen. Und ausgerechnet, als seine Besessenheit am größten war, wurde ich krank. Der chinesischen Medizin zufolge verursacht Wut eine Ausdehnung der Gallenblase, und Heilerin Louise Hay sieht eine Verbindung zwischen Gallenstörungen, Bitterkeit und harten Gedanken. Ich habe damals wohl eine riesige Menge Wut und Bitterkeit unterdrückt, da meine Gallenblase riss. Als ich im Krankenhaus war, schrie irgendetwas in mir: »Es reicht!«

Regeln und Grenzen

Nach der Operation erholte ich mich drei Wochen bei meiner Mutter. In der chinesischen Medizin ist die Galle auch der Sitz der Entscheidungen und der Entschlossenheit – die Quelle des Mutes. Ich hatte schreckliche Angst, nahm aber schließlich meinen Mut zusammen und sagte Cesar, dass ich ihn verlassen würde. Ich sagte, ich würde Andre mitnehmen, dann wäre er frei und könnte sich ganz seiner Leidenschaft für die Hunde widmen. Er war entsetzt. »Was soll das heißen, du verlässt mich? Was soll das heißen, du ziehst einen Schlussstrich?« Aber ich hatte mich entschieden. Ich war zwanzig Jahre alt. Mein Sohn brauchte eine gesunde Mutter, und ich wusste – ich wollte leben!

Drei Monate nach der Trennung rief Cesar an und bat mich, zurückzukommen. Er sagte: »Wir haben einen Sohn. Bedeutet er dir denn gar nichts?« Und ich erwiderte: »Weißt du, Cesar, wenn du wirklich willst, dass unsere Beziehung funktioniert, dann musst du dich allmählich auch so benehmen.« Ich erklärte, dass ich eine Therapie machen wollte, um an mir zu arbeiten. Ich wollte ihm nicht die alleinige Schuld geben. Ich wusste, dass ich mich intensiv mit mir selbst auseinandersetzen musste, um zu verstehen, wieso ich zugelassen hatte, dass ich in diese Situation geraten war. Außerdem bestand ich darauf, dass wir gemeinsam zur Eheberatung gingen, bevor ich zurückkam. Ich rechne es Cesar hoch an, dass er sich dazu bereiterklärte. Die Leute fragen sich immer, wie ich es geschafft habe, einen Mexikaner zur Eheberatung zu überreden. Nun, Cesar war fest davon überzeugt, dass es an mir läge, dass der Therapeut darauf hinweisen würde und die Sache damit erledigt wäre! Es ist übrigens kein Zufall, dass er das Konzept der »Regeln und Grenzen« ausgerechnet zu dieser Zeit in seine Hunderehabilitationstheorie aufnahm. Denn ich hatte soeben zum ersten Mal in unserer Beziehung eine Reihe von Regeln und Grenzen festgelegt!

Da saßen wir also bei unserem ersten Eheberatungstermin. Ich werde unsere wunderbare Therapeutin Wilma nie vergessen. Sie war eine schöne, große schwarze Frau und die Verkörperung weiblicher Kraft und Stärke. Sie benahm sich stets würdevoll, und man konnte nicht ein einziges negatives Wort von ihr hören. Sie sagte immer: »Wenn ich im Augenblick keinen besonders guten Tag habe, bleiben mir die restlichen Stunden, um ihn dazu zu machen.« Sie saß auf der Couch und forderte mich auf: »Ilusion, Sie müssen Cesar unbedingt sagen, was Sie von ihm brauchen. Seien Sie liebevoll, aber sagen Sie, was Sie sagen müssen.« Ich atmete tief ein und sprach: »Weißt du, Schatz, ich möchte wirklich, dass du mir zuhörst und mir Beachtung schenkst. Ich habe nämlich das Gefühl, dass dir gar nichts an mir liegt. Ich glaube, du interessierst dich nur für deine Hunde und deine Arbeit.« Cesar saß nur da und nickte, aber in Wirklichkeit nahm er gar nichts auf. Schließlich sagte Wilma zu ihm: »Hören Sie denn nicht, was sie sagt, Cesar? Sie braucht Ihre Zuneigung! Sie sollen ihr sagen, dass Sie sie lieben, dass Ihnen etwas an ihr liegt. Sie will ihr Leben mit Ihnen teilen!« Während sie sprach, bemerkte ich, wie Cesar den Block zur Hand nahm, den er mitgebracht hatte, und sich wie wild Notizen machte. Auf einmal sah er auf und sagte: »Das ist genau wie bei den Hunden!« – »Was?«, rief ich. »Du nennst mich einen Hund?«

Zum Glück verstand Wilma, was wirklich vor sich ging, und beruhigte mich. »Lassen Sie ihn weiterreden«, wies sie mich an. Cesar drehte den Block um, auf dem sich drei Kreise befanden. »Hunde brauchen Bewegung, Disziplin und Zuneigung, um erfüllt zu sein. Das, was Ilusion sagt, ist genau wie bei den Hunden, nur dass bei ihr die Zuneigung an erster Stelle steht!« Ich saß da und beschwor ihn: »Cesar, hier geht es um uns! Nicht um deine Hunde! Wir versuchen hier, unsere Ehe zu retten!« Glücklicherweise half mir Wilma zu verstehen, dass dieser Augenblick ein echter Durchbruch war. Zum ersten Mal in seinem Leben regte sich in Cesar ein Verständnis für zwischenmenschliche Beziehungen. Wilma erklärte mir, dass er in einer anderen Kultur aufgewachsen war, in der Frauen keine Bedürfnisse und schon gar keine Rechte zugestanden wurden. Später sagte er sogar selbst, in den Vereinigten Staaten bekämen die Hunde mehr Zuneigung als in Mexiko die Frauen. Wilma brachte mir bei, Geduld mit ihm zu haben und ihm den Freiraum zu lassen, sich selbstständig zu verändern. Ihre Einsichten halfen mir, meine Ehe zu retten und die Familie an den Punkt zu bringen, an dem sie heute ist. So etwas geschieht nicht über Nacht. Aber als Cesar eine Metapher gefunden hatte, die er verstand, machte er den ersten Schritt, sich zu einem wahrhaft engagierten Ehemann und Vater zu entwickeln.

Wer Cesar heute begegnet und ihn näher kennenlernt, kann sich nicht vorstellen, dass er einmal Ähnlichkeit mit dem gerade beschriebenen Mann gehabt haben soll. Und das hat seinen Grund – denn er ist nicht mehr so. Wenn jemand behauptet, Menschen könnten sich nicht ändern, schicken Sie ihn zu mir. Mein Mann hat wirklich hart an sich gearbeitet, was zuweilen auch schmerzhaft war, und er hat sich von innen heraus verändert. In der Therapie lernte er unter anderem, dass er tief im Inneren ein Leben lang wütend darüber gewesen war, wie sein Vater seine Mutter behandelt hatte. Cesar hat einen ausgeprägten Sinn für Ehre und Gerechtigkeit. Er wusste schon als Junge, dass die in seiner Umgebung existierende Einstellung gegenüber Frauen eine große Ungerechtigkeit innerhalb seiner Familie und sogar seiner Kultur war. Er hatte es gehasst, dass er als Junge nicht empfindsam sein durfte und verspottet wurde, wenn er weinte oder Mitgefühl mit Tieren hatte.

Als er sich sicher fühlte, wagte er, sich zu öffnen und sich all diese Gefühle einzugestehen. Schließlich konnte er sich zu dem Mann entwickeln, den ich heute stolz und dankbar meinen Mann nennen darf. Er betrachtet mich sowohl im Familien- als auch im Geschäftsleben als gleichberechtigte Partnerin und nimmt stets Rücksicht auf meine Bedürfnisse. Er greift im Laufe des Tages des Öfteren zum Telefon, nur um mich anzurufen und mir zu sagen, dass er an mich denkt. Darüber hinaus überrascht er mich ständig spontan mit irgendwelchen Dingen – von Blumen über Geschenke bis hin dazu, dass er einfach heimkommt und mir sagt, was für ein großes Glück es für ihn ist, mich in seinem Leben zu haben. Ich glaube an Wunder, und unsere Beziehung ist eines davon.

Der Motor der Welt

Wilma brachte mir viel über Cesar, aber auch über mich selbst bei. Sie sagte gern: »Ilusion, Frauen sind der Motor der Welt.« Oder wie Cesar – der inzwischen wohl unwahrscheinlichste Feminist der Welt – sagen würde: Frauen sind die Rudelführer der Welt. Es wird oft gefragt, warum mein Mann so viele weibliche Kunden hat. Nein, das liegt nicht daran, dass sie ihn sexy finden. Ich glaube auch nicht im Geringsten, dass Frauen weniger gut mit Hunden umgehen können als Männer. Meiner Ansicht nach kommt das daher, dass es in der Natur der Frau liegt, den Zusammenhalt des Rudels bis zum Äußersten zu verteidigen. Wir sind bereit, an einer Beziehung zu arbeiten – ob zwischen Mann und Frau, Eltern und Kind oder Besitzer und Hund. Und wir sind bereit, alles Nötige zu tun, um das Problem zu beseitigen. Cesar hat viele Fälle, in denen das Problem die ganze Familie betrifft. Aber es ist die Frau, die schließlich alle anderen davon überzeugt, dass man Hilfe von außen in Anspruch nehmen sollte.

Diese Entschlossenheit, für das Rudel zu kämpfen, ist unsere Stärke, aber sie kann auch unsere Schwäche sein. Genau wie mich trifft es viele Frauen unvorbereitet, wenn sich das Problem oder die Verhaltensauffälligkeit eines Menschen – oder eines Hundes – nicht »weglieben« lässt. Zunächst müssen Sie Ihre, wie Cesar sagen würde, ruhige und bestimmte Energie finden. Sie müssen sich selbst genug lieben, um eigene Grenzen zu setzen. Denn wenn Sie nicht einmal bei sich selbst dazu in der Lage sind, wie können Sie es dann in einer Beziehung tun, damit diese ihnen hilft, zu erblühen? Beziehungen sollen uns stärker und glücklicher machen. Aber wie kann uns die Liebe zu einem instabilen Wesen glücklicher machen? Das gilt für Haustiere, Kinder und Ehemänner.

Die Erziehung von Kindern und Hunden

Als Mutter entdecke ich viele Parallelen zwischen der Erziehung gesunder, ausgeglichener Kinder und der Aufzucht gesunder, ausgeglichener Hunde. Ganz allgemein gesprochen brauchen beide unsere Führung. Beide erwarten, dass wir sie anleiten. Unsere zwei Jungen sind noch in der Entwicklung, trotzdem bin ich schon sehr stolz auf sie. Sie sind wirklich einzigartig, doch das sind sie, weil ihr Vater und ich liebevoll Regeln aufstellen und Grenzen festlegen und diese konsequent durchsetzen. Inzwischen glauben Cesar und ich auch im Hinblick auf die Familie an die Macht des Rudels. Wir stellen fest, dass es immer dann chaotisch wird, wenn wir nicht uneingeschränkt zusammenarbeiten. Sobald wir als Familieneinheit funktionieren, läuft alles viel reibungsloser. Ich rate allen Frauen mit Familien und Hunden, daran zu denken, dass die Mitglieder eines Rudels wichtige Aufgaben gemeinsam erledigen. Eine dieser Aufgaben ist die Erziehung eines Hundes oder Welpen. Nehmen wir an, Sie stellen fest, dass Sie sich als Einzige um den Hund kümmern, den doch angeblich alle wollten. Dann wird es Zeit, dass Sie den Familienrat einberufen, die Karten auf den Tisch legen und sagen: »Hört zu, Leute, ich werde mich nicht allein um diese Sache kümmern. Wenn ihr nicht mithelft, wird dieser Hund ein neues Zuhause bekommen, in dem die ganze Familie für ihn sorgt.« Wie Cesar sagt, sollte ein Hund eine Familie verbinden. Lassen Sie nicht zu, dass Ihre Familie die Chance verpasst, sich mit vereinten Kräften dieser wunderbaren Verantwortung zu stellen.

Minnie und ich

Das bringt mich zurück zu meiner Beziehung zu Minnie, die gelegentlich ein wenig scheu ist und manchmal an der Haustür ein gewisses Territorialverhalten und unsicher-dominantes Benehmen an den Tag legt. Wenn ich ihr dieselbe stete, liebevolle, aber auch feste Führung gebe wie meinen

Söhnen, benimmt sie sich nie daneben. Doch eines schönen Tages saß ich mit einer Freundin oben im Wohnzimmer. Ich hatte Minnie ein entzückendes, kleines rosa Kleidchen angezogen, in dem ihr Po so niedlich aussieht, wenn sie läuft. Meine Freundin und ich streichelten sie, stießen Begeisterungsrufe aus und behandelten sie wie eine kleine Prinzessin. Wir taten all das, wovor Cesar warnt! Plötzlich klingelte es an der Tür, und Minnie geriet völlig aus dem Häuschen mit ihrem unsicher-dominanten Gebell. Ehe ich mich versah, rannte sie die Treppe hinunter. Wenn ich nicht rechtzeitig gekommen wäre, hätte sie unsere Buchhalterin Kathleen vielleicht sogar gebissen. Kathleen (von Kathleen und Nikki – einer von Cesars Erfolgsgeschichten) ist eine gute Freundin, und ich möchte nicht, dass sie zu Schaden kommt. Ich will auch nicht, dass sie aufhört, meine Buchhaltung zu machen. Zu guter Letzt möchte ich nicht, dass Cesar die Schlagzeile lesen muss: »Chihuahua des Hundeflüsterers zerfleischt Buchhalterin«, wenn er nach Hause kommt. So niedlich Minnie in ihrem kleinen rosa Kleid auch war, ich durfte in diesem Augenblick in meiner Rolle als Rudelführerin nicht wanken. Ich musste sie korrigieren, konsequent bleiben und warten, bis sie sich beruhigte.

Vor allem aber musste ich mir eingestehen, wie ich Minnies Fehlverhalten gefördert hatte. Wir Frauen müssen verstehen, dass unsere Hunde gewisse liebevolle Gefühle, die wir für sie empfinden, als »schwache Energie« oder Schwäche wahrnehmen. Sie glauben dann, dies kompensieren und uns beschützen zu müssen. Das verlangt einem Hund mehr ab, als er leisten kann, und er versucht, sich einen Reim auf eine Situation zu machen, die er als unausgeglichen empfindet. Ich sehe so oft, wie Hunde am Ende die Rolle des Rudelführers übernehmen, obwohl sie das nicht möchten. Und weil sie die Führung nicht wollen, entwickeln sie irgendwann seltsame Neurosen und laufen zum Beispiel vor dem Toaster davon. Eine solche Beziehung ist hochgradig co-abhängig, und der einzig wahre Co-Abhängige ist der Mensch.

Ich habe mich von einem achtzehnjährigen schwangeren Teenager, der es nicht wagte, nein zu seinem Macho-Ehemann zu sagen, zu einer 32-jährigen Ehefrau und Mutter entwickelt, die mit einem wunderbaren Mann verheiratet ist, der mir in jeder Hinsicht ein echter Partner ist. Wer hätte gedacht, dass es ein und dieselbe Person sein würde? Ich arbeite Seite an Seite mit Cesar, führe seine Geschäfte und engagiere mich in meiner viel zu knappen Freizeit ehrenamtlich bei der Organisation K9s for Kids (»Kinderhundestaffel«) für Problemkinder – eine meiner wahren Leidenschaften. Diese Veränderung wurde dadurch möglich, dass ich beschloss, mich den Hindernissen auf meinem Weg zu stellen, statt davor davonzulaufen. Und ich glaube wirklich, dass alles mit jenen ersten Regeln und Grenzen begann, die ich Cesar auferlegte. Die Stimme, die ich beim Eislaufen gehört hatte, hatte Recht gehabt. Cesar war der Richtige – aber nicht so, wie ich das erwartet hatte. Indem ich für mich einstand, rettete ich nicht nur meine Ehe mit dem herrlichsten, einzigartigsten Mann im Universum, sondern akzeptierte und würdigte allmählich auch die Kraft, die meiner Ansicht nach alle Frauen in sich tragen. Die gute Nachricht ist, dass Sie nicht erst einen Ehemann rehabilitieren müssen, um eine Rudelführerin zu werden! Sie können einfach mit einem Hund anfangen.

In unserer zuweilen turbulenten, aber stets aufregenden fünfzehnjährigen Ehe lernte Cesar, sein Rudel – also die Familie – über alles andere zu stellen. Als Frau und Mutter musste ich eine etwas andere Lektion lernen. Um ganz und gar für mein Rudel da sein zu können, musste ich Regeln und Grenzen festlegen und an meiner persönlichen Macht festhalten. Ich helfe niemandem, wenn ich sie aufgebe – weder meinem Mann noch meinen Kindern oder meinen Hunden.

Andre, Ilusion, Cesar und Calvin mit Welpen

10

Rudelführer – Die nächste Generation

Aus der Sicht eines Kindes

Von Andre und Calvin Millan

Wie meine Frau Ilusion erzählt hat, rehabilitierte sie mich gerade noch rechtzeitig, um aus mir einen hingebungsvollen Ehemann und Vater zu machen. Während ich diese Zeilen schreibe, sind unsere Söhne Calvin und Andre neun und dreizehn Jahre alt. Beide wachsen zu großartigen Menschen heran. Andre wird gerade selbstständig. In der Grundschule war er stämmig und ein wenig unsicher, aber in der Mittelstufe machte ihn die Liebe zum Sport zum Spitzenathleten. Andre ist absolut ehrlich, viel zu höflich, stets respektvoll und vertrauenswürdig. Er hat eine äußerst positive Lebenseinstellung, eine sanfte Energie und ist der wohl treueste Freund, den man haben kann. Calvin ist ein Energiebündel. Ich war ihm sehr ähnlich, als ich in seinem Alter war. Er stellt sich genau wie ich in ein Rudel Hunde und lässt sie instinktiv wissen, dass er der »Anführer« ist. Er hat einen frechen Humor und bringt uns ständig zum Lachen. Er genießt es, im Mittelpunkt der Aufmerksamkeit zu stehen. Im Augenblick gilt seine Leidenschaft den Comics. Er liebt es, sie zu lesen, sammelt sie und schreibt und zeichnet stundenlang an eigenen Geschichten. Offenbar durchlebt er gerade eine Phase, in der er Autorität infrage stellt. Das macht meine Frau und mich ein klein wenig verrückt, da auch wir auf unsere Art rebellisch waren und unsere Schwächen in ihm gespiegelt sehen.

Ich sage meinen Söhnen stets: »Ich habe viele Hunde großgezogen, aber ihr seid meine einzigen Kinder. Ich mache zweifellos Fehler, aber ihr sollt wissen, dass ich als euer Vater 110 Prozent gebe.« Wenn ich Regeln und Grenzen festlege, bin ich manchmal nicht besonders beliebt … aber dann sage ich ihnen, dass ich sie zu guten Ehemännern und guten Hundebesitzern erziehen will. Ich wurde als guter Hundebesitzer geboren. Wie Sie gerade gelesen haben, musste ich sehr hart daran arbeiten, ein guter Ehemann zu werden. Alles andere, ob Universität, Karriere oder Reisen – das spielt keine Rolle –, bleibt ihnen überlassen. Denn ich bin mir sicher, solange sie gute Ehemänner und gute Hundebesitzer sind, werden sie alle Herausforderungen im Leben ehrenhaft bewältigen.

Ich kann mir nicht vorstellen, Kinder in einem Haushalt ohne Hunde großzuziehen. Es käme mir einfach nicht in den Sinn. Zudem mehren sich neueste Forschungsergebnisse, welche die großen Vorteile des Hundebesitzes für Erwachsene und Kinder bestätigen.[1] Es gibt zum Beispiel sogar Programme, die Kinder mit Leseschwäche fördern, indem sie besonderen Reading Education Assistance Dogs (R.E.A.D.) vorlesen. Die Initiatoren des Programms stellten fest, dass dies den Kindern beim Lesenlernen half und sich sogar das Stottern legte.[2] Einige Experten für Kinderheilkunde glauben, ein Hund im Haus könne – im Gegensatz zur gängigen Meinung – die Allergieanfälligkeit bei Kindern sogar verringern.[3] Studien des American Psychiatric Institute – einer dem Verband der der amerikanische Psychiater angeschlossenen Forschungseinrichtung – zeigen: Das Streicheln von Tieren kann sowohl bei Erwachsenen als auch bei Kindern Angst und Anspannung lindern, den sozialen Umgang erleichtern und das Selbstwertgefühl steigern.[4] Ich weiß aus der Erfahrung mit meiner eigenen Familie, dass Kinder, die einen Hund haben, bereits in jungen Jahren verantwortungsbewusster, disziplinierter und pflichtbewusster sind.

Calvin und Andre helfen sowohl zu Hause als auch im Center bei Pflege und Fütterung der Hunde. Meiner Ansicht nach entwickeln Kinder, die ein Haustier – vor allem einen Hund – haben, ein besseres Einfühlungsvermögen für die Menschen und Tiere in ihrer Umgebung. Sie lernen, für ein anderes Lebewesen zu sorgen und das Wohlbefinden anderer über das eigene zu stellen. Wenn sie die Fähigkeit entwickeln, die Welt durch die Augen eines Hundes zu sehen, öffnet das ihren Blick für die Wunder der Natur. Es sorgt dafür, dass sie den Kontakt zu ihrer instinktiven Seite nicht verlieren, die unsere moderne Gesellschaft oft vernachlässigt. Mir ist klar, dass unsere Söhne inzwischen auch schon viel eigene Weisheit weitergeben können. Daher wollte ich kein Kapitel über Kinder und Hunde aus der Perspektive eines Erwachsenen schreiben. Ich habe sie vielmehr gebeten, in eigenen Worten zu schildern, wie es ist, mit so vielen Hunden aufzuwachsen. Ich bat sie auch, anderen Kindern ein paar Insidertipps zu geben, was man als Hundebesitzer tun und lassen sollte.

Calvins Lebensweisheiten

Ich glaube, ich war ungefähr drei, als mir Papa das Rudel vorgestellt hat. Vielleicht sogar jünger. Ich kann mich nicht mehr genau erinnern, aber ich glaube, wir hatten damals einen Haufen Deutscher Schäferhunde. Ich weiß noch, dass er mir gleich am Anfang beibrachte, durch das Rudel zu gehen. Geh einfach durch. Hab keine Angst. Sie spüren, wenn du unsicher bist, und dann knurren sie dich vielleicht an. Nicht streicheln, nicht anfassen, nicht ansprechen, nicht ansehen. Blickkontakt bedeutet Aggression. Wenn sie dich anrempeln, bleibst du einfach so fest wie möglich, ohne dich gleich ganz steif zu machen, und gehst einfach weiter.

Wenn ich durch ein Hunderudel gehe – auch wenn das vierzig oder fünfzig Tiere sind –, will ich sie immer nur streicheln. Ich kann einfach nicht anders. Aber mein Papa hat mir beigebracht, dass ich sie nicht sofort streicheln darf, wenn ich hereinkomme, weil die Tiere dann aufgekratzt sind. Er hat mir auch erklärt, dass es ein sehr schlechtes Zeichen ist, wenn ein Hund knurrt. Das sollte ein Hund bei einem Kind niemals tun. Er darf auch nicht zu aufgekratzt sein. Papa hat mir gezeigt, dass er mittendrin sein muss. Ich darf ihn nur streicheln oder mit ihm spielen, wenn er im Gleichgewicht ist.

Im Center hat uns Papa auch beigebracht, wie man Hunde füttert. Du holst das Futter, gibst es mit den Händen in den Napf und mischst es gut durch. Dann rufst du die Hunde. Mein Papa hält den Napf dann auf eine ganz besondere Weise in die Höhe. Das macht er so lange, bis die Tiere sich hinsetzen und ihn anschauen. Dann hält er ihn nochmal hoch. Er lässt sie warten. Wenn sie sich hinsetzen, stellt er den Napf auf den Boden. Das macht er mit allen Hunden bis auf Daddy, weil Daddy schon ziemlich alt ist und ein besonderes Futter bekommt. Er bekommt rohes Fleisch, und das ist kalt, deshalb ist es in der Kühltruhe.

Den Kindern in meinem Alter sage ich immer: Das Wichtigste ist, wenn ihr einen fremden Hund seht, müsst ihr *unbedingt* die Eltern oder einen Lehrer oder einen anderen Erwachsenen fragen, ob ihr ihn streicheln dürft, bevor ihr ihn anfasst. Ihr dürft den Hund *auf keinen Fall* einfach so streicheln. Er könnte euch beißen!

Die meisten Leute wissen das nicht, aber Hunde können wie Medizin sein. Nachdem Coco ungefähr eine Woche bei mir geschlafen hat, konnte ich besser schlafen und er auch. Es gibt sogar Hunde, die dürfen im Krankenhaus helfen, damit es den Leuten besser geht.

Ich liebe alle Tiere und würde sie am liebsten alle aus dem Zoogeschäft mit nach Hause nehmen. Aber Papa interessiert sich eigentlich nur für Hunde. Er spricht ständig von ihnen. Ich mag Hunde, aber im Augenblick mag ich Comics lieber. Ich zeichne Geschichten über meinen Papa und darüber, wie Hunde kommunizieren. Ich bin einfach verrückt nach Comics. Aber ich kann auch wirklich gut mit Hunden umgehen. Ich habe sogar schon selbst einen Hund rehabilitiert. Meinen Chihuahua Coco. Es war Liebe auf den ersten Blick, doch dann habe ich erfahren, dass Coco sehr gemein war und alle Leute gebissen hat. Vor allem Kinder. Aber ich hatte keine Angst vor ihm. Ich sagte: »Hey, Coco, du bist aber niedlich«, und spielte mit ihm. Ich sagte ihm, was er tun sollte, und er gehorchte. Wenn er bei mir war, wedelte er immer mit dem Schwanz. Und als er ein paar Monate bei mir war, hat er nieman-

Calvin und Ewok

den mehr gebissen. Ich habe jetzt sogar eine eigene Internetseite: www.CesarMillanKids.com. Sie heißt: »Frag Calvin«. Dort gebe ich Kindern Tipps für den Umgang mit Hunden, beantworte Fragen und Spiele gibt es natürlich auch.

Andres Lebensweisheiten

Ich liebe meine Familie. Wir sind sportlich, verspielt, vertrauenswürdig, respektvoll, ruhig und bestimmt. Es ist einfach unvorstellbar, dass meine Familie keine Hunde haben sollte. Alle haben Hunde – meine Cousinen, meine Onkel, meine Großeltern, alle. Mit einem Hund fühlt man sich sicher, man fühlt sich okay, so als ob alles in Ordnung wäre. Du weißt einfach, dass er dich vor allem beschützen wird. Hunde sind rundum fantastisch – wie sie aussehen, wie sie spielen, dass sie die Energie haben, Menschen und andere Arten zu verbinden.

Ich glaube, Papa hat mich schon wenige Wochen nach der Geburt zum ersten Mal mit ins Center genommen. Ich kann mich noch erinnern, dass ich dort immer von Hunden umgeben war, die mich ansahen. Ihre Energie war einfach unglaublich. Als ich alle Impfungen und so hatte, krabbelte ich dort herum und wurde von einem Hund namens Tupac abhängig. Das war ein Pitbull, und ich glaube, dass er früher misshandelt wurde. Er folgte mir, wohin ich ging. Und ich folgte ihm, wohin er ging. Wir hatten eine sehr schöne Zeit, bis er adoptiert wurde. Da war ich ungefähr sechs.

Danach hing ich sehr an einem Rudel Rottweiler. Das waren ungefähr sechs oder sieben Tiere, und man könnte sagen, sie haben mich großgezogen. Ich habe ihnen alles nachgemacht – und umgekehrt. Wir sind zusammen in die Berge, an den Strand und überall hingegangen. Einer von ihnen hieß Kane, und die anderen machten ihm alles nach. Sein Kumpel hieß Snoop. Sie passten gut auf mich auf. Es war, als hätte ich immer einen Haufen riesiger Bodyguards um mich gehabt. Mögen sie alle in Frieden ruhen.

Andre und Daddy

Das Allererste, was Papa mir über Hunde beigebracht hat, betraf die Welpen. Er sagte, alle Leute würden Welpen lieben, aber man dürfe nie einfach auf sie losstürmen und rufen: »Mein Gott, ist das schön!« Er lehrte mich vielmehr, respektvoll zu sein, nach dem Prinzip Nase, Augen, Ohren vorzugehen, sie nicht anzufassen, nicht anzusprechen und einfach zu beobachten. Dann erklärte er mir das System aus Bewegung, Disziplin und Zuneigung. Bewegung heißt, mit den Hunden spazieren zu gehen. Es ist einfach unmöglich, *nicht* mit einem Hund spazieren zu gehen. Basta. Disziplin heißt, dass man ihnen nichts durchgehen lässt. Zuneigung gibt es nur dann, wenn sie es sich verdient haben. Er erklärte mir auch die Sache mit der Energie. Man sollte in der Gegenwart von Hunden niemals aufgeregt, sondern immer ruhig und bestimmt sein. Eine solche Energie ist eine Art Geisteszustand, in dem man weder wütend noch frustriert oder ängstlich, nervös oder aufgeregt sein kann – man ist einfach cool. Man atmet und entspannt sich. Die ganze Gefühlslage ist neutral. Bei der ersten Begegnung sollte man einen Hund ignorieren und nicht an ihn denken. Er muss von selbst kommen. Wenn er das tut und anfängt, einen abzuschlecken, darf man ihn anfassen. Das gehört in den Bereich der Disziplin. So weiß er, dass man der Chef ist.

Bei uns zu Hause kümmern sich alle um die Hunde. Mein Bruder muss saubermachen, abstauben und den Boden aufwischen, auf dem die Vlies-Pads waren. Ich muss die Tiere füttern, sie baden und mit Wasser versorgen. Ach, und ich muss mit ihnen spazieren gehen. Meine Höchstleistung liegt bei zehn Hunden gleichzeitig. Ungelogen. Ich war mit ihnen beim Inlineskaten. Ob ihr's glaubt oder nicht, das ist gar nicht schlimm. Man muss nur dafür sorgen, dass alle Hunde ruhig und unterordnungsbereit bleiben. Passiert ist es, als ich eines Tages meinem Vater im Center geholfen habe, und nachdem wir einmal um den Block gefahren waren, sahen alle Hunde mich und nicht Papa an. Er wollte einfach sehen, was sie tun würden. Er sagte: »Also gut, du kannst sie übernehmen.« Aber ich hatte die schnellen Tiere. Das war ziemlich heftig. Wenn man mit den schnellen Hunden auf Inlineskates unterwegs ist, muss man gut bremsen können. Das war irre! Wir machten eine absolut perfekte Wende, aber dann kam ein Randstein, und ich musste springen. Die Hunde liefen weiter, und ich flog durch die Luft. Das war wie fliegen. Als ich wieder auf dem Boden war, befahl ich ihnen, stehen zu bleiben, und sie blieben stehen. Ich musste ganz schön heftig bremsen. Das war echt cool. Ich glaube, sogar Papa war beeindruckt. Jedenfalls will ich mich eines

Tages bis zu einer Gruppe von zwanzig Hunden hocharbeiten. Es war schon mit zehn Hunden einfach unglaublich.

Ich denke, die meisten Kinder wissen nicht, wie man mit Hunden umgeht. Sie legen es darauf an, gebissen zu werden. Geht niemals einfach auf einen Hund zu, nur weil ihr glaubt, er könnte nett sein. Ignoriert ihn einfach. Lasst ihn zu euch kommen. Wenn er kommt, lasst ihn schnüffeln und schnuppern. Wenn er fertig ist, dürft ihr ihn anfassen, falls er euch lässt. Das merkt ihr daran, dass er sich sofort unterordnet. Wenn er euch nicht mag, wird er vermutlich einen guten Meter zurückweichen und euch einen Blick zuwerfen, der so viel sagt wie: »Du interessierst mich nicht.« Dann müsst ihr ihn in Ruhe lassen.

Alle Eltern fragen immer: »Wann ist mein Kind reif für den Umgang mit Hunden?« Fragt die Kinder: »Seid ihr *wirklich* bereit?« Denn wenn sie noch nicht reif für die Verantwortung sind und einen Hund nur wollen, weil sie ihn eben wollen, wird es nie funktionieren, und ihr müsst ihn zurückbringen.

Aber bei einigen Kindern merkt man am Verhalten, dass sie tatsächlich reif für einen Hund sind. Wenn sie respektvoll, vertrauenswürdig, ehrlich sind und eine ruhige und bestimmte Energie haben. Das bedeutet, dass sie ausgeglichen sind. Meiner Ansicht nach sind das Kinder, die arbeiten, wenn es Zeit zum Arbeiten ist, und spielen, wenn es Zeit zum Spielen ist. Sie kennen den Unterschied. Genauso will ich leben.

Momentan hänge ich total an einem Hund namens Apollo. Das ist ein Rottweiler, der von einem sehr hübschen Mädchen gerettet wurde. Aber er reagierte sehr aggressiv auf Menschen und sollte so schnell wie möglich eingeschläfert werden. Das Mädchen brachte ihn zu PETCO, als das Produzententeam von »Dog Whisperer« auf der Suche nach Material für die Sendung war, und weinte. Das war echt traurig. Die Produzenten sagten: »Lass ihn *bloß nicht* einschläfern. Warte, bis Cesar ihn sich anschauen kann.« Papa fuhr hin, nahm ihn mit und brachte ihn ins Center. Eines Abends nahm er ihn sogar mit nach Hause. Er war gerade mit dem Hund in der Garage, als ich hereinkam. Papa sagte: »Pass auf, Andre. Der Hund ist bösartig. Er reagiert aggressiv auf Menschen.« Aber ich hielt ihn einfach für das Coolste, was ich je gesehen hatte. Als Apollo mich sah, kam er sofort angelaufen, sprang auf mich zu und fing an, mich abzuschlecken. Es war einfach toll! Papa sagte: »Er wird dich beißen, Andre.« Ich sagte: »Was redest du da? Er schleckt mich ab. Mach dir keine Sorgen.« Papa war ziemlich geschockt. Er meinte: »Wow, er mag deine Energie.« Es war, als hätte Apollo sofort, als ich hereinkam, gespürt: »Der Kerl ist in Ordnung.« Apollo ging auf alle Männer los – ohne Ausnahme. Aber Papa sagt, ich habe eine andere Energie, irgendwie sanfter oder so. Ich glaube, bei diesem Hund hat Papa wirklich was von mir gelernt. Das war ein echt gutes Gefühl.

Ich hielt mich mit Apollo an seine Regeln. Bewegung: Ich ging allein mit ihm spazieren. Disziplin: Ich fütterte ihn, ließ ihn auf sein Fressen warten, und hinterher gab es Streicheleinheiten. Das heißt, ich spiele mit ihm, und wir springen zum Beispiel in den Pool. Apollo hat sich verändert. Wie sich herausgestellt hat, ist er ein wirklich guter Hund.

Eines Tages will ich in Papas Fußstapfen oder an seine Stelle treten. Aber ich will ihn nicht kopieren. Ich will nicht der Hundeflüsterer sein. Ich will auch noch andere Sachen machen, zum Beispiel Fußball spielen. Aber ich möchte unbedingt Menschen und Hunden helfen. Das ist ein unglaublich gutes Gefühl. Ich möchte anderen zeigen, was das Richtige für die Tiere ist.

Die zehn besten Tipps für Kinder

Von Andre und Calvin

- Nähert euch niemals einem fremden Hund.
- Streichelt niemals einen Hund, wie niedlich er auch sein mag, wenn ihr nicht von seinem Besitzer oder einem verantwortlichen Erwachsenen die Erlaubnis dazu bekommen habt.
- Haltet euch bei der ersten Begegnung mit einem Hund an die Regel: »Nicht anfassen, nicht ansprechen, nicht ansehen.« Wenn er euch abschleckt, mag er euch.
- Lauft niemals vor einem knurrenden Hund davon. Er wird euch nur hinterherlaufen. Bleibt ruhig, weicht nicht zurück, schaut ihn nicht an und wartet auf Hilfe.
- Spielt niemals mit einem überreizten Hund. Verspielte Energie ist gut. Überdrehte Energie ist schlecht.
- Vergewissert euch, dass ihr der Verantwortung auch wirklich gewachsen seid, bevor ihr eure Eltern um einen Hund bittet. Ein Hund ist viel Arbeit.
- Geht jeden Tag mit eurem Hund spazieren!
- Sorgt dafür, dass die ganze Familie bei der Versorgung des Hundes mithilft – also beim Füttern, Putzen und der Gesundheitspflege. Euer Hund wird es zu schätzen wissen.
- Gebt eurem Hund Bewegung, Disziplin und erst danach Zuneigung. Ihr dürft nicht gleich bei den Streicheleinheiten anfangen, auch wenn ihr das noch so gern möchtet!
- Übt euch in ruhiger und bestimmter Energie. Das heißt, dass ihr in der Gegenwart eures Hundes immer ruhig, ausgeglichen und positiv bleiben müsst. (Das ist auch bei Prüfungen in der Schule eine Hilfe.)

Andre und Apollo: Epilog

Meine Familie lernt ständig unendlich viele Hunde kennen. Viele Leute wollen ihre Hunde bei mir lassen. Meine Kinder verlieben sich regelmäßig in die neuen Tiere, die ins Center oder zu uns nach Hause kommen. Andre hat mich immer gefragt, wann er einen eigenen Hund bekäme. Ich habe ja schon erklärt, dass man einen Familienhund niemals so behandeln sollte, als gehöre er nur einer Person. Er sollte stets Teil des Rudels sein und alle menschlichen Familienangehörigen als Rudelführer respektieren. Aber es ist nur natürlich, dass sich gewisse Energien zueinander hingezogen fühlen, wie das bei Coco und Calvin, Minnie und Ilusion sowie Daddy und mir der Fall war. Calvin war erst fünf oder sechs Jahre alt, als der Chihuahua Coco in unser Leben trat, den er schließlich rehabilitierte. Andre hatte diese Gelegenheit erst bei Apollo. Andre ist gerade mal dreizehn, aber schon sehr erwachsen. Er hat mir gezeigt, wie sehr er Tiere liebt und respektiert, und er weiß, dass er sie niemals für etwas verantwortlich machen darf. Das ist unerlässlich. Ich war dabei, als sich Andre und Apollo in der Garage begegneten. Es war einer dieser magischen Momente – als würden sie sich bereits kennen. Da war sofort eine wunderschöne Verbindung zwischen ihnen. Apollo überließ Andre sogleich die Führung, der sie übernahm, als würden sie sich seit Ewigkeiten kennen.

Apollo braucht immer noch Hilfe. Er hat immer noch Vertrauensprobleme, vor allem mit Männern. Aber ich weiß, dass er Andre hundertprozentig vertraut, und ich werde stets da sein und ein Auge auf die beiden haben. Deshalb zweifle ich nicht daran, dass wir Apollos Rehabilitation gemeinsam abschließen und er der perfekte, ausgeglichene Familienhund werden wird, der niemanden mehr gefährdet. Darum beschloss ich, ihn Andre für immer zu schenken.

Als der große Tag kam, wollte ich ihn überraschen. Ich wartete draußen auf der Veranda mit Apollo und rief Andre herunter. Als ich es ihm sagte, rief er nur: »O Gott! Endlich!« Er lachte so sehr, dass ihm das Gesicht wehgetan haben muss. Apollo war ebenfalls dabei und hat wohl geahnt, was vor sich ging. Denn als ich sagte: »Also, Junge, dieser Hund gehört jetzt dir«, leckte er ihm übers Gesicht, rollte sich auf den Rücken und drehte den Bauch nach oben, als wollte er sagen: »Ich gehöre dir!« Ich erinnerte Andre daran, dass ein Hund eine große Verantwortung ist. Vor allem dann, wenn er zu einer körperlich starken Rasse gehört. Andre ist jetzt dreizehn Jahre alt, aber Apollo ist noch jung. Wenn mein Sohn einmal dreiundzwanzig ist und auf die Universität geht, sein eigenes Geschäft hat oder was er eben machen will, dürfte der Hund immer noch an seiner Seite sein.

In unserer Familie halten wir uns an gewisse Rituale, wenn wir etwas zum Ausdruck bringen oder verändern oder ein Versprechen abgeben wollen. Dazu gehört es auch, dass wir die Dinge niederschreiben, um ihnen eine größere Bedeutung zu verleihen. Aus diesem Grund verfasste ich folgenden Schwur für Andre: »Ich, Andre Millan, verspreche Apollo, mein Wissen über Hunde so einzusetzen, dass Gleichgewicht und Liebe daraus entstehen.« Für mich heißt das Bewegung, Disziplin und Zuneigung, auf immer und ewig. Ich werde darauf achten, dass Andre sein Versprechen hält – schließlich bin ich immer noch sein Rudelführer!

»Das ist echt der schönste Tag meines Lebens, Papa«, sagte Andre immer wieder.

Ich bin so unglaublich stolz auf unsere beiden Söhne.

Daddy sieht der Zukunft entgegen.

11

Loslassen und weitermachen

So verabschieden Sie sich von Ihrem besten Freund

Mein Pitbull Daddy und ich schützen einander den Rücken. Wir sind jetzt seit vierzehn Jahren füreinander da. Sogar an dem Tag, als Calvin geboren wurde, war Daddy an meiner Seite. Er weiß immer, was ich denke und fühle – und umgekehrt. Daddy ist sehr weise und lebenserfahren, und er beobachtet sehr genau, was um uns herum geschieht. Ständig macht er mich auf wichtige Dinge aufmerksam – wenn ein Hund eine schlechte Energie hat und er nichts mit ihm zu tun haben will oder wenn die Energie eines Menschen negativ ist und ich versuchen sollte, demjenigen aus dem Weg zu gehen. Er erinnert mich stets daran, mich zusammenzunehmen, wenn ich aus dem Gleichgewicht zu geraten drohe. Sind wir getrennt, dann weiß ich, dass wir beide das Gefühl haben, etwas würde fehlen. Wenn sich andere Leute um Daddy kümmern, während ich unterwegs bin, erzählen sie, dass er zwar glücklich ist und seinen üblichen Beschäftigungen nachgeht. Aber er verbringt auch jeden Tag etwas Zeit damit, seine Nase in meinen Kleidern zu vergraben und mit Spielsachen zu spielen, die ich in der Hand hatte. Für uns ist jedes Wiedersehen ein Fest.

In Würde altern

Natürlich ist Daddy ein Hund, und ich bin ein Mensch. Als gesunder Mann lateinamerikanischer Herkunft habe ich eine Lebenserwartung von mindestens siebenundsiebzig Jahren. Daddy ist ein gesunder Pitbull mit einer Lebenserwartung zwischen zehn und vierzehn Jahren. Das ist ein erheblicher Unterschied. Inzwischen ist er vierzehn und bei bester Gesundheit. Man könnte also durchaus sagen, dass er in Würde altert, und ich kann berechtigterweise davon ausgehen, dass er noch ein paar gute Jahre vor sich hat. Aber inzwischen merkt man ihm sein Alter fraglos an. Weil er sich schon sein Leben lang täglich bewegt, ist er körperlich immer noch in sehr guter Verfassung. Seine Muskeln sind vielleicht nicht mehr ganz so stramm wie früher, aber das ist normal. Am deutlichsten zeigt sich das Alter an seinem Energieniveau. Er wird langsamer. Wenn wir mit dem Rudel spazieren gehen, kann er nicht mehr mit den jüngeren Hunden mithalten. Er geht und läuft immer noch gern, muss aber ein etwas gemächlicheres Tempo anschlagen. Wenn er mithalten möchte, ist er wegen seiner Arthrose schnell erschöpft. Deshalb muss ich Möglichkeiten finden, ihn auszuführen, bei denen er nicht das Gefühl hat, mit den jüngeren Tieren Schritt halten zu müssen. Er ermüdet grundsätzlich sehr viel schneller. Wenn wir woanders hinfahren, will er nun schlafen, sobald er wieder im Auto ist. Früher setzte er sich aufrecht hin und sah aus dem Fenster, um all die neuen Eindrücke in sich aufzunehmen, die an uns vorüberzogen. Früher sprang er hinten in den Wagen, jetzt stützt er sich mit den Vorderpfoten ab, und ich hebe seinen Po hinein. Er keucht auch mehr, wenn er müde wird oder schwitzt. Dinge, die ihm früher nichts ausgemacht haben, belasten ihn jetzt.

Um die normalen Zeichen des Alters zu bekämpfen, bekommt Daddy jede zweite Woche Akupunktur. Sie unterstützt seinen Körper beim Stressabbau, damit sich nichts aufstauen kann. Ich achte darauf, dass er viel Bewegung bekommt. Das lindert den Stress und hält den Körper jung. Die sportliche Betätigung muss allerdings etwas sanfter ausfallen als früher. Ich gebe Daddy keine Medikamente gegen seine Arthritis, sondern verwende homöopathische Mittel, Massagen und Salzbäder, die er ausnahmslos als angenehm empfindet. Ich gebe ihm häufig Gelegenheit zum Schwimmen. Das mag er gern, und es tut seinen Muskeln und Gelenken wohl. Natürlich bekommt er auch durch seine neue Rolle als Juniors »Großvater« jene wohltuende jugendliche Energie, die ihn immer wieder aufheitert. In gewisser Weise ist sogar Junior eine natürliche Medizin gegen Daddys Alter.

Dank den Fortschritten der modernen Tiermedizin und der relativen Bequemlichkeit, in der ein Haustier lebt, werden Hunde älter als von der Natur vorgesehen. In freier Wildbahn sterben die Tiere an Verletzungen, Hunger oder lebensbedrohlichen Krankheiten, aber nur selten an Altersschwäche. So hart uns das auch erscheinen mag: Wenn wilde Hunde krank oder schwach werden, werden sie mit großer Wahrscheinlichkeit verbannt, zurückgelassen oder sogar vom Rest des Rudels getötet.

Da unsere Hunde bei uns leben, sind sie nicht mehr gezwungen, tagtäglich Entscheidungen auf Leben und Tod zu fällen. Wenn sie älter werden, leiden sie unter denselben Gebrechen und Beschwerden wie der Mensch. Typische Alterszeichen sind unter anderem, dass sie schneller ermüden, reizbar oder verwirrt werden und sich aus dem Sozialleben zurückziehen. Auch Veränderungen beim Stuhlgang sowie dem Schlaf-Wach-Rhythmus können auftreten.[1] Die Untersuchung der Gehirne älterer Hunde ergab, dass sie auch im Ruhezustand vermehrt Stresshormone produzieren. Somit ist die Todesursache letztlich ein Überschuss dieser Hormone, der sogenannten Glucocorticoide.[2] Deshalb sind Behandlungsmethoden wie Akupunktur, Massage und sanfte Bewegung wie Schwimmen, die alle auf natürlichem Wege Stress abbauen, so wichtig für Daddys Tagesablauf. Wenn man einem älteren Hund zu viel abverlangt, weil man ihm denselben kräftezehrenden Sport zumutet, an dem er früher seine Freude hatte, kann ihn das ungewollt sowohl körperlich als auch geistig enorm belasten. Da geistige Stimulation die Gehirnfunktion verbessert und in jedem Alter neue Verbindungen im Gehirn entstehen lässt, sollten Sie auch ältere Hunde weiter fordern. Auch so können Sie die negativen Folgen des Alterns hinauszögern. Ich weiß übrigens aus umfangreicher persönlicher Erfahrung, dass man einem alten Hund durchaus neue Tricks beibringen kann! Dr. Bruce Fogle stellt in seinem Buch *Natürliche Hundehaltung* folgende Checkliste zum Erhalt der Gesundheit älterer Hunde vor:[3]

- Machen Sie mit Ihrem älteren Hund lieber mehrere kurze Spaziergänge als einen langen.
- Bürsten Sie ihn öfter. Das regt den Kreislauf an.
- Geben Sie Ihrem Hund kleinere Mahlzeiten, dafür häufiger.
- Sorgen Sie für weiches Bettzeug, wenn Ihr Hund Liegebeulen hat.

- Gehen Sie mit Ihrem Hund nach jedem Fressen, bevor er abends schläft und gleich am Morgen »Gassi«.
- Achten Sie auf das Gewicht Ihres Hundes. Er bleibt gesünder, wenn er schlank ist.
- Sorgen Sie für einen gemütlichen und warmen Schlaf- und Liegeplatz.
- Stimmen Sie die Ernährung Ihres Hundes auf seine gesundheitlichen Bedürfnisse ab.

Der Lebenszyklus, Teil drei

Für meinen Freund Daddy tue ich all das und mehr. Damit möchte ich ihm helfen, jeden Tag seiner goldenen Jahre voll auszukosten. Aber eines kann ich weder für ihn noch für mich selbst tun: Ich kann die Zeit nicht anhalten. Es ist eine unumstößliche Tatsache bei unserer Liebesaffäre mit Hunden, dass wir uns irgendwann mit der Realität eines Lebens ohne sie auseinandersetzen müssen.

Als ich in Mexiko aufwuchs, sah ich viele Geburten und viel Tod. So ist das auf einer Farm. Man ist vom Lebenszyklus umgeben und hat die Chance, sich damit anzufreunden. Ich stelle fest, in den modernen amerikanischen Städten lieben alle Menschen die ersten beiden Teile des Lebenskreises – Geburt und Leben. Mit der dritten Phase aber will keiner etwas zu tun haben. Man spricht nicht einmal darüber. Ich sehe Menschen, die vor dem Tod davonlaufen, ihn leugnen, so tun, als gäbe es ihn nicht, oder sich zumindest weigern, zuzugeben, dass er irgendwann auch in *ihrem* Leben eine Rolle spielen könnte. Wenn er sie dann berührt – und bei jedem ist das irgendwann der Fall –, sind diese Menschen entsetzt. Sie wissen nicht, was sie tun sollen. Sie laufen entweder weiter davon, verdrängen den Schmerz mit Drogen oder Alkohol oder was sie sonst noch finden können oder brechen völlig zusammen. Aber wir müssen den Tod akzeptieren und uns ihm unterwerfen, statt vor ihm davonzulaufen und uns zu verstecken. Ich halte es für sehr wichtig, dass wir unseren Kindern bei jeder sich bietenden Gelegenheit etwas über den Tod beibringen. Es geht nicht darum, eine große Sache daraus zu machen, sondern ihnen verstehen zu helfen, dass er einfach dazugehört, wenn man ein lebendes Wesen auf diesem Planeten ist. Wir haben den Tod mit Elefanten, Ameisen, Pferden, Walen, Flöhen und natürlich Hunden gemeinsam. Was unser Lebensende angeht, sitzen wir alle im selben Boot. Mein Großvater (der 105 Jahre alt wurde) lehrte mich, dass unser Dasein hier auf Erden aus drei Teilen besteht: Geburt, Leben und Tod. Sie alle sind natürlich, und sie alle sind schön. Die Menschen haben unterschiedliche religiöse, spirituelle und wissenschaftliche Ansichten über den Tod. Mir wurde beigebracht, dass alle Lebewesen eine Seele haben, und wenn wir sterben, verlässt sie den Körper und existiert in anderer Form weiter. Meine Frau teilt diesen Glauben, und wir geben ihn an unsere Kinder weiter. Natürlich kann niemand beweisen, was nach dem Tod geschieht, aber unsere Spiritualität ist uns ein großer Trost.

In Mexiko herrschte im Allgemeinen die Einstellung: »Dein Hund ist tot? Hol dir einen anderen!« Zumindest wurde ich so erzogen. Ich glaube nicht, dass ich mich aufgrund meiner angeborenen Liebe zu Hunden je mit dieser Denkweise anfreunden konnte. Aber erst als ich in die Vereinigten Staaten kam, meiner Frau begegnete und lernte, mich emotional und spirituell der gesamten Bandbreite meiner Gefühle zu öffnen, konnte ich wirklich verstehen, welch tiefen Schmerz der Verlust des besten Freundes verursacht. Alle Tiere meines ersten Rottweilerrudels starben irgendwann an Krebs. Bevor ich in die Vereinigten Staaten kam, wusste ich nicht einmal, dass Hunde Krebs bekommen konnten. Alle meine Rottweiler starben in meinen Armen und sahen mir in die Augen, als wollten sie sagen: »Es ist in Ordnung. Ich vertraue dir. Ich liebe dich, weil du mir ein so großartiges Leben geschenkt hast.« Das war natürlich eine entsetzliche Erfahrung. Und natürlich weinte ich hinterher. Dann ging ich in mich und wurde ganz ruhig. Ilusion weiß inzwischen, dass ich immer ruhig werde, wenn ich trauere. Sie respektiert das und lässt mir so viel Raum, wie ich brauche. Das Leben in Amerika hat mich gelehrt, Gefühle zu zeigen und vollständig zu durchleben. Auch die dunklen. Aber ich habe Frau und Kinder. Ich habe ein Hunderudel. Sie alle brauchen mich. Wenn ich mir meine Gefühle ehrlich eingestehe und sie durchlebe, wie schmerzhaft sie auch sein mögen, kann ich sie bewältigen und wieder für meine Familie und mein Rudel da sein. Wenn ich daran festhalte, vergiften sie mich. Dann bin ich für niemanden da – nicht einmal für mich selbst. Und ich bin ganz sicher weder meinem menschlichen Rudel noch meinem Hunderudel von Nutzen. Das macht mich egoistisch.

Wenn Ihr Hundesenior krank ist oder Schmerzen hat, wird er Ihnen mitteilen, wann es Zeit ist, loszulassen. Dank der erstaunlichen Medizintechnik können wir einen sterbenden Hund heutzutage über einen längeren Zeitraum hinweg »verarzten«. Aber für wen tun wir das? Für den Hund? Oder für uns selbst? Erinnern Sie sich noch an Jack Sabato, den Sohn von Virginia Madsen aus der ersten Geschichte in diesem Buch? Jack war erst elf Jahre alt, wusste aber schon sehr viel mehr über den Kreislauf des Lebens, als sein Alter vermuten ließe. Er und seine Mutter hatten ihre dreizehn Jahre alte Schäfermischlingshündin Dixie lange mit schmerzstillenden Medikamenten am Leben gehalten. Sie wussten nicht, ob es richtig war, sie aufgrund ihrer Krankheit einschläfern zu lassen. Jack beschreibt den Augenblick, in dem Dixie ihm seiner Ansicht nach mitteilen wollte, dass sie bereit war, zu gehen: »Dixie sah mich an, wie sie das noch nie getan hatte. Irgendwie spirituell. Da wusste ich, dass es Zeit war für sie, zu gehen. Ich wusste, dass sie Schmerzen hatte.« Auch ich habe diesen Ausdruck schon in den Augen eines Hundes gesehen. Es ist der vertrauensvollste Blick der Welt. Der Hund sagt damit: »Ich vertraue darauf, dass du die richtige Entscheidung für mich treffen wirst. Auch wenn es dir wehtut.«

So sagen Sie es Ihrer Familie

In Familien mit Kindern entscheiden oft die Eltern, wie sie die Nachricht überbringen wollen, dass ein geliebtes Familienmitglied gestorben ist oder in Kürze sterben wird. Ein Freund erzählte mir unlängst, seine Eltern hätten ihm gesagt, sein Hund Smoky sei »jetzt auf einer großen Farm«. Ich höre diese Geschichte sehr häufig. Offenbar gibt es in Amerika viele tausend Hektar Farmland, auf dem sich Millionen alter Familienhunde – und Katzen! – tummeln. Eltern erzählen diese Notlügen in der ehrlichen Absicht, dass sie ihren Kindern Schmerzen ersparen wollen. Trotzdem höre ich allen Ernstes von zahllosen Erwachsenen, die sich noch mit vierzig oder fünfzig Jahren an den Vorfall erinnern, dass sie damals das Gefühl hatten, an dieser Geschichte sei etwas »faul«. Als sie die Wahrheit erfuhren, waren sie wütend und fühlten sich verraten, und dieses Gefühl ist geblieben. Kinder haben einen angeborenen Gerechtigkeitssinn und erwarten in besonders wichtigen Angelegenheiten eine gewisse Ehrlichkeit von ihren Eltern. Dies ist eine gute Gelegenheit für ein lehrreiches Gespräch im Familienkreis. Es ist eine Gelegenheit, die Verbindung zwischen Eltern und Kindern zu stärken, die gemeinsame Verletzlichkeit zu spüren und das Rudel stärker zu machen, indem man einen wichtigen Punkt im Lebenszyklus miteinander erlebt.

Wenn in meiner Familie ein Haustier stirbt, überbringe ich die Nachricht. Ich versammle die Familie, und jeder darf über seine Gefühle sprechen. Vermutlich werden Tränen fließen, und es wird Fragen geben. Ilusion und ich tun unser Bestes, um die Fragen unserer Jungen offen und ehrlich zu beantworten. Wenn ein Hund eingeschläfert werden muss, frage ich die Buben, ob sie dabei sein möchten. Sofern sie dies mit einer vernünftigen, reifen Begründung ablehnen, respektiere ich ihre Wünsche. Bekomme ich dagegen eine schwache Antwort und den Eindruck, dass sie der Wahrheit aus dem Weg gehen oder sich davor verstecken möchten, spreche ich ausführlicher mit ihnen und helfe ihnen, ihre Gefühle besser zu bewältigen. Ich finde es nicht richtig, wenn wir zulassen, dass unsere Kinder dem Schmerz ausweichen. Weisheit erlangen wir nur dadurch, dass wir die schmerzlichen Dinge des Lebens bewältigen.

Wenn ich einen Hund einschläfern lassen muss, den ich selbst großgezogen habe und liebe, mache ich seine letzten Tage stets zu der besten Zeit, die wir je zusammen hatten. Ich fahre mit ihm hinaus in die Natur, an seinen Lieblingsplatz – an den Strand, in die Berge oder den Wald. Wir machen das, was er meines Wissens am liebsten tut, witzeln und lachen, und ich bemühe mich nach Kräften, nicht daran zu denken, dass dies sein letzter Tag ist. Ich werde die Energie zwischen uns nicht mit traurigen Gedanken vergiften. Die

Zeit für Traurigkeit wird kommen – später, wenn er tot ist. Aber nun soll er mit mir den perfekten Tag erleben. Er soll wissen, dass ich alles getan habe, um sein Leben vollkommen zu machen. Wenn wir zur Tierarztpraxis fahren, achte ich darauf, dass er müde, entspannt und in einer wunderbaren geistigen Verfassung ist. Und obwohl es mir das Herz zerreißt, werde ich mich auf die vielen glücklichen gemeinsamen Tage konzentrieren, während ich ihm in die Augen sehe und mich ein letztes Mal von ihm verabschiede.

Gesunde Trauer

Die meisten Tiere auf der Welt betrauern den Verlust eines Partners oder Rudelmitglieds. Elefantenherden trauern. Sie haben sogar ein ausgefeiltes Trauerritual, das unseren Begräbnissen nicht unähnlich ist.[4] Wale und Delfine trauern. Hier soll es vorkommen, dass weibliche Delfine den Körper eines toten Babys noch tagelang mit sich herumtragen. Doch kein Tier trauert so intensiv wie der Mensch. Der Grund dafür ist, dass wir auch Vergangenheit und Zukunft in allen lebendigen Einzelheiten erleben. Unsere Vorstellungskraft ist so stark, dass im Geiste Beschworenes zu einer Art Wirklichkeit werden kann. Wenn wir trauern, beschäftigen wir uns zwanghaft mit einer Vergangenheit, die für immer vorüber ist, und denken an eine leere Zukunft ohne den geliebten Menschen. Normalerweise durchläuft man all diese Gefühle im Rahmen eines gesunden Trauerprozesses, um sie schließlich hinter sich zu lassen. Beim Menschen lässt sich nicht sagen, wann diese Entwicklung abgeschlossen ist. Es kann nur wenige Wochen, aber auch mehrere Jahre dauern. Bei Menschen, die diesen Prozess nie erfolgreich bewältigen, wird die Trauer schließlich zu einem festen Persönlichkeitsbestandteil. Eine gute Faustregel lautet, je stärker wir Gefühle zum Ausdruck bringen, desto reibungsloser können wir sie bewältigen.

Tiere können uns viel über die Trauer lehren. Verliert ein Hunderudel eines seiner Mitglieder, herrschen Traurigkeit, Antriebslosigkeit und Verwirrung, während die Gruppe zu begreifen versucht, dass dieses Tier nicht mehr da ist. In dieser Zeit schließen sich die Tiere eng zusammen. Nach einigen Tagen oder Wochen formieren sie sich neu und machen weiter, bis ihnen das Universum ein neues Rudelmitglied bringt, das den Platz ihres verstorbenen Freundes einnimmt. Sobald das Rudel wieder im Gleichgewicht ist, kehrt es zur Tagesordnung zurück.

Eine äußerst ungesunde Form der Trauerbewältigung ist es, sich sofort auf den Weg zu machen und sich einen »Ersatzhund« zu besorgen, um die Leere zu füllen, die der tote Gefährte hinterlassen hat. Ich bin der Ansicht, dass ein solches Vorgehen Mutter Natur zuwiderläuft. In der Natur lässt sich nichts Lebendes unmittelbar ersetzen. Das Weiterleben nach einem Todesfall ist ein organischer Prozess und nichts, was man »in Ordnung bringen« könnte. Trotzdem kaufen viele Eltern ihrem Kind schleunigst einen neuen Welpen, obwohl es noch um seinen toten Kameraden weint. Wenn Sie einen erwachsenen Hund oder einen Welpen in ein Haus holen, auf dem noch schwer die Trauer lastet, bringen Sie dieses Tier in eine giftige Atmosphäre. Das Rudel hat eine schwache Energie, und der Hund spürt diese Instabilität sofort. An diesem Punkt springen die meisten Tiere ein und versuchen, die Führung zu übernehmen, und damit beginnen die Probleme meist. Vergewissern Sie sich, dass Ihr Haus trauerfrei ist, ehe Sie ein neues Mitglied in Ihr Rudel aufnehmen. Nehmen Sie ein neues Tier aus einer Position der Stärke, nicht der Schwäche zu sich. Nur so werden Sie in der Lage sein, ihm ein erfülltes Leben zu schenken.

Weiterziehen

Meine Mitautorin Melissa war kürzlich auf einem Studientreffen, auf dem ihr eine liebe Studienkollegin – die hingebungs- und liebevolle Mutter von zwei kleinen Mädchen – sagte, sie würde ihren Kindern niemals einen Hund schenken. »Ich möchte ihnen den Schmerz ersparen, einen Hund zu verlieren«, sagte sie. »Ich könnte es nicht ertragen, zusehen zu müssen, wie sie das durchmachen.« Diese Frau wollte offensichtlich nur das Beste für ihre Kinder. Aber ich frage mich, ob sie ihnen dadurch, dass sie sie vor der Realität des Todes eines Hundes beschützt, nicht auch eine der schönsten Erfahrungen dieser Welt vorenthält – nämlich die, einen Hund zu haben. Wenn Sie ein Tier lieben und verlieren, sollten Sie nicht sagen: »Ich werde mir diesen Schmerz nie wieder antun.« Beschließen Sie stattdessen, sein Andenken täglich mit Ihrem eigenen Leben zu ehren. Sie können einen verstorbenen Hund würdigen, indem Sie mit Ihrer Familie über ihn sprechen, um den Küchentisch sitzen und lustige Geschichten erzählen, Bilder ansehen, sich selbst gedrehte Filme und Videos anschauen und ihn so in Ihrer kraftvollen menschlichen Erinnerung wieder zum Leben erwecken. Sie können ihm ein Denkmal setzen, indem Sie ein Album oder eine Internetseite mit Bildern, Geschichten und Gedichten anlegen. Wenn Sie wirklich ehrgeizig sind, können Sie sogar ganze Memoiren verfassen, wie John Grogan das mit *Marley und ich – Unser Leben mit dem frechsten Hund der Welt* getan hat.

Meiner Ansicht nach bewahren Sie das Andenken an Ihren Hund so am besten: Wenn Sie wieder ganz Sie selbst und wirklich bereit dazu sind, nehmen Sie erneut einen Hund oder ein anderes Tier in Ihr Leben auf. Millionen Hunde und Katzen suchen verzweifelt ein Zuhause – und nun können Sie ihnen auch noch all die wunderbaren Dinge geben, die Ihr erster Hund Sie gelehrt hat. Versuchen Sie nicht, den Neuankömmling in Ihren alten Hund zu verwandeln. Jedes Tier ist anders. Schätzen Sie ihn so, wie er ist, als eigenständiges Individuum. Lassen Sie gleichzeitig all die großartigen Erfahrungen einfließen, die Sie mit Ihrem verstorbenen Haustier gemacht haben, sowie das Wissen, das er Ihnen vermittelt hat. Wäre ein Hund der menschlichen Sprache mächtig, würde sein letzter Wille vermutlich folgendermaßen lauten: »Vergesst weder mich noch die herrlichen Augenblicke, die wir miteinander erlebt haben. Nun gehet hin und feiert das Leben, wie ich es tat – ehrlich, fair und selbstlos –, und schenkt eure Liebe erneut einem Hund in Not. So könnt Ihr mir jeden Tag für die gemeinsamen Jahre danken und meiner gedenken.«

Was Daddy angeht, sage ich stets: »Daddy und ich werden hundert Jahre zusammen sein.« Ist das ein Witz? Natürlich. Mir ist klar, dass unsere gemeinsame Zeit irgendwann zu Ende gehen wird, was schon bald der Fall sein könnte. Natürlich denke ich darüber nach, so schmerzlich es auch ist. Ich weiche dieser Entwicklung weder aus, noch leugne ich sie. Ich spreche mit den Menschen, die ich liebe, über meine Gefühle. Ich weiß, wenn es so weit ist, werde ich hervorragend darauf vorbereitet sein, das Beste für Daddy zu tun, und nicht nur selbstsüchtig an mich denken. Ich grüble aber auch nicht zwanghaft über eine Zukunft ohne ihn nach. Ich werde nicht zulassen, dass irgendetwas unsere wundervolle gemeinsame Zeit trübt. Denken Sie daran, der Mensch fürchtet als einzige Gattung der Welt das bevorstehende Ende des Lebenskreislaufs. Hunde leben im Hier und Jetzt und feiern jeden Augenblick, bis hin zum letzten. Sie geben uns so viel! Wir sind es ihnen schuldig, jeden Augenblick ihres Lebens mit Frieden, Zufriedenheit und Freude zu erfüllen.

Anhang

DANK

Dieses Buch wäre ohne den unschätzbar wertvollen Beitrag einiger der besten Tierärzte nicht zustande gekommen. Folgende Ärzte waren so liebenswürdig, uns an ihrem Wissen durch ihren Rat und ihre Tipps teilhaben zu lassen: Dr. Sherry Weaver vom Animal Hospital in Towne Lake, Woodstock; Dr. med. vet. Debbie Oliver vom Blue Cross Pet Hospital, Pacific Palisades, Kalifornien; Dr. med. vet. Charles Rhinehimer von der Northampton University in Pennsylvania (der auch schon einen großen Beitrag zu unserem letzten Buch leistete); Dr. med. vet. Paula Terifaj von der Founders Veterinary Clinic, Brea, Kalifornien.

Andere halfen mir, meinen Wissensdurst zum Thema »Wellness für Hunde« zu stillen: Dr. med. vet. Brij Rawat von der Hollypark Pet Clinic, Gardena, unterstützt großzügig meine Mission, Hunden zu helfen, seit ich als junger Hundetrainer gerade erst in Los Angeles eingetroffen war und mein Geschäft noch auf wackligen Beinen stand. Dr. Rick Garcia und seine mobile Tierklinik Paws 'n Claws eilen mir in Notfällen oft zur Hilfe, wenn die Hunde meines Rudels oder meiner Klienten besondere Fürsorge brauchen.

In jüngster Zeit hat Dr. Marty Goldstein einen starken Einfluss auf mich. Er ist an der Smith Ridge Clinic in South Salem, New York, tätig – der führenden Praxis für integrative Tiermedizin in den Vereinigten Staaten. Dr. Marty Goldstein hilft mir, tiefer in die Materie der homöopathischen Medizin und der Naturmedizin für Hunde sowie Methoden wie Akupunktur, Akupressur und Massage einzudringen. Bei diesen Bemühungen werde ich auch von der Homöopathin Dahlia Shemtob und der Akupunktur-Therapeutin Vivian Engelson unterstützt. All diese engagierten Ärzte und Therapeuten sind Teil eines starken Helfernetzes – das uns nicht nur beim Schreiben dieses Buches unterstützte, sondern im Laufe der Jahre auch dem Dog Psychology Center, der Fernsehserie »Dog Whisperer« und uns bei allen Fragen, Recherchen und Notfällen stets zur Verfügung stand. Es ist ein wahrer Segen, Zugang zu einer so vielfältig talentierten Gruppe von Fachleuten zu haben, die sowohl Vorbild als auch Ansprechpartner unseres Vertrauens sind.

Darüber hinaus möchten die Autoren folgenden Menschen danken: ihrem Literaturagenten Scott Miller, Trident Media Group; Julia Pastore, Shaye Areheart, Kira Stevens und Tara Gilbride, Random House; Steve Shiffman, Steve Burns, Michael Cascio, Char Serwa, Mike Beller, Chris Albert und Russell Howard, National Geographic Channel; Fred Fierst, Esq.; Michael Gottsagen & Co., IMG; Neil Stearns und Damon Frank, Venture IAB.

Bei MPH gilt unser Dank Bonnie Peterson, George Gomez, Nicholas Ellingsworth, Todd Carney, Christine Lochman, Cherise Paluso und vor allem Crystal Cupp für das Prüfen der Fakten, die Recherchearbeit und ihren unverwüstlichen

Optimismus. Zudem stehen wir in der Schuld von Cynthia »CJ« Anderson, Moderatorin des Internetforums Dog Whisperer Yahoo.com und Koordinatorin des Programms »Cesar Ambassadors« (»Cesars Botschafter«). Sie half uns beim Aufspüren unserer Erfolgsgeschichten.

Kay Bachman Sumner, Sheila Possner Emery und SueAnn Fincke sorgen mit der Unterstützung unseres unvergleichlichen Teams und unserer Redakteure dafür, dass bei der Fernsehserie »Dog Whisperer« immer alles glattläuft. Unser besonderer Dank gilt jener Frau hinter den Kulissen, die dafür sorgt, dass wir bei den Aufnahmen zu den Folgen von »Dog Whisperer« auch immer gut aussehen – Maskenbildnerin Rita Montanez.

Zum Schluss möchte Cesar Millan auch Oprah Winfrey seine besondere Wertschätzung und seinen Dank aussprechen: »Danke, dass du mir die fantastische Chance gegeben hast, mit dir und deiner süßen Sophie zu arbeiten – Gott hab sie selig! Ich werde unsere gemeinsame Erfahrung stets in Ehren halten.« Bei IMG möchte sich Cesar Millan mit folgenden Worten bedanken: »Ich danke euch, dass ihr an mich glaubt und helft, die Welt zu einem besseren Ort für Hunde und Menschen zu machen. Ich bin sehr stolz darauf, einem so engagierten Team anzugehören.«

Melissa Jo Peltier dankt ihren Partnern bei MPH, Jim Milio und Mark Hufnail, für ihre konsequente und unschätzbar wertvolle Unterstützung, sowie Ilusion Millan für ihre Freundschaft und Inspiration. Darüber hinaus gilt ihr Dank ihrer Freundin Victoria A., ihrem Vater Ed Peltier, ihrer Stieftochter Caitlin Gray und ihrem Mann John Gray, der ebenso sehr ihre Muse ist wie umgekehrt.

LITERATUR

Fogle, Bruce: *Was geht in meinem Hund vor? Faszinierende Einblicke in das Wesen und Verhalten von Hunden*. Bergisch Gladbach: Gustav Lübbe Verlag, 1993.

–, *Natürliche Hundehaltung*. München: Dorling Kindersley, 2008.

Goldstein, Martin: *The Nature of Animal Healing*. New York: Ballantine Books, 1999.

Rutherford, Clarice, und David H. Neil: *How to Raise a Puppy You Can Live With* (4. Ausgabe). Loveland, Colorado: Alpine Publishing, 2005.

Scott, John Paul, und John L. Fuller. *Genetics and the Social Behavior of the Dog*. Chicago: University of Chicago Press, 1965.

Terifaj, Paula: *How to Feed Your Dog If You Flunked Rocket Science*. Palm Springs: Bulldog Press, 2007.

–, *How to Protect Your Dog from a Vaccine Junkie*. Palm Springs: Bulldog Press, 2007.

The Monks of New Skete: *The Art of Raising a Puppy*. New York: Little, Brown and Company, 1991.

ANMERKUNGEN

Kapitel 1: Ein perfektes Paar

1 Janet M. Scarlett: »Reasons for Relinquishment of Companion Animals in U.S. Animal Shelters: Selected Health and Personal Issues«, National Council on Pet Population Study and Policy, Januar 1999, http://www.petpopulation.org/research_reasons.html.

2 American Kennel Club, *Facts and Stats*, März 2008, http://www.akc.org/press_center/facts_stats.cfm?page=8

Kapitel 2: Ein Dach überm Kopf

1 The Humane Society of the United States, The Crisis of Pet Overpopulation, 4. Mai 2007, http://www.hsus.org/pets/issues_affecting_our_pets/pet_overpopulation_and_ownership_statistics/the_crisis_of_pet_overpopulation.html. Die Tierheime der Vereinigten Staaten nehmen zwischen sechs und acht Millionen Hunde und Katzen jährlich auf. Ungefähr die Hälfte dieser Tiere werden eingeschläfert, weil sie kein Zuhause finden.

Kapitel 4: Der perfekte Welpe

1 Die Lebenserwartung von Hunden variiert nach Körpergröße: Kleinere Hunde werden älter (zwölf Jahre oder mehr) als größere Rassen (ungefähr zehn Jahre). The Humane Society of the United States, *Dog Profile*, http://

www.hsus.org/animals_in_research/species_used_in_research/dog.html.

2 http://www.scienceclarified.com/Ca-Ch/Canines.html.

3 John Paul Scott und John L. Fuller: *Genetics and the Social Behavior of the Dog*, Chicago: University of Chicago Press, 1965, S. 94–95.

4 Clarice Rutherford und David H. Neil: *How to Raise a Puppy You Can Live With* (4. Ausgabe), Loveland, Colorado: Alpine Publishing, 2005, S. 13–25.

5 Bruce Fogle: *Was geht in meinem Hund vor? Faszinierende Einblicke in das Wesen und Verhalten von Hunden*, Bergisch Gladbach: Gustav Lübbe Verlag, 1993, S. 159–160.

6 Clarice Rutherford und David H. Neil, *How to Raise a Puppy You Can Live With* (4. Ausgabe), Loveland, Colorado: Alpine Publishing, 2005.

7 Ebenda, S. 136–146.

8 Im Jahr 2006 gab die AAHA (American Animal Hospital Association) neue Richtlinien für die Impfung von Hunden heraus. Die abgebildete Tabelle ist eine einfache Zusammenfassung der Ergebnisse. Siehe American Animal Hospital Association, 2006, AAHA Canine Vaccine Guidelines Revised, 5. Mai 2008, http://aahanet.org/PublicDocuments/VaccineGuidelines06Revised.pdf.

Kapitel 5: Die Hausordnung

1 Eine ausführlichere Erklärung, wie Sie die rassetypischen Bedürfnisse Ihres Hundes erfüllen, finden Sie in meinem Buch *Du bist der Rudelführer*, S. 170–221.

Kapitel 6: Weit weg von allem

1 http://www.ifly.com/san-francisco-international/traveling-with-pets. Hier die Bestimmungen der Lufthansa: http://www.lufthansa.com/online/portal/lh/de/info_and_services/baggage?l=de&nodeid=1756025. Ausführliches über Flugreisen mit Hunden auch von Deutschland bzw. Europa aus finden Sie beispielsweise unter der Website http://www.hundshuus.de/texte/flugreisen.html.

2 The Humane Society of the United States, *Choosing a Pet sitter*, http://www.hsus.org/pets/pet_care/choosing_a_pet_sitter/.

Kapitel 7: Ein Quäntchen Vorsorge

1 U.S. Department of Labor Bureau of Labor Statistics, *Occupational Outlook Handbook, Veterinarians*, http://www.bls.gov/oco/ocos076.htm.

2 http://www.healthypet.com/faq_view.aspx?id=67.

3 The American Humane Association, *Why Spay or Neuter Your Pet?*, http://www.americanhumane.org/site/PageServer?pagename=pa_care_issues_spay_neuter.

4 Paula Terifaj: *How to Feed Your Dog If You Flunked Rocket Science*, Palm Springs: Bulldog Press, 2007, S. 10.

5 Martin Goldstein, *The Nature of Animal Healing*, New York: Ballantine Books, 1999, S. 96.

6 Paula Terifaj: *How to Protect Your Dog from a Vaccine Junkie*, Palm Springs: Bulldog Press, 2007, S. 9–12.

7 Martin Goldstein, *The Nature of Animal Healing*, New York: Ballantine Books, 1999, S. 96.

8 University of Wisconsin-Madison News, »Schultz: Dog Vaccines May Not Be Necessary«, 14. März 2003, http://www.news.wisc.edu/8413.

9 Martin Goldstein, *The Nature of Animal Healing,* New York: Ballantine Books, 1999, S. 96.
10 Ebenda, S. 79–80.
11 Ebenda, S. 80.
12 Ebenda, S. 71.
13 *Journal of the American Animal Hospital Association,* Bd. 39 (März/April 2003).
14 Paula Terifaj: *How to Protect Your Dog from a Vaccine Junkie,* Palm Springs: Bulldog Press, 2007, S. 16–20.
15 Ebenda, S. 37–38.
16 Ebenda, S. 29.
17 Martin Goldstein: *The Nature of Animal Healing,* New York: Ballantine Books, 1999, S. 98.
18 Ebenda, S. 98–99.
19 Paula Terifaj: *How to Protect Your Dog from a Vaccine Junkie,* Palm Springs: Bulldog Press, 2007, S. 32.
20 Martin Goldstein: *The Nature of Animal Healing,* New York: Ballantine Books, 1999, S. 14.
21 Ebenda, S. 136.
22 »The Dog Whisperer with Cesar Millan«, Folge 403, US-Erstausstrahlung am 5. Oktober 2007.

Kapitel 8: Hunde im Lebenszyklus der Familie

1 http://www.nationmaster.com/graph/peo_div_rat-people-divorce-rate, 2004.
2 Elizabeth Weise, »We Really Love – and Spend On – Our Pets«, *USA Today,* 10. Dezember 2007, http://www.usatoday.com/life/lifestyle/2007-12-10-pet-survey_N.htm.
3 Danna Harmon: »A Fiercer Battle in Today's Divorces: Who'll Get The Pooch?«, *Christian Science Monitor,* 26. Januar 2004, http://www.csmonitor.com/2004/0126/p11s01-lihc.html.

4 The Delta Society: *The Positive Influence of Dogs on Children in Divorce Crises from the Mother's Perspective*, http://www.deltasociety.org/AnimalsHealthFamiliesInfluence.htm.

5 June McNicholas und Glyn M. Collis, Department of Psychology, University of Warwick. PFMA und SCAS unterstützen diese Forschungen. Vortrag auf der 10th International Conference on Human-Animal Interactions, People and Animals: A Timeless Relationship, Glasgow, Scotland, 6. bis 9. Oktober 2004.

6 Tabelle von Dr. med. vet. Fred L. Metzger, State College, PA.

7 The Senior Dogs Project: *The Ten Most Important Tips for Keeping Your Older Dog Healthy*, http://www.srdogs.com/Pages/care.tips.html.

8 Historic-UK.com, *Man's Best Friend – Greyfriars Bobby*, http://www.historic-uk.com/HistoryUK/Scotland-History/GreyfriarsBob.htm. William Brody modellierte die Statue nach dem lebenden Vorbild. Sie wurde im November 1873 ohne Zeremonie gegenüber von Greyfriars Kirkyard enthüllt. Mit dieser Plastik gedenkt die schottische Hauptstadt ihres berühmtesten treuen Hundes.

9 Matt Van Hoven: »Dogs Stay with Owner for 3 Weeks After Death«, 6. November 2007, http://www.zootoo.com/petnews/dogsstaywithownerfor3weeksafte.

Kapitel 10: Rudelführer – Die nächste Generation

1 Shannon Emmanuel, »How Dogs Can Benefit Children«, 15. September 2005, http://www.articlecity.com/articles/pets_and_animals/article_61.shtml.

2 http://www.therapyanimals.com/read/.

3 http://www.pawsitiveinteraction.com/pdf/Release_Summit_2004.pdf.

4 Sandra B. Barker und Kathryn S. Dawson: »The Effects of Animal-Assisted Therapy on Anxiety Rating of Hospitalized Psychic Patiens«, Psychiatric Services, 19. Juni 1998, http://psychservices.psychiatryonline.org/cgi/content/full/49/6/79.

Kapitel 11: Loslassen und weitermachen

1 Bruce Fogle: *Natürliche Hundehaltung*, München: Dorling Kindersley, 2008, S. 20/21.

2 Ebenda, S. 21.

3 Ebenda, S. 20.

4 PBS, *Nature*, »What Is The Depth of Elephant Emotions?«, http://www.pbs.org/wnet/nature/unforgettable/emotions.html.

BILDNACHWEIS

Abudancia/Michael Reuter: S. 3
Adriana Barnes: S. 316
Jonathan J. Mackintosh: S. 309
Sammlung der Familie Millan: S. 332, 338, 340
MPH Entertainment – Emery/Sumner Productions, Nicholas Ellingsworth: S. 41, 256, 262, 269, 278, 300
MPH Entertainment – Emery/Sumner Productions, Stephen Grossman: S. 31
MPH Entertainment – Emery/Sumner Productions, Todd Henderson: S. 14, 52, 83, 106, 111, 120, 156, 202, 244, 250, 348
MPH Entertainment – Emery/Sumner Productions, Neal Tyler: S. 57, 74
Tracey Thompson: S. 184
Allyson Tretheway: S. 63

REGISTER

Die ganz einfache Methode des »Hundeflüsterers«

ISBN 978-3-442-33782-8

Wenn Sie sich mit dem Gedanken tragen, einen Hund anzuschaffen, ist dieses Buch für Sie. Und ebenso, wenn Sie Ihren Hund über die Maßen lieben, ihm aber gewisse Unarten nicht abgewöhnen können. Denn der „Hundeflüsterer“ zeigt Ihnen, was im Kopf eines Hundes vor sich geht und wie Sie eine gute, erfüllte Beziehung erreichen.

GOLDMANN
ARKANA